一流本科专业一流本科课程建设系列教材

全国部分理工类地方本科院校联盟应用型教材

混凝土结构设计

主　编　胡志旺

副主编　陈　跃

参　编　周　明　袁　蕾　厉凤香　律　清

主　审　高博青

机 械 工 业 出 版 社

本书根据我国混凝土结构工程的实践经验及科研成果，比较系统地阐述了建筑结构的设计计算方法。书中既阐明了必要的理论，又着重注意实际应用，选题适当，内容简练，符合认识规律，并反映了相关的新技术、新进展。全书共 5 章，包括建筑结构设计概论、混凝土结构设计方法、整体建筑结构的受力和变形特性、楼盖结构、多层框架结构。每章均设有提要、思考题，第 2、4、5 章还设有习题。

本书可作为普通高等院校尤其是应用型本科院校土木工程专业的教材，也可作为成人教育、自学考试的教材，以及有关土木工程设计和施工技术人员的学习参考书。

本书配有授课 PPT、授课视频、习题参考答案等资源，免费提供给选用本书的授课教师，需要者请登录机械工业出版社教育服务网（www.cmpedu.com）注册下载。

图书在版编目（CIP）数据

混凝土结构设计/胡志旺主编. —北京：机械工业出版社，2022.6
一流本科专业—流本科课程建设系列教材　全国部分理工类地方本科院校联盟应用型教材
ISBN 978-7-111-72922-8

Ⅰ.①混…　Ⅱ.①胡…　Ⅲ.①混凝土结构-结构设计-高等学校-教材　Ⅳ.①TU370.4

中国国家版本馆 CIP 数据核字（2023）第 056905 号

机械工业出版社（北京市百万庄大街 22 号　邮政编码 100037）
策划编辑：李　帅　　　　　　责任编辑：李　帅
责任校对：樊钟英　李　杉　　封面设计：张　静
责任印制：郜　敏
三河市宏达印刷有限公司印刷
2023 年 8 月第 1 版第 1 次印刷
184mm×260mm · 20 印张 · 452 千字
标准书号：ISBN 978-7-111-72922-8
定价：59.80 元

电话服务　　　　　　　　　　网络服务
客服电话：010-88361066　　　机　工　官　网：www.cmpbook.com
　　　　　010-88379833　　　机　工　官　博：weibo.com/cmp1952
　　　　　010-68326294　　　金　书　网：www.golden-book.com
封底无防伪标均为盗版　　机工教育服务网：www.cmpedu.com

为满足应用型本科院校的教学需要，本书按照全国部分理工类地方本科院校联盟关于推进应用型课程教材建设的指导意见，并根据国家现行规范和标准，如：《建筑结构可靠性设计统一标准》GB 50068—2018、《建筑结构荷载规范》GB 50009—2012、《建筑抗震设计规范（2016 年版）》GB 50011—2010、《混凝土结构设计规范（2015 年版）》GB 50010—2010、《高层建筑混凝土结构技术规程》JGJ 3—2010、《装配式混凝土建筑技术标准》GB/T 51231—2016、《装配式混凝土结构技术规程》JGJ 1—2014、《砌体结构设计规范》GB 50003—2011、《工程结构通用规范》GB 55001—2021、《建筑与市政工程抗震通用规范》GB 55002—2021、《混凝土结构通用规范》GB 55008—2021 编写的。

党的二十大报告指出："坚持人民城市人民建、人民城市为人民，提高城市规划、建设、治理水平，加快转变超大特大城市发展方式，实施城市更新行动，加强城市基础设施建设，打造宜居、韧性、智慧城市。""统筹乡村基础设施和公共服务布局，建设宜居宜业和美乡村。"本书的核心知识作为城乡基础设施建设与更新的基础理论正发挥着重要作用。全书分为建筑结构设计概论、混凝土结构设计方法、整体建筑结构的受力和变形特性、楼盖结构、多层框架结构共 5 章。

本书设置整体建筑结构的受力和变形特性一章，引入框架结构防连续倒塌一节，但其中起重机荷载编入"混凝土结构设计方法"一章中。为了体现建筑工业化要求，在"楼盖结构""多层框架结构"中增加了装配式混凝土结构相关设计和构造的内容。

本书按实际工程设计的过程安排教学内容，体现先整体后局部的设计思路，教学内容密切结合我国工程实际，力求文字简练、语言通俗易懂，内容深入浅出。

本书以实际工程项目为载体，实现教学过程中理论与实践的融合，为了使读者深入、系统、正确、灵活地掌握混凝土结构设计方法，全书在阐明设计计算方法的基础上，在各个主要知识点处均设有例题，用一个工程实例贯穿全书，然后组成完整的设计实例。为了便于教学工作和学生学习，章后设有相应的思考题和习题。本书配有电子教案和工程资料，通过扫描书中二维码可获得教学视频、图片等数字资源，本书可供教师教学和学生课后学习参考，同时也可供课程设计和毕业设计使用。

本书由胡志旺担任主编，陈跃担任副主编。参加编写的还有周明、袁蕾、厉凤香、律清。全书由高博青担任主审。

限于编者水平，书中难免存在疏忽之处，敬请广大读者批评指正。

编　者

CONTENTS

目　录

前言

第1章　建筑结构设计概论 ··· 1

  1.1　概述 ·· 1

  1.2　建筑结构的概念、组成和类型 ····················· 2

  1.3　建筑结构设计的内容和要求 ······················· 3

  1.4　结构分析 ·· 6

第2章　混凝土结构设计方法 ··· 14

  2.1　建筑结构荷载 ··· 14

  2.2　结构的功能要求和极限状态 ······················· 35

  2.3　按近似概率的极限状态设计法 ····················· 38

第3章　整体建筑结构的受力和变形特性 ····························· 47

  3.1　结构整体分析方法 ···································· 47

  3.2　荷载估算 ·· 53

  3.3　高宽比与抗倾覆 ······································ 56

  3.4　承载能力和刚度 ······································ 57

  3.5　复杂结构的分解 ······································ 60

  3.6　方案比较 ·· 61

第4章　楼盖结构 ·· 65

  4.1　混凝土楼盖结构形式 ································· 66

  4.2　楼盖结构的荷载传递 ································· 68

  4.3　肋梁楼盖的结构布置 ································· 70

  4.4　现浇单向板肋梁楼盖 ································· 73

  4.5　现浇双向板肋梁楼盖 ································· 110

4.6 井式楼盖 ……………………………………………………… 121

4.7 无梁楼盖 ……………………………………………………… 122

4.8 装配整体式楼盖 ……………………………………………… 131

4.9 楼梯 ……………………………………………………………… 157

4.10 悬挑结构 ……………………………………………………… 173

第 5 章 多层框架结构 …………………………………………… 179

5.1 概述 ……………………………………………………………… 179

5.2 框架结构的布置 ……………………………………………… 181

5.3 框架结构内力与水平位移的近似计算方法 ……………… 191

5.4 框架结构设计要求 …………………………………………… 219

5.5 框架内力组合 ………………………………………………… 221

5.6 框架结构抗震概念设计 ……………………………………… 237

5.7 框架结构构造要求 …………………………………………… 246

5.8 装配整体式框架 ……………………………………………… 258

5.9 框架结构防连续倒塌设计 …………………………………… 266

附录 ………………………………………………………………… 272

附录 A 民用建筑楼面均布活荷载标准值及其组合值、频遇值和准永久值系数 …… 272

附录 B 等截面等跨连续梁在常用荷载作用下的内力系数表 …………………… 273

附录 C 双向板均布荷载作用下弯矩、挠度计算系数表 …………………………… 285

附录 D 钢筋混凝土结构伸缩缝最大间距 ………………………………………… 290

附录 E 规则框架承受均布及三角形分布水平力作用时反弯点的高度比 ……… 290

附录 F 某三层工业厂房建筑施工图 ……………………………………………… 296

参考文献 …………………………………………………………… 310

第 1 章

建筑结构设计概论

> **本章提要**：本章主要介绍建筑结构设计的步骤、内容和要求，工程结构分析理论和方法；侧重介绍如何建立工程结构分析模型。

▶▶ 1.1 概述

工程建设往往涉及多个领域，如对建筑工程来说，就涉及建筑、结构、水暖电、设备、防火、材料、施工建造及使用维护等。工程设计是体现人对自然界的认识，并合理运用自然规律，对整个工程建设和使用全过程进行合理规划的最重要的工作，同时工程设计应综合考虑美学、社会、经济、环境、施工技术水平以及可持续发展的理念，因此，建筑工程设计是一项综合性很强的工作，需要各方面设计人员的密切配合。工程建设具有极强的个性，可以说世界上没有两个工程是完全一样的。因此，任何一个工程建设项目都应进行认真细致的设计。其中，工程结构承载着整个生命期内各种作用的影响，是整个建筑工程之本，对保证整个工程项目的安全、正常使用具有决定性的作用。

工程结构的主要功能是形成工程项目生产、生活和建筑造型所需要的空间承力骨架，并能够长期、安全、可靠地承受工程施工和使用期间所可能遭受的各种荷载和作用以及环境介质长期作用的影响，包括各种自然灾害和意外事故。

工程结构设计是一项创造性工作，又是一项全面、具体、细致的综合性工作，需要综合考虑工程项目的用途、规模、投资、业主要求、材料供应、安全、环境、地理、施工技术水平、维护、维修、拆除以及因各种灾害可能造成的损失及其对环境的影响等，并应考虑可持续发展要求。因此，结构工程师在进行工程设计时，应认真负责做好各个环节的工作，不得有任何马虎，否则任何疏忽都可能造成不可挽回的损失。

要注意的是，工程结构设计不是"规范+计算"，更不是"规范+一体化计算机结构设计程序"，这种只会盲目照搬规范和依赖计算机程序做设计的结构工程师，特别是在一体化计算机设计程序全面应用的今天，不但设计误区多，而且随着其年龄的增长会导致连在大学学过的那些孤立的概念都会被遗忘，更谈不上结构设计成果的不断创新。作为一名结构工程师应具有良好的结构设计概念、经验、悟性、判断力和创造力。创新才是结构工程师对设计、业主和社会的最大贡献。事实证明，凡是概念设计做得好的结构工程师，其自身所拥有的结构设计概念、经验、判断力和创造力是随着年龄与工程实践的增长而越来越丰富，设计成果也越来越具有创新性，同时也会越来越受到社会的认可，即人们常说的"越老越吃香"。

同时，结构工程师与建筑师应相互沟通、通力合作，特别是在建筑设计的方案阶段，结构工程师要参与进去，以使得建筑师的创意得到最大程度的体现，建筑师也应对工程结构的基本概念和各种结构体系有一个基本的了解，掌握结构的基本受力原理和传力途径，避免设计出结构工程师难以实现或成为不合理的建筑方案。

▶▶▶ 1.2 建筑结构的概念、组成和类型

1.2.1 建筑结构的概念

结构是什么？结构的基本解析是：①各个组成部分的搭配和排列，如文章的结构、语言的结构和原子结构等。②建筑物上承担重力或外力部分的构造，如砖木结构、钢筋混凝土结构等。本书所指的结构是能承受各种作用并具有适当刚度的由各连接部件有机组合而成的系统，即结构承担着建筑物在施工和使用过程中可能出现的各种作用。"各连接部件"即为通常所说的结构构件，如梁、柱、杆、索等线状构件以及墙、板等二维面状构件，以及壳、实体等构件。

1.2.2 建筑结构的组成

建筑结构是建筑物的受力主体，以基础或地下室顶面为界，分为上部结构和下部结构两部分。

上部结构是由水平构件和竖向构件所组成的空间结构。水平构件一般包括梁、板，又称为水平结构分体系，竖向构件一般包括墙、柱等，又称为竖向结构分体系。水平结构分体系是指水平方向的两维尺寸较大而竖向尺寸相比水平尺寸很小的结构，也就是说水平方向刚度大而竖向刚度很小，即为各层的楼盖和屋盖。水平结构分体系的作用是一方面承受楼、屋面的竖向荷载，并把竖向荷载传递给竖向结构分体系；另一方面把作用在各层处的水平力传递并按竖向结构的刚度分配给竖向结构分体系，实现上述作用的条件是水平结构必须由竖向结构来支承，且必须具有足够的承载力和足够的刚度。竖向结构分体系一般是垂直放置的，如由梁柱组成的框架、剪力墙等，与建筑物的总高度相比，竖向结构分体系在一个方向或两个方向的尺寸通常是很小的，因此它们本身是不稳定的，必须由水平结构分体系来保持其稳定位置。竖向结构分体系的作用是承受水平结构分体系，即楼、屋盖传来的竖向力和水平力并将其传递给下部结构。由于结构物抵抗侧向力的能力是十分重要的，而这种能力主要是由竖向结构分体系提供的，所以常把竖向结构分体系称为抗侧力结构体系。在实际的设计中，两

个体系必须综合考虑，使它们有效地共同工作。

下部结构主要是指地下室和基础等，其主要作用是把上部结构传来的荷载可靠地传递给地基。

1.2.3　建筑结构的类型

建筑物的结构类型通常是以竖向结构分体系的结构类型来命名的。

按竖向结构体系，结构类型可分为排架结构、框架结构、剪力墙结构、框架-剪力墙结构和筒体结构等。其中，框架和剪力墙是最常用的抗侧力构件。

按建筑结构所使用的主要材料，结构类型可分为木结构、石结构、砌体结构、混凝土结构、钢结构、组合结构和混合结构等。组合结构指的是结构构件由共同工作的两种或两种以上结构材料构成的结构，如由型钢-混凝土梁、柱等构成的钢-混凝土组合结构。混合结构是指整个结构是由两种或两种以上结构材料构成的，但结构构件却都是采用同一种结构材料的结构，如在砌体结构中，由块体和砂浆砌筑而成的墙、柱作为建筑物的竖向受力构件，而楼（屋）面则采用钢筋混凝土楼（屋）盖的混合结构。

1.3　建筑结构设计的内容和要求

1.3.1　工程建设的过程

工程建设包括勘察、设计和施工三个主要环节，同时也应考虑到工程完成后在正常使用阶段的维护和维修，乃至各种灾害、甚至工程报废时可能带来的损失等各种问题，为保证整个工程项目建设进展的合理性，应严格遵守先勘察后设计，先设计后施工的程序。

工程勘察是进行工程设计的前提，主要是采取各种方法，掌握工程建设场地及地质、水文等详细情况和有关数据，为工程设计提供依据。

建筑结构设计一般分为方案设计、初步设计和施工图设计三个阶段。

工程施工是根据设计技术要求和设计施工图等工程设计文件，采取各种技术手段和方法将设计成果付诸实施，是整个工程最终实现的环节。

1.3.2　结构设计的内容

1. 方案设计和初步设计阶段

在方案设计和初步设计阶段的主要内容是对地基、上、下部结构等提出设计方案，并针对工程的设计方案、结构设计的关键问题以及与其他专业的配合进行综合技术经济分析，论证技术上的先进性和可行性，使整个工程设计方案经济合理。此阶段还应进行结构平面和竖向布置；对结构的整体进行分析估算，必要时还应对结构中受力状况特殊的部位进行更详细的结构分析；确定主要的构造措施以及重要部位和薄弱部位的技术措施。

1）方案设计阶段应重点突出构思阶段的概念设计，所谓概念设计是根据建筑物所处的环境条件、使用要求和空间需要，确定合适的结构方案和结构布置，并考虑材料、施工的可行性与经济性。在此阶段，结构工程师（包括建筑师在内）应该从主要分体系之间的力学关系，而不仅仅是从构件的详图上去构思总体结构方案。对于一般工程，可以根据本工程所处的环境与地质条件和材料供应及施工技术水平，参照既有同类结构设计经验进行结构方案设计。这一阶段的设计工作对整个结构的经济性和安全性具有决定性的影响，对后续设计也具有重要影响，应给予足够的重视，应采用合理的结构体系，特别是要保证结构的整体性。

2）初步设计的重点是如何精心去改善已构思拟定的设计方案。这个阶段主要是确定各分体系之间的关系及其相关构件的几何尺寸与截面特征，并通过概念性近似计算来确认该设计方案的可行性。可见初步设计是根据概念设计提出的几种结构方案和主要荷载情况，进行较为深入的分析，并对分析结果进行比较，比如可分别采用不同结构材料、不同结构体系、不同结构布置进行初步计算分析比较，并对有关问题进行专门分析和研究，在此基础上初步确定结构整体和各部分构件尺寸以及所采用的主要技术。初步设计阶段所做的改进决策必须反馈回去，使总体方案的概念进一步完善。

3）如果不同专业的设计人员和业主都对初步设计确定的方案表示认可，则全部设计的基本问题已经解决，下一步的设计也就不会再引起较大的反复，这样即可进入节点和构件的详图设计阶段，即施工图设计阶段。

2. 施工图设计阶段

施工图设计阶段的主要内容是，给出准确完整的楼（屋）面结构平面布置图；进行结构分析；对结构构件以及构件与构件之间的连接进行设计计算，并给出模板、配筋和构造图；给出结构施工说明并以施工图的形式提交最终设计图纸。

施工图设计阶段主要工作如下：

1）绘制楼（屋）面结构平面布置图。

2）分析和确定在建造和使用阶段直至整个工程生命周期内，结构上可能承受的各种荷载与作用的形式和量值（包括可能遭遇的意外事故影响），并应根据工程所处环境估计环境介质对结构耐久性的影响。

3）确定结构分析计算简图，对各种荷载和作用进行分析计算，并考虑它们可能同时造成影响的情况（即荷载组合），获知结构整体受力性能以及各个部位的受力和变形大小。

4）根据所选用的结构材料，进行结构构件和构件连接的设计计算，如混凝土构件的配筋计算，并进行适用性验算，考虑耐久性。

5）最终设计成果以施工图形式提交，并将整个设计过程中的各项技术工作整理成设计计算书存档。

为保证结构设计可靠，避免人为错误，结构设计还应进行校核和审核，以检查是否有违背有关设计规范、标准及规程的地方。

本书将详细介绍几种主要的混凝土结构形式的受力特点、结构建模、分析方法和具体的设计计算方法。需要着重指出的是，在结构设计中结构方案是带有全局性的问题，也是整个设计的灵魂，应认真对待。

1.3.3　结构和建筑关系

设计一个新建筑或评价一个老建筑，可以从是否满足建筑设计的"八字方针"，即"适用、安全、经济、美观"来进行评判。

一项成功的建筑设计一定是建筑师与结构工程师共同创造的完美作品，是建筑与结构的完美结合。如图 1-1 所示，被联合国教科文组织评为世界文化遗产的悉尼歌剧院，是丹麦设计师约恩·乌松设计的，该建筑建设从 1959 年 3 月开始，直至 1973 年落成，是 20 世纪最具特色的建筑之一，它不仅是悉尼艺术文化的殿堂，也是世界著名的表演艺术中心、是悉尼市的标志性建筑。其特有的帆船造型，加上作为背景的大桥，与周

图 1-1　悉尼歌剧院

围景物相映成趣。从远处看，悉尼歌剧院就好像一艘正要起航的帆船，带着所有人的音乐梦想，驶向蔚蓝的海洋。从近处看，它就像一个陈放着贝壳的大展台，贝壳争先恐后地向着太阳立正看齐。每天都有数以千计的游客前来观赏这座建筑。这座综合性的艺术中心，在现代建筑史上被认为是巨型雕塑式的典型作品，整个作品体现了建筑设计和结构设计的完美结合，综合反映了美学、社会、人文、建筑和工程技术各个方面的成就。其中，建筑设计起到了满足美学表达和功能要求的主导作用，同时，结构设计则起到了建造可行和结构可靠的保证作用。

因此，建筑师和结构工程师在共同完成一项独特工程中的作用是相互关联的、互补的，建筑物总是建筑师和结构工程师共同创造的产物。对不同的工程对象，其作用也是各有其突出的方面。

因此，在方案设计阶段，无论是建筑师还是结构工程师都要集中精力处理好整体的问题，而不是致力于处理局部的构件细部。只有深刻理解建筑总体空间形式的相互关系，才能更好地加强对局部构造需求的理解。因此，先将建筑物看作一个整体空间形式，集中思路对结构的整体体系进行分析，并分解出子结构体系和关键的构件，然后将基本力学概念和知识融合其间，才能得到满足建筑设计"八字方针"的完美建筑。

1.3.4　结构设计的要求

结构设计的总体要求是保证结构具有足够的安全性、适用性和耐久性，并在意外事件发生时具有足够的整体性和韧性。安全性、适用性、耐久性是建筑结构应满足的功能要求，俗称"三性"。

结构设计时应考虑功能要求与经济性之间的均衡，在保证结构可靠的前提下，设计出经

济的、技术先进的、施工方便的结构。

工程建设在国民经济中占有十分重要的地位，尤其是重大工程项目。因此，一般情况下，工程结构设计均应遵守国家颁布的关于工程建设的各种政策、法规、规范和设计标准及规程。

▶▶ 1.4 结构分析

结构分析是确定结构上作用效应的过程或方法，是采用力学方法对结构在各种作用下的内力、变形等作用效应进行分析计算，是结构设计计算中最主要的工作。

结构分析前，首先需要确定结构上所有可能的直接与间接作用，分别确定它们的作用效应后，考虑各种荷载与作用同时出现的可能性，进行作用效应组合，得到结构构件各控制部位的内力设计值。对于一些重要的作用效应组合，尚应通过结构分析方法得到结构在该作用效应组合情况下的整体受力性能。有关荷载与作用的概念和计算详见第2章。结构分析应符合以下一般要求：

1）结构的整体和其部分必须满足力学平衡条件。

2）在不同程度上符合结构的变形协调条件，包括节点和边界的约束条件。

3）采用合理的材料本构关系或构件单元的受力-变形关系。

上述三个要求对应结构分析的三项基本要求，即力学平衡条件、变形协调（几何）条件和本构（物理）关系。其中，力学平衡条件必须满足；变形协调条件应在不同程度上予以满足；本构关系则需合理地选用。满足力学平衡条件是为了保证结构在给定荷载或作用下的实际承载力。变形协调条件是指在结构受力变形后构件与构件连接或构件内部变形保持连续性的条件，严格的结构分析理论要求满足变形协调条件，如力法、位移法等。但有时对于实际结构的复杂受力部位，如按严格的变形协调条件进行结构分析会过于复杂，根据工程经验和试验研究，可以采用简化的近似变形协调条件，例如：对于空间结构的梁柱节点区，通常采用刚接假定，这就是所谓的变形协调条件应在不同程度上予以满足。

结构分析包括分析模型、分析理论和方法，关键问题是建立合理的结构分析模型，即计算模型。

1.4.1 结构分析计算模型

实际结构往往是很复杂的，完全按照结构的实际工作状况进行结构分析是不可能的，也是不必要的。因此，对实际结构进行分析前，一般都要对结构原型进行适当简化，抓住决定性因素，忽略次要因素，用一个能反映其基本受力和变形性能的简化计算图形来代替实际结构。这种代替实际结构的简化图形称为结构分析计算模型。计算模型的选择原则是：

1）计算模型应能反映实际结构的主要受力和变形性能。

2）保留主要因素，略去次要因素，使计算模型便于计算。

应当指出，计算模型的选择是在上述原则指导下，要根据具体要求和条件来选用，并不是一成不变的。如对重要的结构应采用比较精确的计算模型；对不重要的结构可以使用较为简单的计算模型。如在初步设计的方案阶段，可使用较为粗糙的计算模型；而在技术设计和施工图设计阶段则使用比较精确的计算模型。如用手算可采用较为简单的计算模型；而用电算，则可用较为复杂的计算模型。结构分析计算模型通常都是依据理论或试验分析进行必要的简化和近似假定。结构分析计算模型的简化要点分述如下。

1. 结构体系的简化

一般结构实际上都是空间结构，各部分相互连接成为一个空间整体，以承受各个方向可能出现的作用。但在大多数情况下，常可忽略一些次要的空间约束而将实际结构简化为二维结构分析模型，即通常所说的平面结构，使计算得以简化。所谓平面结构，是指一个平面内的作用力对垂直该平面内的作用力没有显著影响，所以在对结构进行内力和位移分析时，可以直接对各个独立的平面结构进行，各个平面结构通过连接形成一个三维空间结构。如图 1-2 所示，框架结构，由纵向和横向平面框架构成。如果仅考虑楼面均布荷载和沿横向均布的水平荷载（如风荷载、水平地震作用）时，各横向平面框架的侧向位移基本一致，因而可取出一榀平面框架进行分析。注意，水平荷载作用下各横向平面框架的侧向变形基本一致的前提条件是楼板在其自身平面内具有足够的刚度，一般情况下是可以满足的。但如果楼板上开洞较大，尤其是当楼板边缘处开洞时，该条件就会不满足，此时不能按平面框架结构计算，而需要考虑楼板平面内变形影响，按各榀框架协同工作进行计算，这实际上是一种近似的三维空间分析。

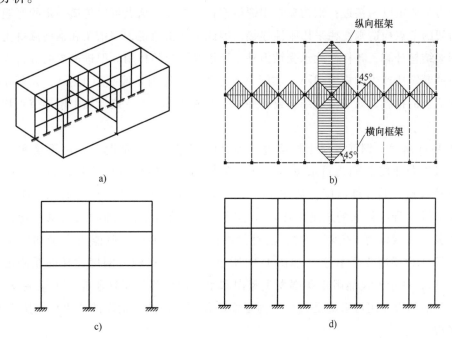

图 1-2　框架结构分析模型

a）框架结构图　b）平面布置图　c）横向框架　d）纵向框架

所谓空间结构，其作用力一般沿两个方向传递，如壳体结构等。平面和空间布置复杂的杆系结构，如网架结构。通常，空间结构中的构件往往同时承受多个方向的力。

2. 杆件的简化

杆件的截面尺寸（宽度、厚度）通常比杆件长度小得多，截面变形符合平截面假定，截面上的应力可根据截面的内力（弯矩、剪力、轴力）来确定，截面上的变形也可根据轴线上的应变分量来确定。因此，在计算模型中，杆件可用其轴线表示，杆件之间的连接区用节点表示，杆长用节点间的距离表示，荷载的作用点也转移到轴线上。当截面尺寸增大到超过杆长的 1/4 时，杆件用轴线表示的简化，将引起较大的误差。

3. 支座和连接节点的简化

结构中杆件与杆件之间的相互连接处，简化为节点。结构杆件与杆件之间相互连接的构造方式虽然很多，但其节点通常可简化为铰接节点、刚接节点和固定端等几种理想情形：

1）理想铰接节点的特点是：被连接的杆件在节点处不能相对移动，但可以绕铰自由转动；在铰结点处可以承受和传递力，但不能承受和传递力矩。

2）刚接节点的特点是：被连接的杆件在节点处不能相对移动，也不能相对转动，而节点本身可以转动，但被连接的杆件所成的角度保持不变，在刚接节点处不但能承受和传递力，而且能承受和传递力矩。

3）固定端的特点是：被连接的杆件在结点处不能相对移动，也不能相对转动，节点本身也不能转动，在结点处不但能承受和传递力，而且能承受和传递力矩。

理想的铰结点情况在实际结构中是很难遇到的。比如桁架：木桁架常常采用榫接，与铰接节点的力学假定较为接近；钢桁架常用螺栓连接、焊接，结点可以传递一定的弯矩；钢筋混凝土桁架的节点构造则往往采用刚性连接。因此，严格地说，钢桁架和钢筋混凝土桁架都应该按刚架结构计算，各杆件除承受轴力外，还承受弯矩的作用。但进一步的分析表明，上述杆件内的弯矩所产生的应力很小（实际是弯矩很小，原因是偏心距很小），只要在结点构造上采取适当的措施，该应力对结构或杆件不会造成危害，故一般计算中桁架节点均可简化为铰结点。

如图 1-3a 所示，钢筋混凝土框架边柱和梁的节点，一般情况下，由于梁和柱之间的钢筋布置及混凝土将它们浇筑成整体，使梁和柱不能产生相对移动和转动，计算时可简化为一刚接节点，其计算简图，如图 1-3b 所示。但要注意的是节点的简化还应考虑杆件间的约束条件，即杆件间的线刚度比。上述梁柱节点的简化，当梁的线刚度 i_1 比柱的线刚度 i_z 大很多（一般认为 $i_1/i_z > 5$）时，柱对梁端约束作用很小，但能阻止梁端发生竖向位移，这时可认为梁简支于柱上，如图 1-3c 所示；反之，梁的线刚度比柱的线刚度小得多（$i_z/i_1 > 5$）时，柱子不仅能阻止梁端发生竖向和水平向位移，而且还能约束梁端发生转动，则柱对梁端的约束作用可看成是相当于固定端的作用，因此，梁端的约束可按图 1-3d 所示固定端考虑。

如果将图 1-3a 中梁的配筋改成，如图 1-3e 所示，则由于梁上、下皮钢筋不能形成力偶，所以可看成梁简支于柱上，如图 1-3f 所示，此时节点的简化与梁柱线刚度比值无关。

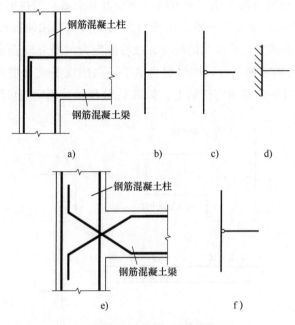

图 1-3 钢筋混凝土梁柱节点

a）梁柱连接节点 1　b）刚接节点　c）梁简支于柱上　d）固定端　e）梁柱连接节点 2　f）梁简支于柱上

如图 1-4 所示，支承于砌体墙上的钢筋混凝土梁，支承方式不同，结构分析模型也就不同。如图 1-4a 所示，钢筋混凝土梁垂直搁置于砌体墙，其支座可按铰接节点考虑；而如图 1-4c 所示，钢筋混凝土梁平行搁置于砌体墙，则应按固定端考虑，由于钢筋混凝土梁在竖向力的作用下端头上翘使砌体产生不均匀受压，因此固定端要内移 a 值，a 的取值可参见《砌体结构设计规范》（GB 50003—2011）。

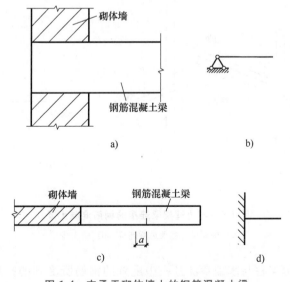

图 1-4 支承于砌体墙上的钢筋混凝土梁

a）钢筋混凝土梁垂直搁置于墙上　b）铰支座　c）钢筋混凝土梁平行搁置于墙上　d）固定端

如图 1-5 所示，是钢筋混凝土梁与剪力墙（钢筋混凝土墙）连接的两种方式，如图 1-5a 所示，梁轴线与剪力墙的厚度方向一致，由于剪力墙平面外弯曲刚度较小（惯性矩与墙厚度的三次方成正比），不能完全约束梁的转动，故可假定为如图 1-5b 所示的刚接节点；而如图 1-5c 所示，梁轴线与墙平面平行，此时剪力墙平面内刚度很大（惯性矩与墙水平长度的三次方成正比），所以可假定梁固定于墙上，如图 1-5d 所示，固定端可取墙边。

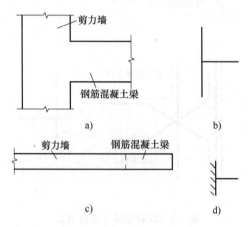

图 1-5 支承于剪力墙上的钢筋混凝土梁

a）钢筋混凝土梁与剪力墙垂直连接 b）刚接节点 c）钢筋混凝土梁与剪力墙平行连接 d）固定端

如图 1-6a 所示，一楼面梁与边框架梁整浇连接，由于边框架梁约束楼面梁的扭转刚度较小且随着边框架梁在扭矩作用下开裂引起扭转刚度进一步下降，所以可看成铰接节点，如图 1-6b 所示。

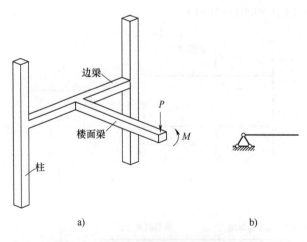

图 1-6 与边框架梁连接的钢筋混凝土梁

a）楼面梁与框架边梁连接 b）铰支座

如图 1-7a 所示，框架柱与基础整浇且柱中配置的钢筋所受到的拉压力能形成力偶来抵抗外弯矩，在基础不发生转动的情况下，可按固定支座考虑，如图 1-7c 所示；而如图 1-7b

所示的柱中配置的钢筋所受到的拉压力不能形成力偶，故应看成铰支座，如图 1-7d 所示。

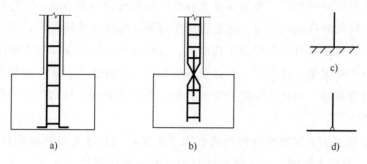

图 1-7　柱与基础连接

a）柱与基础连接 1　b）柱与基础连接 2　c）固定端　d）简支与基础

需要特别强调的是，理想化的结构分析模型或多或少地与实际结构情况会存在差异，因此在结构设计和施工中应尽可能通过可靠的构造连接措施使结构的实际受力状态与结构分析模型相一致；另外，也需要考虑这种差异的趋势和影响程度，以便采取必要的措施进行处理，这种问题的处理对支座和节点的连接尤为重要。如在支座和节点简化时抓住主要问题，忽略次要问题以便简化计算，但次要问题实际上是不能无条件忽略的，因为在一定条件下次要问题会上升为主要问题。例如：如图 1-4a 所示，支承于砌体墙上的钢筋混凝土梁简化为铰接节点的结果是支座弯矩在力学计算时为零，但是实际上支座处由于梁端上部有砌体约束，即有一定的嵌固作用，因此梁端实际上存在一定的嵌固弯矩，由于这种嵌固程度不易确定，为避免梁端上部出现裂缝等问题，一般均需配置一定的构造钢筋。当梁的刚度很大时，墙体设计中也应考虑梁端嵌固弯矩的影响。

1.4.2　结构分析方法

根据结构类型、材料性能和受力特点，结构分析方法可采用弹性分析方法、塑性内力重分布分析方法、弹塑性分析方法、塑性极限分析方法、结构非线性分析方法和试验分析方法。

弹性分析方法是假定结构材料的本构关系和构件的受力-变形关系均是线性的；当忽略二阶效应影响时，荷载效应与荷载大小成正比。一般说来，结构在正常使用极限状态下，采用弹性分析方法得到的结构内力和变形与实际情况的误差很小。但当结构达到承载能力极限状态时，由于结构中不同构件的屈服存在先后次序，结构材料也有不同程度的塑性，特别是混凝土结构，在正常使用状态下是带裂缝工作，而且构件的刚度大小与其受力大小相关，因此采用弹性分析方法的计算结果与实际结构的内力会有差别，但大部分情况下按弹性分析方法计算得到的内力来进行承载能力极限状态设计是偏于安全的。少数结构因混凝土开裂部分的刚度减小而发生内力重分布，可能影响其他部分的开裂和变形的情况。考虑到混凝土结构开裂后刚度的减小，对梁、柱构件可分别取用不同的刚度折减值，且不再考虑刚度随作用效应而变化。在此基础上，结构的内力和变形仍可采用弹性分析方法进行分析。此法可用于正常使用极限状态和承载能力极限状态作用效应的分析。

塑性内力重分布分析方法，是用线弹性分析方法获得结构内力后，按照塑性内力重分布的规律，确定结构控制截面的内力，此法可用于超静定混凝土结构设计，如混凝土连续梁和连续板设计时，该方法具有充分发挥结构潜力，节约材料，简化设计和方便施工等优点。对重力荷载作用下的框架梁、连续梁、板以及双向板等，经弹性分析求得内力后，可对支座或节点弯矩进行适度调幅，并确定相应的跨中弯矩。但应注意到，抗弯能力调低部位的变形和裂缝可能相应增大。

塑性极限分析方法又称塑性分析法或极限平衡法。它是基于材料或构件截面的刚-塑性或弹-塑性假设，应用上限解、下限解和解答唯一性等塑性理论的基本定理，计算结构承载能力极限状态时的内力或极限荷载。此法主要用于周边有梁或墙支承的双向板设计，工程设计和施工实践经验证明，在规定条件下按此法进行计算简便易行，可以保证结构的安全。需注意的是，塑性理论分析得到的结果对应结构的承载能力极限状态，结构材料的承载潜力得到完全利用，因此实际运用时应注意其适用条件，而且对于正常使用极限状态需要另行计算。

对于标准没有规定或超出标准适用范围的情况；计算参数不能确切反映工程实际的特定情况；或现有设计方法可能导致不安全或设计结果过于保守的情况；新型结构（或构件）的应用或新设计公式的建立，可采用试验分析方法。例如：剪力墙及其孔洞周围，框架和桁架的主要节点，构件的疲劳，受力状态复杂的水坝等。实际上，结构试验分析方法是工程结构分析最可靠的方法，目前所采用的简化分析方法一般都是经过试验验证的。结构试验方法是能反映实际结构受力性能的材料，或其他材料，包括弹性材料制作成结构的整体或其部分模型，测定模型在荷载作用下的内力（或应力）分布、变形或裂缝等效应。结构试验应经过专门的设计，对试件的形状、尺寸和数量，材料的品种和性能指标，边界条件，加载方式、数值和加载制度，量测项目和测点布置等作出仔细的规划，以确保试验结果的有效性和准确性。

结构的非线性包括材料非线性和几何非线性。材料非线性是指材料的应力-应变关系呈非线性关系等；几何非线性是指结构的受力与结构变形有关，称为二阶效应。一般情况，考虑材料非线性的情况较多，而几何非线性仅在结构变形对结构受力的影响不可忽略时考虑，如高层、高耸结构分析和长柱分析时，就必须考虑竖向荷载作用下结构侧移引起的附加内力。结构非线性分析与结构受力过程更为接近，但比线弹性和塑性分析方法要复杂得多，而非线性动力分析就更为复杂，一般仅用于重要的大型工程结构或受力复杂结构的分析。

结构分析方法依据所采用的数学方法可以分为解析解和数值解两种。解析解又称为理论解，适用于比较简单的计算模型。由于实际工程结构并不像结构力学所介绍的计算模型那样理想化，除少数简单情况外，解析解几乎很难得到实际应用。数值解的方法很多，常用的有：有限元法、差分法、有限条分法等，一般需要借助计算机程序进行计算，故也称为程序分析方法，其中有限元法的适用范围最广，可以计算各种复杂的结构形式和边界条件。目前已有许多成熟的结构设计和分析软件可供使用。

　　但要注意，结构分析所采用的计算软件应经过考核和验证，其技术条件应符合国家现行有关规范、标准的要求。由于使用者一般对结构分析程序编制时所采用的结构计算模型并不了解，而且其计算过程也不可见，因此应对程序分析结果进行必要的概念判别和校核，在确认其合理、有效后方可应用于工程设计。对于不熟悉的结构形式和重要工程结构，应采用两个以上经过考核和验证的程序进行计算，以保证分析结果的可靠。

💡 思考题

　　1. 水平结构体系和竖向结构体系各有哪些作用？

　　2. 简述工程结构的设计过程、内容和要求。

　　3. 简述结构与建筑的关系，通过查阅有关文献资料，列举一个建筑与结构配合成功的工程案例。

　　4. 如何确定结构分析计算模型？说明计算模型与实际结构的边界条件和构造的关系。

　　5. 结构分析有哪些方法？如何正确运用各种结构分析方法？

第 2 章

混凝土结构设计方法

> **本章提要：** 建筑结构在各种作用下要满足结构功能要求即正常使用和极限状态的要求。结构上的作用包括直接作用、间接作用。直接作用即荷载，建筑结构上的荷载有竖向荷载和水平荷载，竖向荷载包括恒荷载、活荷载、雪荷载等；水平荷载包括风荷载和水平地震作用等，有时还有起重机荷载。本章主要介绍荷载分类、取值、计算方法以及极限状态设计方法。

▶▶ 2.1 建筑结构荷载

2.1.1 结构上的作用与荷载

建筑结构设计时，应考虑结构上可能出现的各种作用。使结构产生内力和变形的原因称为作用，包括直接作用和间接作用。荷载是直接作用，它是以直接施加在结构上的集中力和分布力的形式出现；混凝土收缩和徐变、温度变化、基础的差异沉降及地震等引起结构外加变形和约束的原因称为间接作用，它是不以力的形式出现在结构上的作用。

由作用（或荷载）引起的结构或结构构件反应，包括构件截面的内力（如弯矩、剪力、轴向力、扭矩等）以及变形和裂缝等称为结构上的作用效应（或荷载效应）。

2.1.2 荷载分类

建筑结构上的荷载一般可按以下三种方法进行分类。

1. 按随时间的变化分类

1）永久荷载：指在结构使用期间，其值不随时间变化或其变化与平均值相比可以忽略不计，或其变化是单调的并能趋于限值的荷载，也称为恒荷载，例如：结构自重、土压力、预应力等。

2）可变荷载：指在结构使用期间，其值随时间变化，且其变化与平均值相比不可以忽略不计的荷载，也称活荷载，例如：楼（屋）面活荷载、积灰荷载、起重机荷载、风荷载、雪荷载、多遇地震等。

3）偶然荷载：指在结构使用期间不一定出现，一旦出现，其值很大且持续时间很短的荷载，如：爆炸力、撞击力、罕遇地震等。

荷载按随时间变化的分类，是最基本、最主要的分类，它关系到荷载代表值及其效应的组合形式。

2. 按随空间位置的变化分类

1）固定荷载：指在结构空间位置上具有固定分布的荷载，可变荷载也可以是固定荷载，只是其数值是随时间变化的，如：固定设备荷载、水箱荷载等。

2）移动荷载：指在结构空间位置上的一定范围内有规律或随机移动的荷载，如：楼面上的人群荷载、起重机荷载、车辆荷载等。

3. 按结构对荷载的反应性质分类

1）静力荷载：对结构或结构构件不产生动力效应，或其动力效应可以忽略不计的荷载，如：结构自重、楼面活荷载、雪荷载等。

2）动力荷载：对结构或结构构件产生不可忽略的动力效应的荷载，如：设备振动、工业厂房的起重机荷载、高耸结构上的风荷载、车辆制动、撞击力和爆炸力等。

2.1.3 荷载代表值

现行国家标准《建筑结构荷载规范》GB 50009—2012（以下简称《荷载规范》）给出了4种荷载代表值，即标准值、组合值、频遇值和准永久值。其中荷载标准值是基本代表值。其他代表值可在标准值的基础上乘以相应的系数后得到。

荷载标准值是指其在设计基准期（一般结构的设计基准值为50年）内最大荷载统计分布的特征值，例如均值、众值、中值或某个分位值。

对永久荷载应采用标准值作为代表值；对可变荷载应根据设计要求采用标准值、组合值、频遇值和准永久值作为代表值；对偶然荷载按结构的使用特点确定其代表值。

可变荷载标准值，对于有足够统计资料的可变荷载可根据其最大荷载的统计分布按一定保证率取其上限分位值。实际荷载统计困难时，可根据长期工程经验确定一个协议值作为荷载标准值。

可变荷载组合值，是指对于有两种和两种以上可变荷载同时作用时，使组合后的荷载效应在设计基准期内的超越概率能与荷载单独作用时相应超越概率趋于一致的荷载值。可变荷载的组合值为可变荷载标准值乘以组合值系数得到。

可变荷载频遇值，是指在设计基准期内，其超越的总时间为规定的较小比率，或超越频率为规定频率的荷载值。可变荷载频遇值由可变荷载标准值乘以频遇值系数得到。

可变荷载准永久值，是指在设计基准期内，其超越的总时间约为设计基准期一半的荷载值。可变荷载准永久值为可变荷载标准值乘以准永久值系数得到。

由于相对整个设计基准期，可变荷载标准值的持续时间很短，在结构进行正常使用极限状态验算时，仍取可变荷载标准值则显得过于保守，所以根据荷载随时间变化的特性取可变荷载超过某一水平的累积总持续时间的荷载值来进行计算，这就是采用可变荷载的准永久值和频遇值的目的。两者的区别只是超过某一荷载水平的累积总持续时间有所差别。准永久值总持续时间较长，约为设计基准期的一半，一般与永久荷载组合用于结构长期变形和裂缝宽度的计算；而频遇值总持续时间较短，一般与永久荷载组合用于结构振动变形的计算。

2.1.4 永久荷载

永久荷载包括结构构件、围护构件、面层及装饰、固定设备、长期储物的自重，以及其他需要按永久荷载考虑的荷载。一旦结构物建成，永久荷载在结构上的分布和量值将不再发生变化，应按照其实际分布情况计算结构的荷载效应。

对于各类结构构件和永久性非结构构件自重，由于其变异性不大，且多为正态分布并以其分布的均值作为荷载标准值，可按结构设计规定的尺寸和材料表观密度计算确定。对于自重变异性较大的材料，尤其是制作屋面的轻质材料，考虑到结构的可靠性，在设计中应根据该荷载对结构有利或不利，分别取其自重的下限值或上限值。常用材料和构件的自重（或单位面积的自重）一般可查《荷载规范》，对于查不到的新型材料应由业主提供或通过试验确定。

另外，对于固定设备的恒载，如电梯及自动扶梯、采暖、空调及给水排水设备、电气设备、管道、电缆及其支架等，可根据产品参数确定其荷载值和分布位置。

2.1.5 楼面和屋面活荷载

楼面活荷载是指人群、家具、物品和机器、车辆、设备、堆料等产生的分布重力荷载；屋面活荷载是指检修人员与维修工具等以及屋面作为花园、运动场所或作为直升机停机坪等产生的分布荷载。

1. 民用建筑楼面活荷载

《工程结构通用规范》GB 55001—2021 根据大量的调查和统计分析，并考虑可能出现的短期荷载，按等效均布荷载方法给出了各类民用建筑的楼面均布活荷载标准值及其有关代表值系数，见本书附录 A 表 A-1。考虑到实际使用中楼面活荷载不可能同时布满所有的楼面，因此在设计梁、墙、柱和基础时，还可考虑这些构件实际所承担的楼面范围内荷载的分布变异情况予以折减，参见《工程结构通用规范》。

2. 工业建筑楼面活荷载

工业建筑楼面在生产使用或安装检修时，由设备、管道、运输工具及可能拆除隔墙产生的局部荷载，均应按实际情况考虑，可采用等效均布活荷载代替。设备位置固定的情况，可直接按固定位置对结构进行计算，但应考虑因设备安装和维修过程中的位置变化可能出现的最不利效应。楼面等效均布活荷载，包括计算次梁、主梁和基础时的楼面活荷载，可分别按《荷载规范》的规定确定。对于一般金工车间、仪器仪表车间、电子元器件车间、棉纺织车间、轮胎厂准备车间和粮食加工车间，当缺乏资料时，可按《荷载规范》采用。一般无设备区域的操作荷载，包括操作人员、一般工具、零星原料和成品的自重，可按均布活荷载考虑，可取 $2.0kN/m^2$。在设备所占区域内可不考虑操作荷载和堆料荷载。生产车间的楼梯活荷载，可按实际情况采用，但不宜小于 $3.5kN/m^2$。生产车间的参观走廊活荷载可取 $3.5kN/m^2$。

工业建筑楼面活荷载的组合值系数、频遇值系数和准永久值系数应按实际情况采用；但在任何情况下，组合值和频遇值系数不应小于 0.7，准永久值系数不应小于 0.6。

3. 屋面活荷载

房屋建筑的屋面，其水平投影面上的均布活荷载的取值不应小于规定值，见表 2-1。不上人的屋面均布活荷载，可不与雪荷载和风荷载同时组合。

表 2-1 屋面均布活荷载

项次	类别	标准值 /(kN/m^2)	组合值系数 ψ_c	频遇值系数 ψ_f	准永久值系数 ψ_q
1	不上人屋面	0.5	0.7	0.5	0.0
2	上人屋面	2.0	0.7	0.5	0.4
3	屋顶花园	3.0	0.7	0.6	0.5
4	屋顶运动场地	3.5	0.7	0.6	0.4

注：1. 不上人的屋面，当施工和维修荷载较大时，应按实际情况采用；对不同类型的结构应按有关设计规范采用，但不得低于 $0.3kN/m^2$。
2. 当上人的屋面兼作其他用途时，应按相应楼面活荷载采用。
3. 对于屋面排水不畅、堵塞等引起的积水荷载，应采取构造措施加以防止；必要时，应按积水的可能深度确定屋面活荷载。
4. 屋顶花园活荷载不包括花圃土石等材料自重。

4. 屋面积灰荷载

对设计有大量排灰的厂房及其邻近建筑，其水平投影面上的屋面积灰荷载标准值及其有关代表值系数，可按《荷载规范》采用。积灰荷载应与雪荷载或不上人的屋面均布荷载两者中的较大值同时考虑。

5. 施工和检修荷载及栏杆水平荷载

设计屋面板、檩条、钢筋混凝土挑檐、悬挑雨篷和预制小梁时，尚应考虑施工和检修集中荷载，其标准值不应小于 1.0kN，并应在最不利位置处进行验算。

楼梯、看台、阳台和上人屋面等的栏杆活荷载标准值：中小学校的上人屋面、外廊、楼梯、平台、阳台等临空部位必须设防护栏杆，栏杆顶部的水平活荷载应取 ≥1.5kN/m，竖向活荷载应取 ≥1.2kN/m；除中小学校外，栏杆顶部的水平活荷载应取 ≥1.0kN/m，对食堂、剧场、电影院、车站、礼堂、展览馆或体育场还要考虑 ≥1.2kN/m 的竖向活荷载；水平活荷载与竖向活荷载应分别考虑。

6. 动力系数

建筑结构设计的动力系数，在有充分依据时，可将重物或设备的自重乘以动力系数后，按静力计算方法设计。搬运和装卸重物以及车辆起动和制动的动力系数，可采用≥1.1，具有液压轮胎起落架的直升机可取1.4，其动力荷载只传至楼板和梁。

2.1.6 雪荷载

屋面水平投影面上的雪荷载标准值计算公式为

$$S_k = \mu_r S_0 \tag{2-1}$$

式中　S_k——雪荷载标准值，单位为 kN/m^2；

　　　μ_r——屋面积雪分布系数；

　　　S_0——基本雪压，单位为 kN/m^2。

基本雪压 S_0，是以一般空旷平坦地面上统计的50年一遇重现期的最大雪压自重给出的。我国根据全国各地区气象站的长期观察资料，制定了全国基本雪压分布图和全国各城市雪压表，参见《荷载规范》。对雪荷载敏感的结构（主要是指大跨、轻质屋盖结构）应采用100年重现期的雪压。

屋面积雪分布系数，是指屋面水平投影面积上的雪荷载与基本雪压的比值，它与屋面形式、朝向及风力等均有关。通常情况下，屋面积雪分布系数应根据不同类别的屋面形式确定，参见《荷载规范》。

雪荷载的组合值系数可取0.7；频遇值系数可取0.6；准永久值系数应按雪荷载分区Ⅰ、Ⅱ与Ⅲ的不同，分别取0.5、0.2和0。雪荷载分区按《荷载规范》采用。

2.1.7 风荷载

风荷载的特点

1. 风荷载的特点

风荷载是空气流动对工程结构所产生的压力。风荷载与基本风压、地形、地面粗糙度、距离地面高度及建筑体型等诸因素有关。空气从气压高的地方向气压小的地方流动，当风被结构阻挡时，在结构表面就产生风压，导致结构产生振动和变形。处于风场中的建筑物，在迎风面会受到压力。由于建筑物的非流线型影响还会在建筑物的两侧和背面产生背风向的吸力和横风向的干扰力，如图2-1所示。压力、吸力和横风向干扰力及其合力构成了建筑物上的风荷载。风荷载在整个结构物表面是不均匀分布的，并随着建筑物体型、面积和高度的不同而变化。

风荷载包括由顺风向的平均风引起的静力风荷载、与平均风方向一致的顺风向脉动风荷载和与平均风方向垂直的横风向脉动风荷载。对于一般结构，横风向上的风紊乱比较小，对结构的影响较小，因此在工程实际应用中一般只考虑结构在顺风向风荷载作用下的响应。但对于横风向风振作用效应或扭转风振作用效应明显的高层建筑以及细长圆形截面构筑物，应考虑横风向效应。

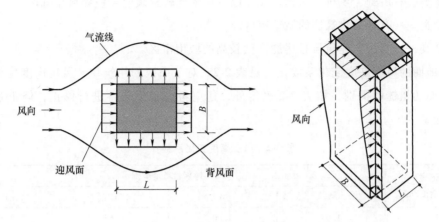

图 2-1　建筑物表面的风压示意图

2. 风荷载标准值及基本风压

结构在风荷载作用下的瞬时响应最大值与风荷载时程有关。对于一般工程设计来说，风荷载可近似地按静力风荷载并用动力放大系数考虑脉动风的动力效应来计算。当计算主要承重结构时，垂直于建筑物表面的风荷载标准值 w_k 计算公式为

$$w_k = \beta_z \mu_s \mu_z w_0 \tag{2-2}$$

式中　w_k——风荷载标准值，单位为 kN/m^2；

$\quad\quad\beta_z$——高度 z 处的风振系数；

$\quad\quad\mu_s$——风载体型系数；

$\quad\quad\mu_z$——风压高度变化系数；

$\quad\quad w_0$——基本风压，单位为 kN/m^2。

基本风压应采用《荷载规范》规定的方法确定的 50 年重现期的风压，但不得小于 $0.3kN/m^2$。

我国根据全国各地区气象台站的长期气象观测资料，制定了全国基本风压分布图，具体参见《荷载规范》。对于高层建筑、高耸结构以及对风荷载比较敏感的其他结构，《高层建筑混凝土结构技术规程》JGJ 3—2010（以下简称《高规》）规定，在承载力设计时应按基本风压的 1.1 倍采用。

风荷载的组合值、频遇值和准永久值系数可分别取 0.6、0.4 和 0。

3. 风压高度变化系数 μ_z

风压高度变化系数是反映风压随不同场地、地貌和高度变化规律的系数。在大气边界层内，风速随离地面高度升高而增大。当气压场随高度不变时，速度随高度增大的规律，主要取决于地面粗糙度和温度垂直梯度。通常认为，在离地面高度为 300~500m 时风速不再受地面粗糙度的影响，也即达到所谓"梯度风速"，该高度称为梯度风高度。地面粗糙度等级低的地区的梯度风高度比等级高的地区低。根据地面地貌情况，地面粗糙度分为 4 类：

1）A 类——近海海面和海岛、海岸、湖岸及沙漠地区。

2）B 类——田野、乡村、丛林、丘陵以及房屋比较稀疏的乡镇和城市郊区。

3）C 类——有密集建筑群的城市市区。

4）D 类——有密集建筑群且房屋高度较高的城市市区。

各类地面的风压高度变化系数 μ_z，见表 2-2。对于山区的建筑物，风压高度变化系数可按平坦地面的粗糙度类别，按表 2-2 确定外，还应考虑地形条件进行修正，修正系数参见《荷载规范》。

表 2-2　风压高度变化系数 μ_z

离地面或海平面高度/m	地面粗糙度类别			
	A	B	C	D
5	1.09	1.00	0.65	0.51
10	1.28	1.00	0.65	0.51
15	1.42	1.13	0.65	0.51
20	1.52	1.23	0.74	0.51
30	1.67	1.39	0.88	0.51
40	1.79	1.52	1.00	0.60
50	1.89	1.62	1.10	0.69
60	1.97	1.71	1.20	0.77
70	2.05	1.79	1.28	0.84
80	2.12	1.87	1.36	0.91
90	2.18	1.93	1.43	0.98
100	2.23	2.00	1.50	1.04
150	2.46	2.25	1.79	1.33
200	2.64	2.46	2.03	1.58
250	2.78	2.63	2.24	1.81
300	2.91	2.77	2.43	2.02
350	2.91	2.91	2.60	2.22
400	2.91	2.91	2.76	2.40
450	2.91	2.91	2.91	2.58
500	2.91	2.91	2.91	2.74
≥550	2.91	2.91	2.91	2.91

4. 风荷载体型系数 μ_s

风荷载体型系数 μ_s 是指风作用在建筑物表面所引起的实际压力（或吸力）与基本风压的比值，它描述建筑物表面在稳定风压作用下的静态压力分布规律，主要与建筑物体型和尺寸有关，也与周围环境和地面粗糙度有关。对于常见建筑物形状，《荷载规范》列出了建议取值，其中一部分见表 2-3。高层建筑、高耸结构以及对风荷载比较敏感的其他结构，在计算主体结构的风荷载效应时，风荷载体型系数可按《高规》规定取用。对于规范未列出的体型，可按有关资料采用；当无资料时，宜由风洞试验确定；对于重要且体型复杂的房屋和构筑物，应由风洞试验确定。

表 2-3 风荷载体型系数 μ_s

类别	体型及体型系数 μ_s	备注
封闭式落地双坡屋面	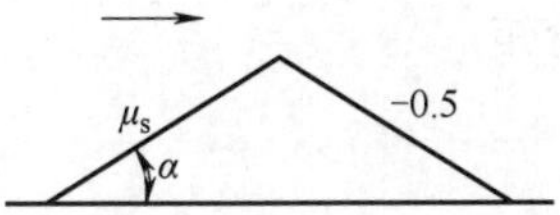 α：0° → μ_s 0.0；30° → +0.2；≥60° → +0.8	中间值按线性插值法计算
封闭式双坡屋面	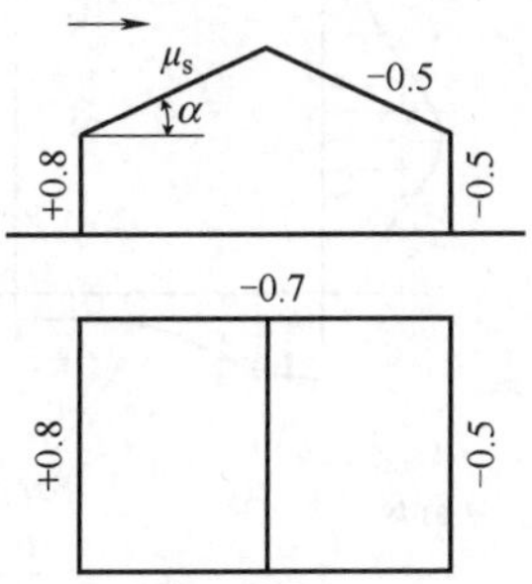 α：≤15° → μ_s -0.6；30° → 0.0；≥60° → +0.8	1. 中间值按线性插值法计算 2. μ_s 的绝对值不小于 0.1

5. 风振系数 β_z

风振系数是考虑脉动风对结构产生动力效应的放大系数，其值与结构自身动力特性有关。钢筋混凝土多、高层建筑的刚度通常较大，由风荷载引起的振动很小，通常可以忽略不计。但对较柔的高层建筑和大跨桥梁结构，当基本自振周期较长时，在风荷载作用下发生的动力效应不能忽略。

《荷载规范》规定，对于高度大于30m且高宽比大于1.5的房屋，以及基本自振周期 T 大于0.25s的各种高耸结构，应考虑风压脉动对结构产生顺风向风振的影响。结构风振动力效应与房屋的自振周期、结构的阻尼特性以及风的脉动性能等因素有关。对于一般竖向悬臂型结构，如框架、塔架、烟囱等高耸结构，以及高度大于30m、高宽比大于1.5且可忽略扭转影响的高耸建筑，在高度 z 处的风振系数 β_z 的简化计算公式为

$$\beta_z = 1 + 2gI_{10}B_z\sqrt{1+R^2} \tag{2-3}$$

式中 g——峰值因子，可取2.5；

I_{10}——10m高名义湍流强度，对应A、B、C和D类地面粗糙度，可分别取0.12、0.14、0.23和0.39；

R——脉动风荷载的共振分量因子，可按《荷载规范》计算；

B_z——脉动风荷载的背景分量因子，当结构的体型和质量沿高度均匀分布时，可按《荷载规范》计算。

2.1.8 局部风荷载

局部风荷载是指风荷载在建筑物某个局部所产生的外力。风洞试验结果表明，建筑表面在风荷载作用下可形成 3 个压力区，如图 2-2a 所示，其中逆流面的角部会形成最高的负压区。通常情况下，在角隅、檐口和附属结构（如阳台、雨篷等外挑构件）等部位的局部风压可能会大大超过平均风压，并可能对某些构件产生不利作用，如图 2-2b 所示。此外，负压产生的漂浮力也可能使某些构件中出现反向弯矩。

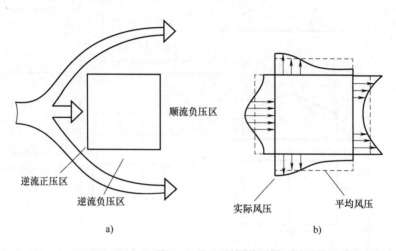

图 2-2 风压分布

a）风荷载在建筑物表面形成 3 个压力区 b）局部风压较大

当计算围护结构及其连接的强度时，应按局部风荷载考虑，此时风荷载标准值计算公式为

$$w_k = \beta_{gz} \mu_{s1} \mu_z w_0 \qquad (2\text{-}4)$$

式中 β_{gz}——高度 z 处的阵风系数，按《荷载规范》取值；

μ_{s1}——风荷载局部体型系数，具体取值规定参见《荷载规范》。对于高层建筑及对风荷载比较敏感的其他结构，在计算檐口、雨篷、遮阳板、阳台等水平构件局部上浮风荷载时，风荷载体型系数不宜小于 2.0。

2.1.9 起重机荷载

工程中常用的起重机有悬挂起重机、手动起重机、电动葫芦以及桥式起重机等。其中，悬挂起重机的水平荷载应由有关支撑系统承受，设计该支撑系统时，尚应考虑风荷载与悬挂起重机水平荷载的组合；手动起重机及电动葫芦可不考虑水平荷载。因此这里所讲的起重机荷载是专指桥式起重机而言的。

起重机的生产、订货和起重机荷载的计算都是以起重机的工作级别为依据的，共分 8 个工作级别：A1、A2、A3、A4、A5、A6、A7、A8。起重机的工作级别是按其利用等级和载荷状态来确定的，利用等级是按起重机在使用期内要求的总工作循环次数分成 10 个利用等级，载荷状态是按起重机荷载达到其额定值的频繁程度分成 4 个载荷状态（轻、中、重、特重）。

一般满载机会少、运行速度低以及不需要紧张而繁重工作的场所，如水电站、机械检修站等的起重机工作级别属于 A1～A3（轻级工作制）；机械加工车间和装配车间的起重机工作级别属于 A4、A5（中级工作制）；冶炼车间和直接参加连续生产的起重机工作级别属于 A6、A7（重级工作制）或 A8（超重级工作制）。

桥式起重机对结构的作用有竖向荷载和水平荷载两种。起重机的水平荷载有纵向水平荷载与横向水平荷载两种。

1. 起重机竖向荷载标准值 $D_{\mathrm{max,k}}$、$D_{\mathrm{min,k}}$

桥式起重机由大车（桥架）和小车组成，如图 2-3 所示，大车有 4 个轮子（每侧两个）卡在由钢轨制成的置于吊车梁上的轨道上沿厂房纵向行驶，小车在大车桥架的轨道上沿横向运行；带有吊钩的起重卷扬机安装在小车上。

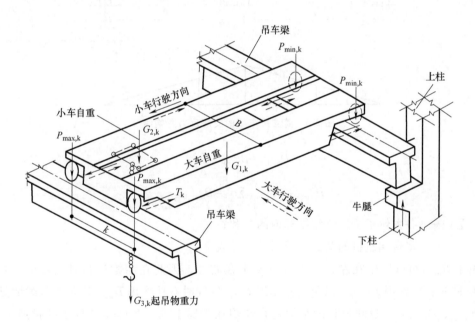

图 2-3　产生 $P_{\mathrm{max,k}}$、$P_{\mathrm{min,k}}$ 的小车位置

吊车梁可用钢筋混凝土也可以采用型钢制成，轨道与吊车梁连接以及吊车梁与柱的连接构造可详见有关标准图集。

当小车吊有额定起吊重量的物件开到大车某一极限位置时，在这一侧的每个大车的轮压称为起重机的最大轮压标准值 $P_{\mathrm{max,k}}$，在另一侧的轮压称为最小轮压标准值 $P_{\mathrm{min,k}}$、$P_{\mathrm{max,k}}$ 与 $P_{\mathrm{min,k}}$ 同时发生。起重机的额定起吊重量应由工艺设计或由业主提供，这样可从起重机制造厂提供的起重机产品说明书中查得 $P_{\mathrm{max,k}}$ 和 $P_{\mathrm{min,k}}$。对于四轮起重机，有

$$P_{\mathrm{min,k}} = \frac{G_{1,\mathrm{k}} + G_{2,\mathrm{k}} + G_{3,\mathrm{k}}}{2} - P_{\mathrm{max,k}} \tag{2-5}$$

式中　$G_{1,k}$、$G_{2,k}$——分别为大车、小车的自重标准值，单位为 kN；

　　　　$G_{3,k}$——与起重机额定起吊质量 Q 对应的重力标准值，单位为 kN。

　　由 $P_{max,k}$ 在吊车梁支座产生的最大反力标准值为 $D_{max,k}$；同时，在另一侧则由 $P_{mix,k}$ 产生 $D_{min,k}$。$D_{max,k}$、$D_{min,k}$ 就是作用在结构上的起重机竖向荷载标准值，两者同时发生。由于起重机是移动的，因而起重机竖向荷载标准值 $D_{max,k}$、$D_{min,k}$ 必须按简支吊车梁支座反力影响线计算，如图 2-4 所示，图中 K 和 B 分别是桥式起重机的轮距和桥架宽度，则 $D_{max,k}$、$D_{min,k}$ 可分别按式（2-6）与式（2-7）计算。

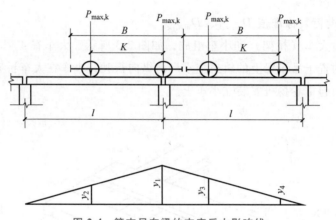

图 2-4　简支吊车梁的支座反力影响线

$$D_{max,k} = \beta P_{max,k} \sum y_i \tag{2-6}$$

$$D_{min,k} = \beta P_{min,k} \sum y_i = D_{max,k} \frac{P_{min,k}}{P_{max,k}} \tag{2-7}$$

式中　$\sum y_i$——各大轮子下影响线纵标值的总和；

　　　　β——多台起重机的荷载折减系数，见表 2-4。

　　由于 $D_{max,k}$ 可以发生在左柱，也可以发生在右柱，因此在结构计算时应考虑左柱作用 $D_{max,k}$ 的同时右柱作用 $D_{min,k}$，以及左柱作用 $D_{min,k}$ 的同时右柱作用 $D_{max,k}$ 这两种荷载情况。

　　$D_{max,k}$、$D_{min,k}$ 是通过轨道和吊车梁垂直作用在牛腿上的。牛腿是从柱子外挑所形成的，工程中可采用混凝土牛腿，也可采用钢牛腿。牛腿的类型，如图 2-5 所示。根据牛腿竖向力 F_v 的作用点至下柱边缘的水平距离 a 的大小，一般把牛腿分成两类：当 $a \leqslant h_0$ 时为短牛腿，如图 2-5a 所示；当 $a > h_0$ 时为长牛腿，如图 2-5b 所示，此处 h_0 为牛腿与下柱交接处的牛腿竖直截面的有效高度。长牛腿的受力特点与悬臂梁相似，可按悬臂梁设计。一般支承吊车梁等构件的牛腿均为短牛腿，简称为牛腿，它实质上是一变截面深梁，其受力性能与普通悬臂梁不同。关于牛腿的设计计算可参考有关文献。

　　对下部柱而言，$D_{max,k}$、$D_{min,k}$ 都是偏心压力，因此，应把它们换算成作用在下部柱顶面的轴向压力和力矩，其中弯矩标准值计算公式为

$$M_{max,k} = D_{max,k} e, \quad M_{min,k} = D_{min,k} e \tag{2-8}$$

式中　e——吊车梁支座钢垫板的中心线至下部柱轴线的距离。

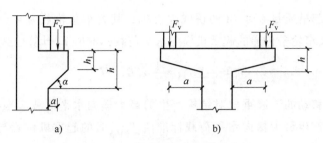

图 2-5　牛腿的类型

a）短牛腿　b）长牛腿

2. 起重机纵向水平荷载标准值 T_k

起重机纵向水平荷载是由大车的运行机构在制动时引起的纵向水平惯性力。起重机纵向水平荷载标准值应按作用在一边轨道上所有制动轮的最大轮压 $P_{max,k}$ 之和乘以制动轮与钢轨间的滑动摩擦系数 α'。根据《荷载规范》，取 $\alpha' = 0.1$。

对于一般的四轮起重机，它在一边轨道上的制动轮只有 1 个，所以起重机纵向水平荷载标准值 $T_k = 0.1P_{max,k}$。

起重机纵向水平荷载作用于制动轮与轨道的接触点，方向与轨道一致，由房屋纵向结构承受，如纵向平面框架、纵向平面排架。

3. 起重机横向水平荷载标准值 $T_{max,k}$

起重机横向水平荷载是当小车吊有重物时制动所引起的横向水平惯性力，它通过小车制动轮与桥架轨道之间的摩擦力传给大车，再通过大车轮在起重机轨顶传给吊车梁，而后由吊车梁与柱的连接钢板传给柱，如图 2-6 所示。可见，起重机横向水平荷载作用在吊车梁顶面的水平处。

起重机横向水平荷载标准值，应按小车重力标准值与额定起重质量标准值之和乘以横向水平荷载系数 α 计算，因此总的起重机横向水平荷载标准值 $\sum T_{i,k}$ 计算公式为

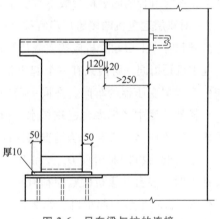

图 2-6　吊车梁与柱的连接

$$\sum T_{i,k} = \alpha(G_{2,k} + G_{3,k}) \qquad (2\text{-}9)$$

式中　α——起重机横向水平荷载系数，现行《荷载规范》规定，对于软钩起重机：当额定起吊质量 $Q \leqslant 10t$ 时，$\alpha = 0.12$；当额定起吊质量 $16t < Q < 50t$ 时，$\alpha = 0.10$；当额定起吊质量 $Q \geqslant 75t$ 时，$\alpha = 0.08$；对于硬钩起重机取 $\alpha = 0.20$。

软钩起重机是指吊重通过钢丝绳传给小车的常见起重机，硬钩起重机是指吊重通过刚性结构，如夹钳、料耙等传给小车的特种起重机。硬钩起重机工作频繁，运行速度高，小车附设的刚性悬臂结构使起吊的重物不能自由摆动，以致制动时产生的横向水平惯性力较大，并且硬钩起重机的卡轨现象也较严重，因此硬钩起重机的横向水平荷载系数取得较高。

起重机横向水平荷载应等分于桥架的两端，分别由轨道上的车轮平均传至轨道，其方向

与轨道垂直。通常起吊质量 $Q \leqslant 50t$ 的桥式起重机，其大车总轮数为 4，即每一侧的轮数为 2，因此通过一个大车轮子传递的起重机横向水平荷载标准值 T_k 计算公式为

$$T_k = \frac{1}{4} \sum T_{i,k} = \frac{1}{4} \alpha (G_{2,k} + G_{3,k}) \tag{2-10}$$

由于起重机是移动的，起重机对结构产生的最大横向水平荷载应根据影响线确定。显然，起重机对结构产生最大横向水平荷载标准值 $T_{max,k}$ 时的起重机位置与产生 $D_{max,k}$、$D_{min,k}$ 的相同，因此，当考虑多台起重机的荷载折减系数 β 后，可得

$$T_{max,k} = \beta T_k \sum y_i = \frac{1}{4} \alpha \beta (G_{2,k} + G_{3,k}) \sum y_i \tag{2-11}$$

如果两台起重机作用下的 $D_{max,k}$ 已求得，则两台起重机作用下的 $T_{max,k}$ 可直接由 $D_{max,k}$ 求得，即

$$T_{max,k} = D_{max,k} \frac{T_k}{P_{max,k}} \tag{2-12}$$

注意，小车是沿横向向左、向右运行的，有正、反两个方向的制动情况，因此对 $T_{max,k}$ 既要考虑它向左作用又要考虑它向右作用。

4. 多台起重机组合

《荷载规范》规定计算排架考虑多台起重机竖向荷载时，对单层起重机的单跨厂房的每个排架，参与组合的起重机台数不宜多于 2 台；对一层起重机的多跨厂房的每个排架，不宜多于 4 台；对双层起重机的多跨厂房宜按上层和下层起重机分别不多于 4 台进行组合，且当下层起重机满载时，上层起重机应按空载计算；上层起重机满载时，下层起重机不应计入。这里，一层起重机是指同一跨内只有一个起重机轨顶标高的起重机，有的车间由于生产工艺的需要，如生产大型变压器的车间，在同一跨内起重机轨顶有两种不同标高的，称为两层起重机。

排架计算中考虑多台起重机水平荷载时，对单跨或多跨厂房的每个排架，参与组合的起重机台数不应多于 2 台。当情况特殊时，应按实际情况考虑。

多台起重机同时出现 $D_{max,k}$ 和 $D_{min,k}$ 的概率，以及同时出现 $T_{max,k}$ 的概率都很小，因此排架计算时，多台起重机的竖向荷载标准值和水平荷载标准值都应乘以多台起重机的荷载折减系数 β。折减系数与起重机工作级别及起重机台数有关，工作级别低的起重机，其满载的概率比工作级别高的起重机的满载概率要小些，故应折减多些；4 台起重机同时出现 $T_{max,k}$ 或同时出现 $D_{max,k}$、$D_{min,k}$ 的概率要比 2 台或 3 台起重机的小些，因此应折减多些。《荷载规范》规定的多台起重机的荷载折减系数 β，见表 2-4。

表 2-4 多台起重机的荷载折减系数 β

参与组合的起重机数量（台）	起重机工作级别	
	A1~A5	A6~A8
2	0.90	0.95
3	0.85	0.90
4	0.80	0.85

对于其他结构类型的厂房，多台起重机的组合可参照进行。

5．起重机荷载的动力系数

当计算吊车梁及其连接的承载力时，起重机竖向荷载应乘以动力系数。对悬挂起重机（包括电动葫芦）及工作级别 A1～A5 的软钩起重机，动力系数可取为 1.05；对工作级别为 A6～A8 的软钩起重机、硬钩起重机和其他特种起重机，动力系数可取为 1.1。

6．起重机荷载的组合值、频遇值及准永久值

起重机荷载的组合值系数、频遇值系数及准永久值系数按起重机工作级别、吊钩类型取值，见表 2-5。

表 2-5　起重机荷载的组合值系数、频遇值系数及准永久值系数

起重机工作级别		组合值系数 ψ_c	频遇值系数 ψ_f	准永久值系数 ψ_q
软钩起重机	工作级别 A1～A3	0.70	0.60	0.50
	工作级别 A4、A5	0.70	0.70	0.60
	工作级别 A6、A7	0.70	0.70	0.70
硬钩起重机及工作级别 A8 的软钩起重机		0.95	0.95	0.95

2.1.10　地震作用简述

1．地震

地震又称为地动、地振动，是地壳快速释放能量过程中造成的振动，期间会产生地震波的一种自然现象。地球上板块与板块之间相互挤压碰撞，造成板块边沿及板块内部产生错动和破裂，是引起地震的主要原因。

2．地震作用及其特点

地震作用是地震引起的结构物动力效应的原因。地震作用是建筑抗震设计的基本依据。如何遵照结构抗震动力学和地震工程学的原理，正确、合理地根据预测地震、地质条件、场地、结构等诸多因素确定建筑的地震作用是结构设计人员应掌握的知识之一。

由于地震发生机制的复杂性，不同地区、不同地点地震引起的地面运动特征十分复杂，尤其是那些罕遇地震会对工程结构造成极大的破坏作用。地震对结构物的作用效应与结构物自身动力特性显著相关。这不仅表现在地震作用效应的量值方面，也表现在地震作用的分布方面。在不同地震强度作用下，随结构物的损伤状况和自身弹塑性的发展，结构自身的动力特性不断发生变化，导致地震作用效应的量值和分布也不断变化。因此，结构工程的抗震设计应重视整体结构抗震体系和抗震概念设计。

目前，人们还无法准确预测未来地震作用的大小。因此，为避免过于浪费，结构抗震概念设计的一个原则是允许在罕遇地震作用时结构中的某些部位或部分构件（最好是赘余构件）产生破坏，但这些部位和构件的破坏不应该影响结构的整体性，且结构应具有足够的延性。延性是指在承载能力基本没有显著降低情况下结构的变形能力，对避免结构在地震作用下的倒塌具有重要意义。结构抗震概念设计的另一个原则是人为设定结构

的薄弱部位，而这些薄弱部位的破坏不会导致整体结构成为几何可变体系，同时保证具有足够的延性，不使整体结构丧失整体性，即可保证整体结构在小震时不会破坏、在大震时不会产生倒塌。

3. 建筑抗震设防的基本概念

抗震设防，是为使工程结构达到预期的抗震效果，对工程结构进行抗震设计并采取抗震措施，以达到所预期的地震破坏准则和技术指标要求。抗震设防的内容包括：抗震设防烈度、地震动参数区划图以及工程抗震设防分类和抗震设防标准。

抗震设防烈度是按国家规定的权限批准作为一个地区抗震设防依据的地震烈度。地震烈度是指地震时一定地点地震动的强烈程度。早期主要是根据地震时人的感觉、地表面状况的变化及建筑物的破坏程度作为地震强烈程度的一种宏观判据，这种烈度评价并不是用地面运动的物理量作为依据。目前的地震烈度均与地震地面运动的物理量相联系，如地面运动峰值加速度（PGA）、峰值速度（PGV）和峰值位移（PGD）。我国目前采用国际上通行的 12 级地震烈度表。

目前，我国根据国家抗震设防需要和当前的科学技术水平，按照长时期内可能遭受的地震危险程度给出了各地抗震设防烈度的区划图。我国地震烈度区划图规定：以 50 年期限内一般场地条件下超越概率为 10% 的地震烈度作为一个地区抗震设防依据，称为基本烈度。《建筑抗震设计规范（2016 年版）》GB 50011—2010（以下简称《抗震规范》）规定，一般情况下，建筑工程的抗震设防烈度应采用中国地震动参数区划图确定的地震基本烈度。

地震动参数区划图是以地震动参数（以加速度表示地震作用强弱程度）为指标，将全国划分为不同抗震设防要求区域的地图。

抗震设防标准是衡量抗震设防要求高低的尺度，由抗震设防烈度或设计地震动参数及抗震设防类别确定。根据建筑破坏造成的人员伤亡、直接和间接经济损失、社会影响的大小、建筑使用功能失效后对全局的影响范围大小和对抗震救灾影响及恢复的难易程度，建筑工程的抗震设防类别分为四类：特殊设防类、重点设防类、标准设防类和适度设防类，具体分类情况可参见《建筑与市政工程抗震通用规范》GB 55002—2021。

4. 建筑抗震设计方法简介

我国现行《抗震规范》采用两阶段设计方法来实现"小震不坏、中震可修、大震不倒"的三水准抗震设防目标，即所谓"三水准设防、两阶段设计"的方法。其中，50 年内超越概率约为 63% 的地震烈度为"小震"，比基本烈度约低一度半；50 年超越概率为 10% 的烈度为基本烈度即"中震"；50 年超越概率为 2%～3% 的烈度称为罕遇地震即"大震"，比基本烈度约高一度。

第一阶段设计是承载力验算，取第一水准"小震"的地震动参数计算结构的弹性地震作用标准值和相应的地震作用效应，并采用分项系数设计表达式进行结构构件的截面承载力抗震验算。分析研究表明，第一阶段设计可使结构在第一水准地震作用下具有必要的承载力，且又能满足第二水准"中震"损坏可修的目标。对大多数的结构，可只进行第一阶段设计，而通过结构抗震概念设计和抗震构造措施来满足第三水准"大震不倒"的设计要求。

第二阶段设计是针对有明显薄弱层的不规则结构和有专门要求的结构进行第三水准"大震"作用下的弹塑性变形验算，并采取相应的抗震构造措施，以通过定量计算实现第三水准"大震不倒"的设防要求。

5. 地震作用计算

目前地震作用计算主要有三种方法，即底部剪力法、振型分解反应谱法以及时程分析法。

各类建筑结构的地震作用计算应采用以下方法：

1）高度不超过 40m、以剪切变形为主且质量和刚度沿高度分布比较均匀的结构，以及近似于单质点体系的结构，可采用底部剪力法等简化方法。

2）除 1）外的建筑结构，宜采用振型分解反应谱法。

3）特别不规则的建筑、甲类建筑和超限高层建筑，应采用时程分析法进行多遇地震下的补充计算。

6. 水平地震作用计算

（1）计算原则　各类建筑物的地震作用计算应符合以下原则：

1）一般情况下，可在建筑结构的两个主轴方向分别计算水平地震作用并进行抗震验算，各方向的水平地震作用由该方向抗侧力构件承担。

2）有斜交抗侧力构件的结构，当相交角度大于 15°时，应分别计算各抗侧力构件方向的水平地震作用。

3）质量和刚度分布明显不对称的结构，应计入双向水平地震作用下的扭转影响，其他情况，可采用调整地震作用效应的方法计入扭转影响。

4）抗震设防烈度 8、9 度时的大跨度和长悬臂结构及 9 度时的高层建筑，应计入竖向地震作用。

计算地震作用时，建筑物的重力荷载代表值应取结构和构配件自重标准值和可变荷载的组合值之和，各可变荷载的组合值系数，见表 2-6。

表 2-6　可变荷载的重力荷载代表值组合值系数

可变荷载种类		组合值系数
雪荷载		0.5
屋面积灰荷载		0.5
屋面活荷载		不计入
按实际情况计算的楼面活荷载		1.0
按等效均布荷载计算的楼面活荷载	藏书库、档案馆	0.8
	其他民用建筑	0.5

（2）水平地震作用影响系数　建筑结构的水平地震影响系数应根据设防烈度、场地类别、设计地震分组、结构自振周期以及阻尼比确定。其水平地震影响系数最大值 α_{max} 取值，见表 2-7。

表 2-7   水平地震影响系数最大值 α_{max}

地震影响	6 度	7 度	8 度	9 度
多遇地震	0.04	0.08（0.12）	0.16（0.24）	0.32
罕遇地震	0.28	0.50（0.72）	0.90（1.20）	1.40

注：括号中数值分别用于设计基本地震加速度为 $0.15g$ 和 $0.30g$ 的地区。

《抗震规范》根据弹性反映谱理论，给出了如图 2-7 所示的地震影响系数 α 曲线，建筑结构地震影响系数曲线的阻尼调整和形状参数应符合下列规定：

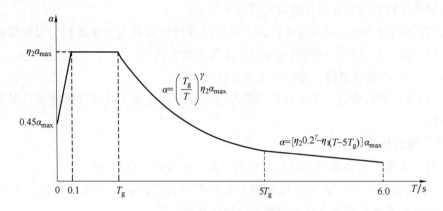

图 2-7   地震影响系数曲线

α—地震影响系数 T—结构自振周期 T_g—特征周期 α_{max}—地震影响系数最大值

η_1—直线下降段的下降斜率特征系数 γ—衰减系数 η_2—阻尼特征系数

1）除有专门规定外，建筑结构的阻尼比 ζ 应取 0.05，地震影响系数曲线的阻尼调整系数 η_2 应按 1.0 采用，形状参数应符合以下规定：

① 上升段，特征周期小于 0.1s 的区段。

② 水平段，自 0.1s 至特征周期值 T_g 区段，应取最大值 α_{max}。

③ 曲线下降段，自特征周期 T_g 至 5 倍 T_g 区段，衰减指数 γ 应取 0.9。

④ 直线下降段，自 5 倍 T_g 至 6s 区段，下降斜率调整系数 η_1 应取 0.02。

2）当建筑结构的阻尼比 ζ 按有关规定不等于 0.05 时，地震影响系数曲线的阻尼调整系数和形状参数计算公式为

$$\gamma = 0.9 + \frac{0.05 - \zeta}{0.3 + 6\zeta} \tag{2-13}$$

$$\eta_1 = 0.02 + \frac{0.05 - \zeta}{4 + 32\zeta} \geq 0 \tag{2-14}$$

$$\eta_2 = 1 + \frac{0.05 - \zeta}{0.08 + 1.6\zeta} \geq 0.55 \tag{2-15}$$

（3）特征周期 T_g 特征周期 T_g 与场地类别和设计地震分组有关，见表 2-8，计算罕遇地震作用时，特征周期应增加 0.05s。

表 2-8　特征周期 T_g 值

设计地震分组	场地类别				
	I_0	I_1	II	III	IV
第一组	0.20	0.25	0.35	0.45	0.65
第二组	0.25	0.30	0.40	0.55	0.75
第三组	0.30	0.35	0.45	0.65	0.90

我国将场地土分为岩石、坚硬土或软质岩石、中硬土、中软土、软弱土五类，而场地类别需要综合场地土的性质（剪切波速）和场地覆盖层厚度才能确定，具体确定方法参见《抗震规范》。

7. 结构自振周期计算

结构自振周期 T 通常可以根据半经验的顶点位移法或能量法计算，也可以采用经验公式求得。

（1）顶点位移法　对于质量和刚度沿高度分布比较均匀的多高层钢筋混凝土框架、框架-剪力墙及剪力墙结构，可以简化为等截面悬臂杆，得到由结构顶点位移表示的计算结构自振周期的半经验公式，见式（2-16），通常称为顶点位移法。

$$T = 1.7\psi_T\sqrt{u_T} \qquad (2\text{-}16)$$

式中　ψ_T——考虑非承重墙刚度对结构自振周期影响的折减系数。对于框架结构可以取 0.6～0.7，对于框架-剪力墙结构可以取 0.7～0.8，对于剪力墙结构可以取 0.9～1.0，对于其他结构体型或采用其他非承重墙体时，可根据工程情况确定；

　　　　u_T——将集中在各层楼盖处的重力荷载代表值 G_i 作为水平荷载加于该楼层处，然后按弹性方法求得的结构顶点位移，单位为 m。

（2）能量法　对于以剪切变形为主的多高层钢筋混凝土框架结构，可以利用最大动能等于最大位能的原理建立自振周期的计算公式，见式（2-17），称为能量法。

$$T = 2\pi\psi_T\sqrt{\frac{\sum_{i=1}^{n} G_i u_i^2}{g \sum_{i=1}^{n} G_i u_i}} \qquad (2\text{-}17)$$

式中　ψ_T——折减系数，取值同式（2-16）；

　　　　u_i——将集中在各层楼盖处的重力荷载代表值 G_i 作为水平荷载加于该楼层处，然后按弹性方法求得的结构第 i 层的水平位移，单位为 m；

　　　　g——重力加速度。

（3）经验系数法　对某一类型结构通过试验手段测得其自振周期，然后归纳总结出某一规律，得到这种类型结构的自振周期经验公式，见式（2-18）～式（2-22）。经验公式对特定类型的结构，能综合反映各种因素的影响，有一定的准确度，应用简便，但要注意其适用范围。

无填充墙的框架结构

$$T = 0.1N \tag{2-18}$$

有填充墙的框架结构

$$T = (0.07 \sim 0.08)N \tag{2-19}$$

钢筋混凝土剪力墙结构

$$T = 0.03 + 0.03\frac{H}{\sqrt[3]{B}} \tag{2-20}$$

框架-剪力墙结构

$$T = (0.06 \sim 0.08)N \tag{2-21}$$

高层钢筋混凝土框架或框架-剪力墙结构，也可以按式（2-22）计算。

$$T = 0.25 + 0.53 \times 10^{-3}\frac{H^2}{\sqrt[3]{B}} \tag{2-22}$$

式中　N——房屋地面以上部分的层数；

　　H、B——建筑物的总高度和总宽度，单位为 m。

（4）刚度法　采用刚度法求解结构的自振周期属于精确解法。具体计算方法在此不再叙述，可参考其他文献。

8. 底部剪力法

当采用底部剪力法计算地震作用时，可以将各个楼层的质量集中于楼（屋）盖高度处并仅取一个水平自由度，如图 2-8 所示。结构水平地震作用标准值计算公式为

$$F_{Ek} = \alpha_1 G_{eq} \tag{2-23}$$

$$F_i = \frac{G_i H_i}{\sum_{j=1}^{n} G_j H_j} F_{Ek}(1 - \delta_n) \quad (i = 1, 2, \cdots, n) \tag{2-24}$$

$$\Delta F_n = \delta_n F_{Ek} \tag{2-25}$$

式中　F_{Ek}——结构总水平地震作用标准值；

　　α_1——相应于结构基本自振周期的水平地震影响系数值，按图 2-7 确定，多层砌体房屋、底层框架砌体房屋，宜取水平地震影响系数最大值；

　　G_{eq}——结构等效总重力荷载，单质点应取总重力荷载代表值，多质点可取总重力荷载代表值的 85%；

　　F_i——质点 i 的水平地震作用标准值；

　　G_i、G_j——集中于质点 i、j 的重力荷载；

　　H_i、H_j——质点 i、j 的计算高度；

　　δ_n——顶部附加地震作用系数，多层钢筋混凝土房屋取值见表 2-9；

　　ΔF_n——顶部附加水平地震作用；

　　n——楼层数。

按底部剪力法计算地震作用时，其地震作用沿结构高度近似成倒三角形分布。其中，顶部附加水平地震作用 ΔF_n 是为考虑结构高振型的影响而引入的。

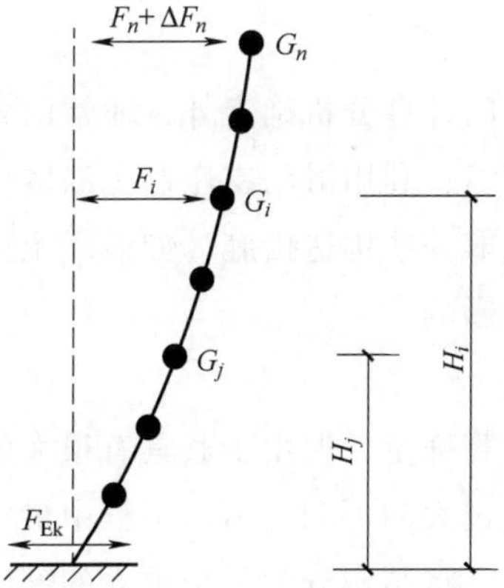

图 2-8　结构水平地震作用计算简图

表 2-9　顶部附加地震作用系数 δ_n　　　　　　　　　　　　　　（单位：s）

T_g	$T > 1.4T_g$	$T \leq 1.4T_g$
$T_g \leq 0.35$	$0.08T + 0.07$	
$0.35 < T_g \leq 0.55$	$0.08T + 0.01$	0.0
$T_g > 0.55$	$0.08T - 0.02$	

注：T 为结构基本自振周期。

采用底部剪力法时，突出屋面的屋顶间、女儿墙、烟囱等的地震作用效应，宜乘以增大系数 3，此增大部分不应往下传递，但与该凸出部分相连的构件应予以计入。对于高层建筑，地震作用效应的增大系数 β_n 应按《高规》采用。

2.1.11　其他间接荷载

1. 温度作用

材料具有热胀冷缩的物理现象。当结构因环境温度变化产生热胀或冷缩导致变形受阻、结构不能自由伸缩时，将在结构中引起温度应力、温度变形、开裂等效应。

温度作用有以下几种情况：

1）日照温差：结构物受太阳照射一侧与背光一侧之间的温差，一般会使结构产生变形和内力。

2）室内、外温差：北方地区冬季室内用暖气温度较高，而室外温度很低，使得结构和非结构构件因室内外温差产生内力。

3）上部结构与地下结构之间的温差：上部结构一般处于温度较高的自然环境，而地下结构一般温度较低，尤其是在高温季节，这种温差的影响较大。

4）季节温差：指一年四季温度变化产生的温度差，通常考虑夏季和冬季的最大温差对结构产生的影响。

5）施工阶段混凝土水化热引起的温差：大体积混凝土构件施工时，混凝土水化热使构件内部温度升高，构件表面与自然环境相同，从而引起的温差，使内部产生温度应力，容易导致构件表面开裂。

针对温度作用，除可进行专门计算分析确定外，通常的处理方法是采取构造措施减小其对结构的不利影响，如设置伸缩缝；利用滑动支座避免温度变形对下部结构的影响等。对于一些局部温差不大的情况，可采取一些构造措施，如混凝土梁、板设计中通过构造配筋和控制最小配筋率来考虑温度应力的影响。

2. 地基不均匀沉降

地基不均匀沉降差可通过计算确定，但由于其具有很大的不确定性，通常采取控制沉降差的方法避免引起上部结构产生过大的不利内力。工程中最常用的方法是根据结构形式、荷载和地基的差异情况设置沉降缝，将结构分为几个独立的部分，使得各部分的不均匀沉降差很小。

3. 混凝土收缩和徐变

混凝土的收缩和徐变受组成材料、受荷龄期、使用环境温度和湿度、构件几何特征等诸多因素影响。虽然目前对其发展规律基本掌握，但综合考虑所有影响因素的计算却十分复杂，通常需要采用实际监测进行校准。

除在混凝土材料方面采取有关措施减小收缩和徐变外，工程中一般可以通过设置伸缩缝，也可在浇筑混凝土时设置后浇带等临时缝，避免或减小收缩裂缝的发生或发展。此外，最小配筋率以及构造配筋是防止收缩裂缝发生和开展的重要保证措施。增加受压钢筋配筋率也可显著减小徐变变形。另外，超静定结构因存在内力重分布，这有利于减小收缩和徐变对结构的不利影响。

实际工程中，为降低各种非荷载因素对结构的不利影响可根据具体情况设置各类永久或临时施工缝，包括：伸缩缝、构造缝、分割缝、沉降缝、防震缝等。

4. 火灾

相对其他偶然作用，火灾是建筑工程遭遇频率较多的灾害。虽然混凝土和钢材为不燃烧材料，但当温度超过600℃后，混凝土抗压强度开始显著降低；钢材则在温度超过600℃后强度急剧降低。而火灾情况下，燃烧温度常可达1000℃以上。当火灾持续时间较长时，可能导致结构丧失整体稳定性而产生倒塌。结构构件的耐火性能有两个指标：燃烧性能和耐火极限。因混凝土和钢材为不燃烧材料，因此二者的耐火设计主要考虑其耐火极限。结构构件的耐火极限是指在标准耐火试验中，从构件受到火灾作用起，到失去稳定性或完整性或绝热性为止所需要的时间，以小时计。影响耐火极限的主要因素如下：

（1）结构形式　连续梁等超静定构件因具有塑性内力重分布能力，耐火性优于静定结构。

（2）受力状态　轴心受压柱的耐火性优于小偏心受压柱，小偏心受压柱优于大偏心受压柱。

（3）表面保护　抹灰、防火涂料等可以提高构件的耐火性。

（4）截面形状和尺寸　表面积大的截面形状，受火面多，耐火性差。

（5）构件承受的有效荷载值　荷载值越大，构件越容易失去稳定性，耐火性越差。

（6）钢材品种　钢材在高温下强度的降低是混凝土构件达到耐火极限的主要原因。不同钢材品种，在温度作用下的强度降低幅度不同，高强钢丝最差、普通碳素钢次之、普通低合金钢较好。近年来已开发出耐火钢，可在 600℃下保持其常温强度的 2/3。

（7）配筋方式　当大直径钢筋放置于内部，小直径钢筋放置于外部，则在高温作用时内部温度较低，承载力降低率小。

（8）配筋率　高温作用下钢筋的强度降低率大于混凝土，因此配筋率高的构件耐火性差。

5. 爆炸和撞击

爆炸一般是指在极短时间内，释放出大量能量，产生高温，并放出大量气体，在周围介质中造成高压的化学反应或状态变化。爆炸的类型很多，例如：炸药爆炸（常规武器爆炸、核爆炸）、煤气爆炸、粉尘爆炸、锅炉爆炸、矿井下瓦斯爆炸、汽车等物体燃烧时引起的爆炸等。爆炸对建筑物的破坏程度与爆炸类型、爆炸源能量大小、爆炸距离及周围环境、建筑物本身的振动特性等有关，精确度量爆炸荷载的大小较为困难。爆炸荷载的计算规定参见《荷载规范》。

撞击种类很多，《荷载规范》仅规定电梯竖向失控掉落、汽车与建筑撞击、直升机非正常着陆引起的撞击荷载，其他情况未予规定。另外，考虑到撞击荷载的特性（如偶然性、持续时间很短但量值很大等），为便于设计，《荷载规范》规定了其等效静力撞击力标准值，因而在结构构件遭受撞击荷载的承载力极限状态计算的效应设计值中对撞击荷载设计值可不再考虑动力系数，直接取用撞击荷载标准值。

除特殊需要，对于一般工程通常不考虑意外撞击和爆炸作用，对于有人防要求的地下结构，需要考虑爆炸的影响。

▶▶ 2.2　结构的功能要求和极限状态

2.2.1　结构的功能要求

1. 安全等级

工程结构设计时，应根据结构破坏对人的生命、经济、社会或环境等产生影响的严重程度，采用不同的安全等级。《建筑结构可靠性设计统一标准》GB 50068—2018（以下简称《统一标准》）将其划分为三个安全等级，见表 2-10。

表 2-10　工程结构的安全等级

安全等级	破坏后果	示例
一级	很严重：对人的生命、经济、社会环境影响很大	大型的公共建筑等重要结构
二级	严重：对人的生命、经济、社会环境影响较大	普通的住宅和办公楼等一般建筑
三级	不严重：对人的生命、经济、社会环境影响较小	小型或临时性储存建筑等次要结构

同一建筑结构内的各种结构构件宜与结构采用相同的安全等级，但允许对部分结构构件根据其重要程度和综合经济效果进行适当调整。如提高某一结构构件的安全等级所需额外费用很少，又能减轻整个结构的破坏从而大大减少人员伤亡和财产损失，则可将该结构构件的安全等级比整个结构的安全等级提高一级；相反，如某一结构构件的破坏并不影响整个结构或其他结构构件，则可将其安全等级降低一级，但不得低于三级。

在以概率理论为基础的极限状态设计法中，结构的安全等级是通过结构重要性系数 γ_0 来体现的。

2. 设计工作年限及设计状况

设计工作年限，也称设计基准期。它是指设计规定的结构或结构构件不需进行大修即可按预定目标使用的年限。设计工作年限可按《工程结构通用规范》的规定确定，各类建筑结构的设计工作年限见表 2-11。可见，对于一般结构的设计基准期为 50 年。

表 2-11　工程结构设计工作年限

类别	设计工作年限/年
临时性建筑结构	5
普通房屋和构筑物	50
特别重要的建筑结构	100

需要注意的是，结构的设计工作年限虽与其使用寿命有联系，但它不等同于使用寿命，超过设计工作年限的结构并不意味着已损坏而不能使用，只是说明其完成预定功能的能力降低了。

结构在建造阶段和正常使用阶段，所承受作用的类型和所处环境条件的时段长短是不同的。结构设计中，结构上的荷载和作用取值与所考虑的时间有关，因此设计中应针对相应时段确定相应设计荷载和作用的取值。与一定时段相应的一组设计条件称为设计状况，并保证在该组条件下结构不会超越有关的极限状态。

根据设计中所考虑时段的持续时间，按以下 4 种设计状况确定设计荷载和作用的取值：

1）持久设计状况。在结构使用过程中一定会出现，且持续期很长的状况，其持续期一般与设计工作年限为同一数量级。如建筑结构承受的恒荷载和活荷载等。

2）短暂设计状况。在结构施工和使用过程中出现概率较大，而与设计工作年限相比持续时间很短的状况。如结构施工和维修时承受堆料和施工荷载的状况。

3）偶然作用设计状况。在结构使用过程中出现概率很小，且作用量值很大、持续期很短的状况。如结构遭受火灾、爆炸、撞击、罕遇地震作用等的状况。

4）地震设计状况。结构遭受地震的设计状况。

为保证结构的安全性和耐久性，《工程结构通用规范》规定：结构设计时选定的设计状况，应涵盖正常施工和使用过程中的各种不利情况。各种设计状况均应进行承载能力极限状态设计，持久状况尚应进行正常使用极限状态设计，其他设计状况可根据实际情况确定是否需要进行正常使用极限状态设计。

3. 建筑结构的功能要求

工程结构在实际使用时应满足的各种要求，称为结构的功能。一般来说，结构的功能包括安全性、适用性、耐久性 3 个方面。结构在设计工作年限内应满足以下功能要求：

1）能承受正常施工和正常使用时可能出现的各种作用。

2）当发生火灾时，在规定的时间内可保持足够的承载力。

3）当发生爆炸、撞击、人为错误的偶然事件时，结构能保持必需的整体稳固性，不出现与起因不相称的破坏后果，防止出现结构的连续倒塌。

4）在正常使用时有良好的使用性能，如不发生过大的变形和过宽的裂缝等。

5）在正常维护下具有足够的耐久性能，如不发生由于混凝土碳化或裂缝宽度开展过大导致钢筋锈蚀，不发生混凝土在恶劣的环境中侵蚀或化学腐蚀、温湿度及冻融破坏而影响结构的工作年限等。

上述第 1）、2）、3）项属于结构的安全性；第 4）项是对结构适用性的要求；第 5）项是对结构耐久性的要求。结构设计时，应采取适当措施满足上述功能要求。

2.2.2　结构功能的极限状态

整个结构或结构的一部分超过某一特定状态就不能满足设计规定的某一功能要求，此特定状态称为该功能的极限状态。极限状态是有效状态和失效状态的分界，是一种界限，是结构工作状态从有效状态转变为失效状态的分界，是结构开始失效的标志。《工程结构通用规范》将其极限状态分为承载能力极限状态、正常使用极限状态。

1. 承载能力极限状态

承载能力极限状态对应于结构或结构构件达到最大承载力或不适于继续承载的变形的状态。超过该极限状态，结构就不能满足安全性功能要求。具体来说，结构或构件如出现下列情况之一，即认为超过了承载能力极限状态：①结构构件或连接因超过材料强度而破坏，或因过度变形而不适于继续承载；②整个结构或其一部分作为刚体失去平衡（如倾覆、滑移等）；③结构转变为机动体系；④结构或结构构件丧失稳定性；⑤结构因局部破坏而发生连续倒塌；⑥结构或结构构件产生疲劳破坏；⑦地基丧失承载力而破坏。

承载能力
极限状态

2. 正常使用极限状态

正常使用极限状态对应于结构或结构构件达到正常使用的某项规定限值的状态。超过该极限状态，结构就不能满足规定的适用性和耐久性的功能要求。具体来说，结构如出现下列情况之一，即认为超过了正常使用极限状态：①影响外观、使用舒适度或结构使用功能的变形；②造成人员不舒适或结构使用功能受限的振动；③影响外观、耐久性或结构使用功能的局部损坏。

2.2.3　极限状态方程

S 表示荷载效应（由各种荷载分别产生的荷载效应组合）；R 表示结构抗力，荷载效应和结构抗力都是随机变量。当满足 $S \leqslant R$ 时，认为结构可靠，否则认为结构失效。

结构的极限状态可以用极限状态函数来表达。承载能力极限状态函数可表示为

$$Z = R - S \qquad (2\text{-}26)$$

根据概率统计理论，S、R 都是随机变量，则 $Z = R - S$ 也是随机变量。根据 S、R 的取值不同，Z 值可能出现三种情况，如图 2-9 所示。

当 $Z = R - S > 0$ 时，结构处于可靠状态；当 $Z = R - S = 0$ 时，结构处于极限状态；当 $Z = R - S < 0$ 时，结构处于失效（破坏）状态。

结构超过极限状态就不能满足设计规定的某一功能要求。结构设计要考虑结构的承载能力、变形或开裂等，即结构的安全性、适用性和耐久性的功能要求，将上述的极限状态方程推广，可表达为

$$Z = g(X_1, X_2, \cdots, X_n) \qquad (2\text{-}27)$$

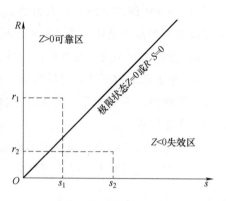

图 2-9　极限状态方程示意图

式中，$g(\cdot)$ 为某一函数，称为功能函数，是由所研究的结构功能而定，可以是承载能力，也可以是变形或裂缝宽度等。X_1，X_2，$\cdots$，X_n 为影响该结构功能的各随机变量（例如，荷载效应，以及材料强度、构件的几何尺寸等）。结构功能则可以表示为上述各随机变量的函数。

▶▶ 2.3　按近似概率的极限状态设计法

2.3.1　结构的可靠性

结构的可靠性是结构安全性、适用性、耐久性的总称，是指结构在规定的时间内，在规定的条件下，完成预定功能的能力。规定时间是指结构的工作年限。规定的条件是指正常设计、正常施工、正常使用和正常维护，不包括非正常的，如人为的错误等。

结构可靠性越高，初期建设投资越大，相应使用期的维护费用会降低，或遭遇意外事件和极端灾害时的损失会越小。因此，需要研究如何在结构可靠与经济之间取得均衡。

显然这种可靠与经济的均衡受到多方面的影响，如：安全等级、经济实力、设计工作年限、维护、修复周期、遭遇偶然作用的可能性等。规范规定的设计方法，是这种均衡的最低限度，也是国家工程建设的法规。设计人员可以根据具体工程的重要程度、业主或工程项目性质对工程结构的安全等级需求、使用环境、荷载与作用的情况，提高设计的安全水准，增加结构的可靠性。

2.3.2　失效概率与可靠指标

结构的可靠度是结构可靠性的概率度量，即结构的可靠度是指结构在设计工作年限内，

在正常条件下，完成预定功能的概率。因此，结构的可靠度用可靠概率 P_s 来描述。"可靠概率"即是结构能够完成预定功能的概率，而不能完成预定功能的概率称为"失效概率"，用 P_f 表示。显然 $P_s + P_f = 1.0$。

如果结构抗力 R 和荷载效应 S 是服从正态分布的随机变量，则功能函数 Z 也是一个服从正态分布的随机变量。Z 值的概率分布曲线，如图 2-10 所示。

从图 2-10 可以看出，所有失效事件出现的概率就等于原点以左曲线与横坐标所包围的阴影面积。这样，其失效概率可表示为

$$P_f = P(Z = R - S < 0) = \int_{-\infty}^{0} f(Z)\,\mathrm{d}Z \qquad (2\text{-}28)$$

由概率论的原理可知，若 R 和 S 相互独立，则 Z 值的平均值 Z_m 和标准差 σ_z 为

$$\begin{cases} Z_m = R_m - S_m \\ \sigma_z = \sqrt{\sigma_R^2 + \sigma_s^2} \end{cases} \qquad (2\text{-}29)$$

其中，R_m、S_m 和 σ_R、σ_s 分别表示结构抗力 R 及荷载效应 S 的平均值和标准差。如图 2-10 所示，结构的失效概率 P_f 与 Z 的平均值 Z_m 至原点的距离有关。

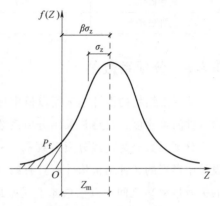

图 2-10　β 与 P_f 的关系图

令 $Z_m = \beta\sigma_z$，则 β 与 P_f 之间存在着相应的关系，β 大则 P_f 小。因此 β 和 P_f 一样，可作为衡量结构可靠性的一个指标，故称 β 为结构的"可靠指标"，即

$$\beta = \frac{Z_m}{\sigma_z} = \frac{R_m - S_m}{\sqrt{\sigma_R^2 + \sigma_s^2}} \qquad (2\text{-}30)$$

从式（2-30）可以看出，所设计的结构或构件如果 R_m 和 S_m 的差值越大，或 σ_R 和 σ_s 的数值越小，则可靠指标 β 值就越大，也就是失效概率 P_f 越小，结构越可靠。

可靠指标 β 与结构失效概率 P_f 之间有一定的对应关系，见表 2-12。表中 β 值相差 0.5，P_f 值大致平均差一个数量级。

表 2-12　可靠指标 β 与结构失效概率 P_f 的对应表

β	2.7	3.2	3.7	4.2
P_f	3.5×10^{-3}	6.9×10^{-4}	1.1×10^{-4}	1.3×10^{-5}

用 P_f 来度量结构可靠性物理意义明确，已为国际上所公认，但是计算 P_f 比较复杂，因此很多国际标准以及我国的标准都采用可靠指标 β 代替失效概率 P_f 来度量结构的可靠性。

另外，结构按承载能力极限状态设计时，要保证其完成预定功能的概率不低于某一允许水平，应对不同情况下的目标可靠指标 $[\beta]$ 值做出规定。结构和结构构件的破坏类型分为延性破坏和脆性破坏两类。延性破坏有明显的预兆，可及时采取补救措施，所以目标可靠指标可定得稍低些。脆性破坏常常是突发性破坏，破坏前没有明显的预兆，所以目标可靠指标就应该定得高一些。《统一标准》根据结构的安全等级和破坏类型，在对代表性的构件进行

可靠性分析的基础上，规定了结构构件持久设计状况承载能力极限状态设计的目标可靠指标值 $[\beta]$，见表 2-13。

表 2-13　结构构件持久设计状况承载能力极限状态设计的目标可靠指标 $[\beta]$

破坏类型	安全等级		
	一级	二级	三级
延性破坏	3.7	3.2	2.7
脆性破坏	4.2	3.7	3.2

2.3.3　分项系数

混凝土结构的设计是采用以概率理论为基础的极限状态设计方法，并以可靠指标度量结构构件的可靠度，最终是采用分项系数的设计表达式进行设计。

分项系数分为荷载分项系数 γ_G、γ_Q 和材料强度分项系数 γ_f。分项系数是在按极限状态设计中得到的各种结构构件所具有的可靠度（或失效概率），与规定的目标可靠度（或允许的失效概率）之间，以在总体上误差最小为原则确定的。设计时，通过适当调整荷载（通常为提高）、降低结构抗力来保证结构可靠性以及经济实用性。

荷载分项系数

1. 荷载分项系数

进行承载能力极限状态分析时，应采用荷载设计值计算荷载效应。荷载设计值等于荷载分项系数与荷载标准值的乘积，当作用效应对结构不利时，永久荷载、预应力分项系数取 ≥1.3，可变荷载分项系数取 ≥1.5，但对于标准值大于 $4.0 \mathrm{kN/m^2}$ 的工业房屋楼面活荷载分项系数取 ≥1.4；当作用效应对结构有利时，永久荷载分项系数取 ≤1.0，可变荷载分项系数取 0。

2. 材料强度分项系数

材料强度分项系数是用来调整结构抗力对结构可靠度影响的系数。

进行承载能力极限状态设计时，应采用材料强度设计值计算结构抗力。材料强度设计值等于材料强度标准值除以材料强度分项系数，混凝土材料分项系数，一般取为 1.4；钢筋材料分项系数，一般取为 1.1～1.5。

对于正常使用极限状态，材料强度分项系数取 1.0，即采用材料强度标准值。

2.3.4　荷载作用效应组合

结构或结构构件在使用期间，除承受恒荷载外，还可能同时承受两种或两种以上的活荷载，这就需要给出这些荷载同时作用时产生的效应，也就是荷载效应组合的概念。荷载效应组合既需要考虑各种可能同时出现的荷载组合的最不利情况，但也不能将所有参与组合的活荷载都取标准值。因为几种活荷载同时达到各自标准值的可能性不大，因此应根据所考虑的极限状态，采用相应的可变荷载代表值。对于建筑结构，《荷载规范》将荷载作用效应组合分为基本组合、偶然组合、标准组合、频遇组合和准永久组合几类。设计时应根据使用过程中在结构上可能同时出现的荷载情况，按承载能力和正常使用极限状态分别进行荷载效应组合，并应取各自最不利的效应组合进行设计。此外，考虑到结构安全等级或结构的设计工作年限的差异，其目标可靠指标应相应地提高或降低，故引入结构重要性系数。对于承载能力极限状态，应采用基本组合和偶然组合，按式（2-31）进行设计。

$$\gamma_0 S \leqslant R \tag{2-31}$$

式中　γ_0——结构重要性系数；在持久设计状况和短暂设计状况下，对安全等级为一级的结构构件不应小于 1.1，对安全等级为二级的结构构件不应小于 1.0，对安全等级为三级的结构构件不应小于 0.9；对偶然设计状况和地震设计状况下不应小于 1.0；

S——作用组合的效应设计值；

R——结构或结构构件的抗力设计值。

对于结构整体或其一部分作为刚体失去静力平衡的承载能力极限状态设计，应按式（2-32）进行设计：

$$\gamma_0 S_{d,det} \leqslant S_{d,stb} \tag{2-32}$$

式中　$S_{d,det}$——不平衡作用效应的设计值；

$S_{d,stb}$——平衡作用效应的设计值。

对于正常使用极限状态，应根据不同的设计要求，采用标准组合、频遇组合和准永久组合，按式（2-33）进行设计。

$$S_k \leqslant C \tag{2-33}$$

式中　S_k——正常使用情况下荷载效应组合值；

C——结构或结构构件达到正常使用要求的规定限值，如：变形、裂缝、振幅、加速度、应力等的限值。

各种荷载作用效应组合的具体表达式如下。

1. 基本组合

对持久设计状况和短暂设计状况，当无地震作用时，应按式（2-34）中最不利值确定基本组合的效应设计值：

$$S = \sum_{i \geqslant 1} \gamma_{G_i} S_{G_{ik}} + \gamma_{Q_1} \gamma_{L_1} S_{Q_{1k}} + \sum_{j > 1} \gamma_{Q_j} \psi_{c_j} \gamma_{L_j} S_{Q_{jk}} \tag{2-34}$$

荷载基本组合

式中　γ_{G_i}——第 i 个永久荷载的分项系数；

γ_{Q_j}——第 j 个可变荷载的分项系数，其中 γ_{Q_1} 为可变作用 Q_{1k} 的分项系数；

$S_{G_{ik}}$——按第 i 个永久荷载标准值 G_{ik} 计算的荷载效应值；

$S_{Q_{1k}}$——第 1 个可变荷载标准值的效应；

$S_{Q_{jk}}$——按第 j 个可变荷载标准值 Q_{jk} 计算的荷载效应值，其中 Q_1 为诸可变荷载效应中起主导作用项；

γ_{L_1}、γ_{L_j}——第 1 个和第 j 个考虑结构设计工作年限的荷载调整系数，见表 2-14；

ψ_{c_j}——第 j 个可变荷载的组合值系数。

表 2-14　建筑结构考虑结构设计工作年限的荷载调整系数 γ_L

结构的设计使用年限/年	γ_L
5	0.9
50	1.0
100	1.1

注：对设计工作年限不为表中数值时，γ_L 不应小于按线性内插确定的值，对于雪荷载和风荷载，γ_L 取值应按重现期与设计工作年限相同的原则确定。

2. 偶然组合

对偶然设计状况，应采用作用的偶然组合，并应按式（2-35）确定偶然组合的效应设计值：

$$S = \sum_{i \geq 1} S_{G_{ik}} + S_{A_d} + \psi_{f_1} S_{Q_{1k}} + \sum_{j > 1} \psi_{q_j} S_{Q_{jk}} \qquad (2\text{-}35)$$

式中　S_{A_d}——偶然作用设计值的效应；

　　ψ_{f_1}——第 1 个可变荷载的频遇值系数，应按有关标准的规定采用；

　　ψ_{q_j}——可变荷载 Q_j 的准永久值系数。

当有地震作用（不考虑预应力）时，结构构件的地震作用效应与其他荷载作用效应的基本组合，应按式（2-36）计算：

$$S = \gamma_G S_{GE} + \gamma_{Eh} S_{Ehk} + \gamma_{Ev} S_{Evk} + \psi_w \gamma_w S_{wk} \qquad (2\text{-}36)$$

式中　γ_G——重力荷载分项系数。当作用效应对承载力不利时，取 ≥ 1.3；当作用效应对承载力有利时，取 ≤ 1.0；

γ_{Eh}、γ_{Ev}——分别为水平、竖向地震作用分项系数，见表 2-15；

　　γ_w——风荷载分项系数，应取 ≥ 1.5；

　　S_{GE}——重力荷载代表值的效应，有起重机时，还应包括悬吊物重力标准值的效应；

　　S_{Ehk}——水平地震作用标准值的效应，尚应乘以相应的增大系数或调整系数；

　　S_{Evk}——竖向地震作用标准值的效应，尚应乘以相应的增大系数或调整系数；

　　S_{wk}——风荷载标准值的效应；

　　ψ_w——风荷载组合值系数，一般结构取 0.0，对风荷载起控制作用的高层建筑应采用 0.2。

所谓风荷载起控制作用，是指风荷载和地震作用产生的总剪力和地震倾覆力矩相当的情况。因此，对于风荷载产生的总剪力小于地震倾覆力矩的高层结构 ψ_w 取 0。

表 2-15　水平、竖向地震作用分项系数

地震作用	γ_{Eh}	γ_{Ev}
仅计算水平地震作用	1.4	0.0
仅计算竖向地震作用	0.0	1.4
同时计算水平与竖向地震作用（水平地震为主）	1.4	0.5
同时计算水平与竖向地震作用（竖向地震为主）	0.5	1.4

3. 标准组合

标准组合效应设计值计算公式为

$$S_k = \sum_{i \geqslant 1} S_{G_{ik}} + S_{Q_{1k}} + \sum_{j > 1} \psi_{c_j} S_{Q_{jk}} \tag{2-37}$$

4. 频遇组合

频遇组合效应设计值计算公式为

$$S_k = \sum_{i \geqslant 1} S_{G_{ik}} + \psi_{f_1} S_{Q_{1k}} + \sum_{j > 1} \psi_{q_j} S_{Q_{jk}} \tag{2-38}$$

5. 准永久组合

准永久组合效应设计值计算公式为

$$S_k = \sum_{i \geqslant 1} S_{G_{ik}} + \sum_{j \geqslant 1} \psi_{q_j} S_{Q_{jk}} \tag{2-39}$$

荷载作用效应组合时需注意以下问题：

1）不管何种组合，都应包括永久荷载效应。

2）对于可变荷载效应，是否参与在一个组合中，要根据其对结构或结构构件的作用情况而定。

对于建筑结构，无地震作用参与组合时，一般应考虑以下三种组合情况（未包括偶然组合），但在一个组合中只能取一个方向的风荷载：

1）恒荷载+风荷载+其他活荷载。

2）恒荷载+除风荷载以外的其他活荷载。

3）恒荷载+风荷载。

有地震作用参与组合时，一般考虑以下两种组合情况：

1）重力荷载+水平荷载。

2）重力荷载+水平荷载+风荷载。

对于 9 度抗震设防，尚需考虑竖向地震作用参与组合。

当风荷载和地震作用参与组合时，应考虑不同的方向，但在一个组合中只能取一个方向的风荷载和地震作用。

【例题 2-1】　设有一伸臂梁，如图 2-11 所示，安全等级为二级。作用在其上的荷载如下：永久荷载标准值（包括梁自重）为 $g_k = 1.1\text{kN/m}$；可变荷载标准值为 $q_k = 2.5\text{kN/m}$，准永久值系数 0.5，频遇值系数为 0.6，结构设计工作年限为 50 年。试计算按承载能力极限状态和正常使用极限状态设计时 AB 跨跨中和支座 B 截面弯矩设计值。

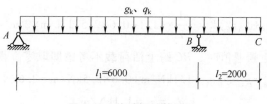

图 2-11　伸臂梁计算简图

【解】

1. 承载能力极限状态截面弯矩设计值计算

（1）计算 B 支座最大负弯矩 此时，悬臂部分 BC 上的荷载为不利荷载，荷载设计值为

$$q_{AB} = q_{BC} = 1.3g_k + 1.5q_k = 1.3 \times 1.1 \text{kN/m} + 1.5 \times 2.5 \text{kN/m} = 5.18 \text{kN/m}$$

则

$$M_B = -\frac{1}{2}q_{BC}l_2^2 = -\frac{1}{2} \times (5.18 \text{kN/m}) \times (2^2 \text{m}^2) = -10.36 \text{kN} \cdot \text{m}$$

（2）计算 AB 跨跨中正弯矩 此时，悬臂部分 BC 上的荷载对 AB 跨正弯矩有利，因此应取的荷载设计值为

$$q_{AB} = 1.3g_k + 1.5q_k = 1.3 \times 1.1 \text{kN/m} + 1.5 \times 2.5 \text{kN/m} = 5.18 \text{kN/m}$$

$$q_{BC} = 1.0g_k + 0 \times q_k = 1.0 \times 1.1 \text{kN/m} = 1.1 \text{kN/m}$$

此时

$$M_B' = -\frac{1}{2}q_{BC}l_2^2 = -\frac{1}{2} \times 1.1 \text{kN/m} \times 2^2 \text{m}^2 = -2.2 \text{kN} \cdot \text{m}$$

则 AB 跨跨中正弯矩 $M_{AB中}$ 为

$$M_{AB中} = \frac{1}{8}q_{AB}l_1^2 - \frac{1}{2}|M_B'| = \frac{1}{8} \times 5.18 \text{kN/m} \times 6^2 \text{m}^2 - \frac{1}{2} \times 10.36 \text{kN} \cdot \text{m} = 18.13 \text{kN} \cdot \text{m}$$

注意，跨中正弯矩不是 AB 跨最大弯矩，对于本例 AB 跨最大弯矩偏离跨中偏向支座 A 的某一截面，请读者自行计算。

2. 正常使用极限状态截面弯矩设计值计算

（1）弯矩标准值计算 支座 B 处最大负弯矩标准值为

$$M_{BGk} = -\frac{1}{2}(g_k + q_k)l_2^2 = -\frac{1}{2} \times (1.1 + 2.5) \text{kN/m} \times 2^2 \text{m}^2 = -7.2 \text{kN} \cdot \text{m}$$

计算 AB 跨跨中正弯矩标准值时，BC 跨上活荷载不考虑即取零，即

$$q_{AB} = 3.6 \text{kN/m}, \quad q_{BC} = 1.1 \text{kN/m}$$

此时，B 支座处弯矩标准值为

$$M_{Bk}' = -2.2 \text{kN} \cdot \text{m}$$

则，AB 跨跨中弯矩标准值为

$$M_{ABk} = \frac{1}{8}q_{AB}l_1^2 - \frac{1}{2}|M_{Bk}'| = \frac{1}{8} \times 3.6 \text{kN/m} \times 6^2 \text{m}^2 - \frac{1}{2} \times 2.2 \text{kN} \cdot \text{m} = 15.1 \text{kN} \cdot \text{m}$$

（2）弯矩频遇值 支座 B 弯矩频遇值为

$$M_{BGk} = -\frac{1}{2}(g_k + \psi_{f1}q_k)l_2^2 = -\frac{1}{2} \times (1.1 + 0.6 \times 2.5) \text{kN/m} \times 2^2 \text{m}^2 = -5.2 \text{kN} \cdot \text{m}$$

计算 AB 跨跨中弯矩频遇值时，BC 跨上活荷载不考虑即取零，得

$$q_{AB} = g_k + \psi_{f1}q_k = 1.1 \text{kN/m} + 0.6 \times 2.5 \text{kN/m} = 2.6 \text{kN/m}$$

$$q_{BC} = g_k = 1.1 \text{kN/m}$$

$$M_{Bk}' = -2.2 \text{kN} \cdot \text{m}$$

则，AB 跨跨中弯矩频遇值为

$$M_{ABk} = \frac{1}{8}q_{AB}l_1^2 - \frac{1}{2}\left|M_{Bk}'\right| = \frac{1}{8}\times 2.6\,\mathrm{kN/m}\times 6^2\,\mathrm{m}^2 - \frac{1}{2}\times 2.2\,\mathrm{kN\cdot m} = 10.6\,\mathrm{kN\cdot m}$$

（3）弯矩准永久值　支座 B 弯矩准永久值为

$$M_{BGk} = -\frac{1}{2}(g_k + \psi_q q_k)l_2^2 = -\frac{1}{2}\times(1.1 + 0.5\times 2.5)\,\mathrm{kN/m}\times 2^2\,\mathrm{m}^2 = -4.7\,\mathrm{kN\cdot m}$$

计算 AB 跨跨中弯矩准永久值时，BC 跨上活荷载不考虑即取零，即

$$q_{AB} = g_k + \psi_q q_k = 1.1\,\mathrm{kN/m} + 0.5\times 2.5\,\mathrm{kN/m} = 2.35\,\mathrm{kN/m}$$

$$q_{BC} = g_k = 1.1\,\mathrm{kN/m}$$

$$M_{Bk}' = 2.2\,\mathrm{kN\cdot m}$$

则，AB 跨跨中弯矩准永久值为

$$M_{ABk} = \frac{1}{8}q_{AB}l_1^2 - \frac{1}{2}\times M_{Bk}' = \frac{1}{8}\times 2.35\,\mathrm{kN/m}\times 6^2\,\mathrm{m}^2 - \frac{1}{2}\times 2.2\,\mathrm{kN\cdot m} \approx 9.5\,\mathrm{kN\cdot m}$$

💡 思考题

1. 什么是结构上的作用、作用效应及结构的抗力？荷载属于哪种作用？

2. 简述荷载的分类。试说明有哪些荷载代表值及其意义？在结构设计中，如何应用荷载代表值？

3. 计算雪荷载的目的是什么？雪荷载应如何考虑？

4. 风振系数的物理意义是什么？与哪些因数有关？为何在高而柔的结构中才需要计算？

5. 如何计算起重机竖向荷载标准值？如何计算起重机横向水平荷载标准值？

6. 地震作用大小与哪些因数有关？

7. 什么是抗震设防烈度、地震动参数区划图及抗震设防标准？

8. 地震作用计算的主要方法有哪些？

9. 使用底部剪力法的条件是什么？

10. 试说明结构抵御偶然作用的设计概念。

11. 在混凝土结构设计中需要考虑哪些非荷载作用？

12. 规范是如何划分结构安全等级的？

13. 我国不同类型建筑结构的设计工作年限是如何划分的？设计工作年限与使用寿命是否相同？为什么？

14. 工程结构的可靠性包括哪几个方面？

15. 什么是结构设计基准期？结构的设计状况是如何分类的？

16. 什么是结构的功能要求，它包括哪些内容？可靠度与可靠性的关系是什么？

17. 什么是结构的极限状态？它包括哪些内容？试分别说明混凝土结构达到承载力极限状态和正常使用极限状态有哪些情况？

18. 什么是结构的功能函数？功能函数 $Z>0$，$Z<0$ 和 $Z=0$ 时各表示结构处于什么样的状态？

19. 什么是结构的失效概率 P_f？何谓结构的可靠指标 β？二者有何关系？

20. 写出各种荷载作用效应组合的设计表达式并解释各符号的含义。

21. 什么是荷载的标准值，它是怎样确定的？解释荷载标准值与设计值之间的关系？

习 题

1. 某办公楼楼面采用钢筋混凝土单向板，安全等级为二级，板厚 80mm，计算跨度 3m，板宽 2m，板面采用 20mm 厚水泥砂浆抹平上铺 10mm 厚花岗石，板底采用厚 20mm 的混合砂浆抹灰，可变荷载标准值取 2.5kN/m²，试计算按承载能力极限状态和正常使用极限状态设计时的截面弯矩设计值。（提示，计算模型按两端简支考虑）。

CHAPTER 3

第 3 章

整体建筑结构的受力和变形特性

> **本章提要：** 支承平面布置对整体结构承载力、刚度、抗倾覆以及扭转等受力和变形性能具有决定性的影响，本章主要介绍如何通过整体分析方法分析结构的支承平面并进行合理的支承平面布置，最后通过例题介绍如何利用结构整体分析方法进行方案比较。

▶▶ 3.1 结构整体分析方法

1. 结构整体分析模型

方案设计是设计的灵魂，对后续设计具有决定性的作用，此阶段应着重考虑组成结构的各分体系即竖向分体系、水平分体系与基础以及土（地基）之间的相互关系，而不是从细部去构思总体结构方案。因此，在方案设计阶段，可以把整个建筑物假定为一个整体，然后去整体分析整个结构的受力和变形特性，找到技术合理、经济指标较好的结构方案。

结构整体
分析模型

建筑物是固定并支承在地基上的具有一定刚度和质量的整体，它必须承受竖向荷载，抵抗风和地震作用，并将其传递给基础，再传递到地基。因此，对建筑物进行设计时，必须搞清楚整体结构的荷载-抗力关系，必须搞清楚所选择的结构体系的作用力与地基土的承载力之间的相互关系。

在结构的初步设计阶段可以采用如图 3-1 所示的结构整体分析模型来理清上述关系。从图 3-1 中可以看出，上部结构的恒荷载 G 和活荷载 Q 等竖向荷载向下作用在基础上，要求结构物具有一定的竖向承载力和刚度来抵抗这些竖向荷载；风荷载或地震作用等横向作用力 F 对结构产生横向剪力 V 和倾覆弯矩 M，有时竖向荷载也会产生横向剪力 V 和倾覆弯矩 M，则要求结构物有一定的横向承载力和刚度来抵抗横向作用力 F；基础将承受上部结构传来的压力 N、剪力 V 和倾覆弯矩 M 并将其传给地基，地基将承受所有上部传来的压力 N、剪力 V 和倾覆弯矩 M 以及基础的自重。

因此，对结构进行整体分析的基本要求如下：

1）在各种荷载效应组合作用下，满足上部结构本身的承载力、刚度和稳定性要求。

2）在各种荷载效应组合作用下，满足基础和地基的承载力和稳定性要求。

2. 结构整体分析方法

结构上的荷载是沿着板、梁、柱或墙体等结构构件传递给基础的，它总是按最短、最近的路径由荷载作用点传递到基础。同理，基础也按这些构件在基础表面的分布形式，遵照作用力和反作用力的原理将基础反力反传给结构，并构成结构自身的平衡。可见，当结构底层构件的平面布置发生变化时，基础反力也将发生分布形式和反力大小的变化，从而使上部结构的受力和变形也随之发生变化。

荷载引起的基础反力形状与上部结构的构件布置以及基础形式有关，可以是线状或点状，我们把基础反力所产生的支承线和支承点所形成的平面称为支承平面，所以，对支承平面构件的合理布置是结构在初步设计阶段必须着重关注的，因为柱子、

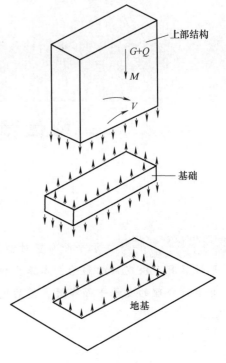

图 3-1　结构整体分析模型

承重墙（钢筋混凝土墙、砌体墙等）的数量、分布以及截面尺寸，基础形式与尺寸等，直接影响结构的承载力和刚度，也直接决定了基础的设计荷载及其分布形式，从而影响着地基的反力大小与分布形式以及结构的总造价。这就提出了如何合理地布置结构底层的结构构件，使支承平面趋于更加合理的设计概念。

支承平面确定后，可以粗略地估算各结构构件所承受的荷载值。

（1）竖向荷载作用下结构构件荷载估算　由于荷载总是从最近的途径向地基传递，因此，结构在竖向荷载作用下，可以假定各个柱或承重墙所承担的竖向荷载按其所从属的楼（屋）面面积来分配。如图 3-2 所示，虚线围成的楼板面积即为柱或墙的分摊面积。如图 3-2a 所示，柱网结构，分别在纵横方向两排柱之间的中点画等分线分摊楼面荷载到每个柱上；如图 3-2b 所示，柱与墙组合的平面布置，可在两根柱之间的中点画等分线，在柱与墙之间的中点也画等分线分摊楼面荷载到每个柱和墙上；如图 3-2c 所示，筒体结构，可采用荷载沿最近的路径传递到相应的筒壁的原则分区，图中斜虚线为角平分线。

（2）横向荷载作用下结构构件荷载估算　假定结构在横向荷载作用下，各柱或墙的轴向抗力大小与其离中和轴的距离成线性正比关系，由此可以估算横向作用力 F 产生的倾覆弯矩 M 引起的各柱的抵抗轴力 N_i 值，如图 3-3 所示。注意在初步设计阶段一般仅验算结构弱轴方向引起的柱或墙的抵抗轴力，强轴方向不必验算，因为强轴方向的刚度比弱轴方向刚度大得多。

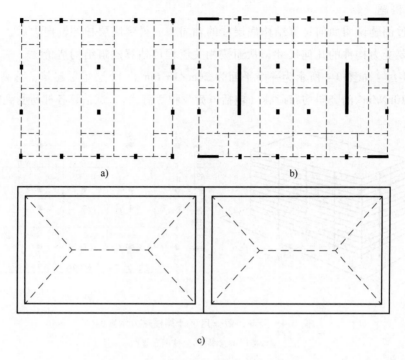

图 3-2　竖向荷载作用下各构件受力分析

a）柱网　b）柱与墙　c）筒体结构

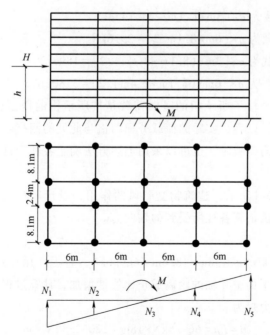

图 3-3　横向风荷载作用下各构件受力分析

3. 计算例题

以下通过例题说明如何计算结构底层柱的轴向力。得到底层柱的轴向力后，可以进一步估算这些主要受力构件的几何尺寸，从而按相关流程可估算建筑结构造价。

【例题 3-1】 如图 3-4 所示为一个平面为 24m×18.6m 的 12 层矩形建筑，总高度 36m，假设每层作用 $10kN/m^2$ 的竖向均布荷载（包括恒荷载和活荷载），试估算各柱所受到的荷载。

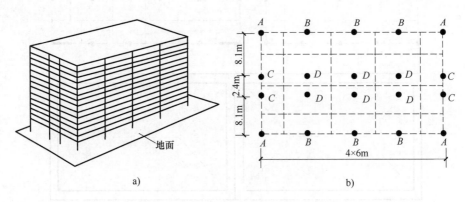

图 3-4　竖向荷载作用下计算柱轴力示意图

a）楼层示意图　b）柱网布置图

【解】

基底单位面积承受的竖向荷载为 $q = 10kN/m^2 \times 12 = 120kN/m^2$，按如图 3-2 所示方法计算每个柱子所分担的楼面面积，则：

A 柱承受的竖向荷载为 $q \times (3m \times 8.1m/2) = 1458kN$

B 柱承受的竖向荷载为 $q \times (6m \times 8.1m/2) = 2916kN$

C 柱承受的竖向荷载为 $q \times [3m \times (8.1m+2.4m)/2] = 1890kN$

D 柱承受的竖向荷载为 $q \times [6m \times (8.1m+2.4m)/2] = 3780kN$

本例题仅说明了每个柱子所承担的竖向荷载是按所承担的楼面面积来分配的原则。注意，在做楼盖的具体设计以后，实际的荷载分配网格与此处的网格会有所差别。

当建筑物作用有横向荷载时，也可以采用上述方法确定各柱为抵抗倾覆力矩而分摊的轴向抗力。

【例题 3-2】 如图 3-4 所示，建筑物受到风的作用，设计风荷载假定为 $1kN/m^2$ 且沿建筑物高度为均匀布置，试估算各柱所受到的轴向力。

【解】

风荷载合力为 $F = 1kN/m^2 \times 36m \times 18.6m = 669.6kN$，合力作用点距离地面为 $h = 18m$。各柱的轴向抗力按其支承平面中和轴的距离成正比线性增加，计算过程如下：

风荷载引起的倾覆力矩为

$$M = Fh = 669.6kN \times 18m = 12052.8kN \cdot m$$

则

$$4 \times 2 \times [N_5 \times 12m + N_4 \times 6m] = M = 12052.8kN \cdot m$$

由于
$$N_5 = 2N_4, \quad N_1 = 2N_2, \quad N_5 = -N_1, \quad N_4 = -N_2$$
可得
$$N_5 = -N_1 = 100.44\text{kN}, \quad N_4 = -N_2 = 50.22\text{kN}, \quad N_3 = 0$$

对于建筑物体型变化、楼层变化和荷载变化的不同场合，本方法的计算原则均可以应用。

若将本例中第 2 列、第 4 列柱外移 2m，即将柱距改为 4m、8m、8m、4m，按照上述计算方法可以得到，$N_5 = -N_1 = 83.7\text{kN}$，$N_4 = -N_2 = 62.775\text{kN}$。可见在支承平面总尺寸没有改变的情况下，将柱子外移可以使柱子在水平荷载作用下的最大轴力减小，这是因为柱子外移使整体建筑物刚度提高了，从而改变了整体建筑物的承载能力。

4. 横向作用问题

建筑物上横向作用一般包括风荷载和水平地震作用。当房屋下面的基础由于地震作用突然发生移动时，由于惯性，建筑物的上部质量要保持原来的位置，就会产生沿建筑物高度分配的水平力，这就产生了在水平荷载作用下的设计问题。如图 3-5 所示，这些水平力的合力 F 并不是直接作用在支承平面上，它由水平抵抗剪力 $V = -F$，经过一段称为倾覆力臂的距离 h 后才传到支承平面，因此产生了倾覆力矩 $M = Fh$。为了平衡这个倾覆力矩，基础反力的合力 $-G$ 必然与恒荷载合力 G 之间形成偏心距 e，使 $Fh = (-G)e$。

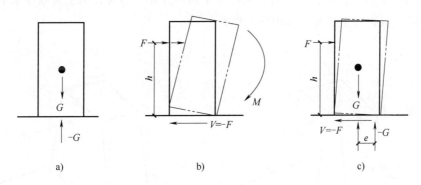

图 3-5　横向作用力引起的倾覆力矩和偏心

a）竖向荷载引起的基础反力合力　b）水平荷载作用引起倾覆弯矩和剪力
c）转动引起竖向荷载反力合力以抵抗倾覆

风吹到建筑物外表面也能形成水平荷载。风也会引起剪力及倾覆力矩，也必须由整个体系来抵抗，使 $Fh = (-G)e$。

可见，支承平面布置形式对抗倾覆是非常重要的，当倾覆稳定性由建筑物自重保证时，对于对称建筑的偏心距一般是不能超过 $B/2$ 的，通常应控制在 $B/4$ 或 $B/6$ 以内，其中 B 为支承平面水平荷载作用方向上的宽度。

经上述分析可知，房屋高度越高，横向作用引起的倾覆力矩就越大；横向作用方向宽度越小，荷载反力的合力与荷载合力之间的偏心距 e 值越小，则抗倾覆力矩就越小，也即抵抗倾覆的能力越小。因此,在由风或地震作用引起的横向荷载作用下,细而高的建筑抗倾覆的设计问题要比粗而短的建筑更为突出。

应当注意,当上部结构竖向荷载合力中心与基础引起的反力中心不重合时也会引起倾覆,如图 3-6 所示。这种情况引起的倾覆方向与横向作用引起的倾覆方向一致的话,情况就会变得非常危险,可能会引起结构物倾覆倒塌。

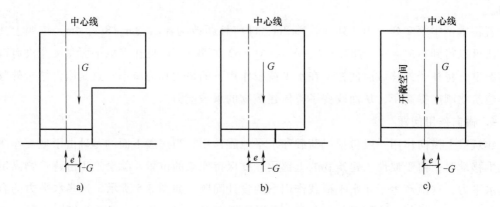

图 3-6 房屋质量重心与支承面形心不重合形成恒荷载倾覆力矩

a)建筑立面不对称 b)支承体系不对称 c)荷载作用与支承体系形心不重合

当水平荷载合力与抵抗剪力合力之间在水平面内存在偏心时,水平荷载在水平面内会产生扭矩 T,使建筑物发生扭转,如图 3-7 所示。

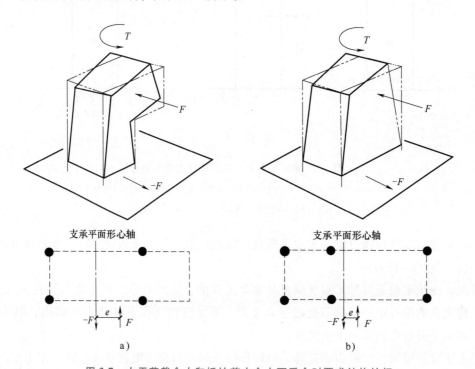

图 3-7 水平荷载合力和抵抗剪力合力不重合时要求结构抗扭

a)上部结构不对称,支承平面对称 b)上部结构对称,支承平面不对称

如图 3-7a 所示，上部结构对称而支承平面不对称的情况，如图 3-7b 所示，上部结构不对称而支承平面对称的情况，这两种情况均会产生扭转；当然，当上部结构和支承平面均不对称时也会产生扭转。反之，如果水平荷载合力对称于支承平面，则没有扭转。

因为通常假设抵抗剪力的分布是随柱或墙的布置而变化的，因此可以通过合理布置支承平面，使支承平面产生的抵抗剪力的合力中心与水平荷载的合力中心尽量重合可以减轻扭转影响。

▶▶ 3.2　荷载估算

荷载估算的准确性直接影响结构设计的安全性和经济性。荷载估算不足会使结构处于不安全状态，估算过大，则会导致结构的造价过高。本节将讨论如何合理选择可能的设计荷载。

在结构方案设计阶段，需要估算的主要荷载有竖向荷载（结构自重和竖向活荷载）、风荷载和地震作用。本节仅介绍荷载的简化估算方法，更准确的荷载选取可参照《荷载规范》。

1. 竖向荷载

竖向活荷载可按《荷载规范》取用。这里仅介绍竖向恒荷载（自重）的估算方法。

前面已经讲到，对于某一种结构类型，只要估算出楼（屋）面上单位面积恒荷载的平均值，再乘以总的楼层面积就可粗略估算该幢建筑的全部重量 G 以及结构构件所承担的大致荷载。结构自重的估算可以根据材料的密度和结构构件可能的尺寸进行估算，并将墙体和柱的集中自重等效为均布荷载，如住宅建筑中墙体的面积可以估算为 2~3 倍的室内建筑面积，商业建筑中墙体面积可以估算为 1~2 倍室内建筑面积。

在方案设计阶段，可以根据设计经验和结构使用的材料近似地取结构自重的等效荷载如下：

钢结构	$3.0 \sim 6.0 \mathrm{kN/m^2}$
木结构	$2.0 \sim 3.0 \mathrm{kN/m^2}$
钢筋混凝土结构	$5.0 \sim 9.0 \mathrm{kN/m^2}$
预应力混凝土结构	$4.0 \sim 8.0 \mathrm{kN/m^2}$

2. 地震作用

（1）地震作用一般估算　地震作用的大小同结构所处的地震区设防烈度、场地土类别、结构质量和结构自振周期等因素有关。要准确地计算结构的地震作用力是非常复杂和困难的。在方案设计阶段，由于结构构件尺寸还未确定，无法精确分析结构的地震动反应，一般可以采用简化计算。

由于结构的地震作用力与结构的质量成正比，简化计算时可以用结构等效总重力荷载 G_{eq} 的百分数来估算其大小。在方案设计阶段，计算中可以应用以下的简化方法估算结构总水平地震作用力标准值 F_{Ek}：

7 度抗震烈度设防标准 $\qquad$ $F_{Ek} = 0.1G_{eq}$ $\hfill$ (3-1)

8 度抗震烈度设防标准 $\qquad$ $F_{Ek} = 0.2G_{eq}$ $\hfill$ (3-2)

式中，G_{eq} 取值见式（2-23）。

以往地震表明，水平地震作用力常常是结构破坏的主要原因，因此，在高层建筑结构的方案设计阶段，对于一般结构物，可以不计竖向地震作用力而仅考虑水平地震作用力。

由于结构的地震作用力是源于结构质量在地面运动的加速度作用下的惯性力，因此加速度的大小同结构的振幅成正比。对高度小于 40m 的建筑物，结构振幅沿高度的非线性分布不明显，可以近似地认为水平地震作用力沿高度呈倒三角形分布。当建筑物的高度超过 40m 时，虽然结构振幅沿高度的非线性特性明显，但如果楼层层间高度和刚度分布较均匀时，在方案设计阶段也可以简化地认为水平地震作用力沿结构高度呈倒三角形分布。

将估算的每层楼盖和该层上、下半层墙体和柱子等的质量集中在每层楼的质心上，等效的集中质量包括各楼层的结构和构配件自重标准值的和竖向活荷载的组合值之和，竖向活荷载的组合值为竖向活荷载标准值乘以活荷载组合值系数，活荷载组合值系数取值，见表 2-6。然后根据第 2 章所述的底部剪力法计算各楼层的水平地震力，据此就可确定 F_{Ek} 的大小和作用位置。

但是对于大跨或空间结构，由于结构在竖向的刚度较弱，结构在地震作用下常会发生竖向振动。这种情况下，需要计算结构的竖向抗震能力，计算方法与水平地震作用力估算方法相似，也是按结构的总重力荷载代表值的 10% ~ 20% 取值，按式（3-1）和式（3-2）计算，只是结构的地震作用方向为竖向。

（2）建筑形式的影响　总水平地震作用力标准值 F_{Ek} 的大小以及它的倾覆力臂都取决于该建筑由顶部到底部的质量分布。通常，顶部质量的惯性作用最大，在地面或地面以下的质量，惯性作用为零。地震引起的水平方向惯性力会对结构产生剪力及倾覆设计问题。对于两个不同的建筑形式，总水平地震作用力标准值相同，但它们的分布和倾覆力矩有可能不同。如图 3-8 所示，两个立面面积相同的长方体和正锥体，它们的质量分布，如图 3-8b、e 所示，长方体形式的作用力合力大小以及力臂，如图 3-8c 所示，其倾覆弯矩 $M = 2FH/3$，正锥体形式的作用力合力大小以及力臂，如图 3-8f 所示，其倾覆弯矩 $M = FH/5$，二者的倾覆弯矩大约相差 3.3 倍。

3. 风荷载

风荷载是结构所承受的主要横向荷载之一。风荷载的分布与建筑物表面积分布有关，相应的倾覆力矩也与荷载分布有关，对于两个不同的建筑形式，总风力值可能相等，但它们的分布和倾覆力矩有可能不同。在方案设计中，可简化取结构所承受的风荷载为作用在结构迎风面和背风面上所受到的风荷载标准值之和。

在方案设计阶段可以用基本风压估算得到风荷载的标准值。对重要的结构需要进行风洞试验模拟结构实际的受风环境以确定准确的风压分布和体型系数等参数。下面用一个例题说明风荷载的估算方法。

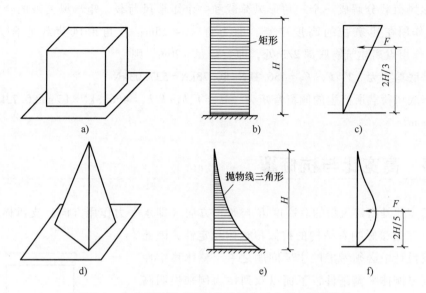

图 3-8　高度相同形式不同的地震作用力和力臂的比较

a）长方体体型　b）长方体体型的质量分布　c）长方体体型的地震作用力合力和力臂

d）正锥体体型　e）正锥体体型的质量分布　f）正锥体体型的地震作用力合力和力臂

【例题 3-3】　某市区 10 层建筑，楼高 30m，平面布置，如图 3-9 所示，地面粗糙程度按 C 类考虑。试估算风荷载引起的该建筑的基底倾覆弯矩和基底剪力。

【解】

查《荷载规范》得到，建筑物所在地区的基本风压值 $w_0 = 0.5\text{kN/m}^2$，风荷载的体型系数 μ_s，如图 3-9a 所示，风压高度变化系数：建筑物顶面处 $\mu_{z1} = 0.88$，地面处 $\mu_{z2} = 0.65$。建筑物受到的风压标准值为 w_{k1} 和 w_{k2}，如图 3-9b 所示。

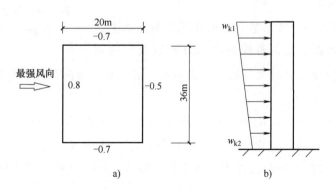

图 3-9　风荷载体型和风压分布

a）体型系数和主风方向　b）风压分布

沿建筑高度的风荷载为

$$w_{k1} = \mu_s \mu_{z1} w_0 = 1.3 \times 0.88 \times 0.5\text{kN/m}^2 \times 36\text{m} = 20.592\text{kN/m}$$

$$w_{k2} = \mu_s \mu_{z2} w_0 = 1.3 \times 0.65 \times 0.5\text{kN/m}^2 \times 36\text{m} = 15.21\text{kN/m}$$

将梯形风荷载分解成一个三角形风荷载和一个矩形风荷载，矩形风荷载的合力为 F_1 = 456.3kN，作用在建筑物的高度中点，即力臂 h_1 = 15m；三角形风荷载的合力为 F_2 = 80.73kN，作用点离建筑物底部 2/3 处，即力臂 h_2 = 20m，则：

结构基底剪力为　$V = F_1 + F_2 = 456.3\text{kN} + 80.73\text{kN} = 537.03\text{kN}$

结构基底风荷载所产生的倾覆弯矩为　$M_w = F_1 h_1 + F_2 h_2 = 456.3\text{kN} \times 15\text{m} + 80.73\text{kN} \times 20\text{m} = 8459.1\text{kN} \cdot \text{m}$

▶▶ 3.3　高宽比与抗倾覆

结构高宽比是指建筑物的总高度 H 与倾覆方向（即水平力作用方向）支承体系的总宽度 B 之比，它直接影响着结构的抗倾覆整体稳定性，因此是结构方案设计中必须考虑的主要问题之一。整体稳定性的基本原则是刚体平衡条件，下面以双列柱为例来说明高宽比与抗倾覆的关系。

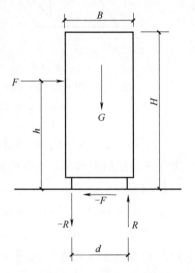

如果结构沿高度是均匀的，则结构的竖向荷载作用在结构的形心上，如图 3-10 所示。建筑物在横向水平力 F 作用下，在建筑物底部会产生倾覆力矩 $M = Fh$，其中 h 为倾覆力臂，此时，双列柱中，离横向水平力 F 较近一侧柱列受拉，而另一侧柱列受压，组成抗倾覆力矩来平衡倾覆力矩 M，由力的平衡条件并整理后可得

$$R = Fh/d = FcH/d \tag{3-3}$$

式中　c——倾覆力臂系数，$c = h/H$；

d——底柱间距。

图 3-10　倾覆力矩必须由竖向支承力形成的力偶抵抗

总水平力 F 和倾覆力臂系数 c 是由建筑物的形状决定的。由式（3-3）可以看出，若横向水平力 F 以及它的倾覆力臂系数 c 确定的话，d 越大，则 R 变得越小。若结构的竖向荷载总重量为 G，则右柱和左柱内的反力为

$$R_右 = (G/2) + Fh/d = (G/2) + FcH/d \tag{3-4}$$

$$R_左 = (G/2) - Fh/d = (G/2) - FcH/d \tag{3-5}$$

设计时一般要求结构竖向构件不出现受拉，即 $R_左 \geq 0$，这称为结构的基底平衡设计条件，此时，可以得到

$$\frac{H}{d} \leq \frac{G}{2Fc} \tag{3-6}$$

如果竖向荷载 G 与建筑物形心不重合，即存在一个偏心距 e，则

$$\frac{H}{d} \leq \frac{G}{2Fc}\left(1 \pm \frac{2e}{d}\right) \tag{3-7}$$

由式（3-6）和式（3-7）可以看出，高宽比随着结构竖向荷载 G 增大而增大，随着横向水平力 F 和倾覆力臂系数 c 增大而减小，即对于确定高度的建筑物，竖向荷载越大，则高宽比就可越大，也即柱距 d 就可小一些；横向水平力 F 和力臂系数 c 越大，则要求高宽比要小一些，也即在给定建筑物高度 H 情况下柱距 d 就要大些。因此，影响高宽比的主要因数是建筑形状。

▶▶ 3.4　承载能力和刚度

承载力是指结构能承受荷载而不破坏的一种能力，而刚度则是指结构具有能够限制荷载作用下变形的能力。对于一幢建筑物在荷载作用下，既不能发生倒塌破坏，也不应出现过大变形。

建筑物在荷载作用下会发生轴向变形、弯曲变形和剪切变形。轴向变形是竖向荷载作用引起建筑物均匀缩短或压缩的结果。如图 3-11a 所示，轴向变形缩短量 $\Delta H = NH/EA$，其中 E 为弹性模量，A 为水平截面积，H 为建筑物高度。可见轴向刚度与弹性模量 E 和截面面积 A 成正比，弹性模量越低，截面积越小，在一定荷载作用下的变形就越大。截面面积和弹性模量都是轴向刚度的影响参数。

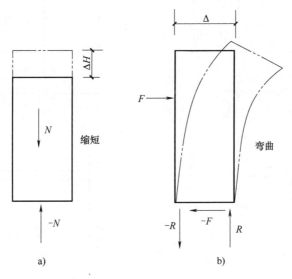

图 3-11　结构体系的轴向和弯曲刚度控制总变形
a）恒荷载产生的轴向变形　b）水平荷载产生的弯曲变形

水平荷载产生的弯曲变形的大小与结构本身的抗弯刚度 EI 有关，其中 E 为材料的弹性模量，I 为惯性矩，即弯曲变形的大小与建筑物的形状、受力方向宽度和材料性质有关；弯曲变形大小还与结构高度有关，结构高度越大，承受的水平力就越大，其他条件相同时，结构的水平位移就越大。结构高度相同时，横截面的惯性矩越小，则结构的水平位移也就越大。这个变形问题是建筑结构设计尤其是高层建筑结构设计中最敏感的问题，由于高层建筑承受巨大的横向风荷载或地震作用，在高度大、自身横向刚度相对较小的情况下，高层建筑极易产生过大的横向位移，影响其使用乃至破坏。因为惯性矩的大小与支承平面的形状和受力方向的宽度有关，所以，在给定高度和构件截面面积的情况下，可以通过改变支承平面的布置来获得较大的横向刚度，使建筑物的横向变形控制在可以接受的值。

从材料力学中可以获知，横截面上各个构件对结构总体惯性矩的贡献是与其距截面中和轴距离的平方成正比的，在结构横截面上每移动一个构件的位置，都对结构总体的截面惯性矩产生影响。若某构件原来距离中和轴为 d_1，移动后的构件距离截面中和轴为 d_2，则此构件移动后对截面惯性矩的影响为 $(d_2/d_1)^2$。虽然，材料种类即材料的弹性模量也是十分重要的，在给定荷载-弯矩、构件截面面积和支承平面布置的情况下，弹性模量越高，转动变形就越小，但其影响程度是线性的，相对较小。但应当注意建筑物平面形状和受力方向宽度都是几何因数，它们将决定材料的利用程度。如图 3-12 所示，在横向水平荷载 F 作用下，具有相同截面面积，但截面布置不同时，它们的惯性矩也不同，则承载力和刚度也不同。

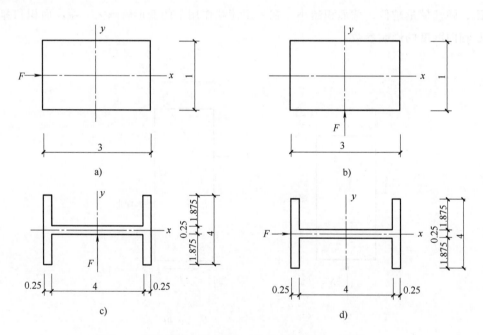

图 3-12　不同截面布置对结构力学性能的影响（单位：m）

a）矩形截面柱，受力方向与长边平行　b）矩形截面柱，受力方向与长边垂直

c）工字形截面柱，受力方向与翼缘平行　d）工字形截面柱，受力方向与翼缘垂直

如图 3-12a 所示，为 1m×3m 的矩形截面柱，水平力 F 沿 x 轴方向作用时的惯性矩 I 为

$$I_y = \frac{1}{12} \times 1\mathrm{m} \times 3^3 \mathrm{m}^3 = \frac{3^2}{4}\mathrm{m}^4$$

如图 3-12b 所示，将如图 3-12a 所示中水平力 F 改成沿 y 轴方向作用，此时惯性矩 I_x 为

$$I_x = \frac{1}{12} \times 3\text{m} \times 1^3 \text{m}^3 = \frac{1}{4}\text{m}^4$$

将如图 3-12a 所示的 3m^2 面积的柱挤压成 3 块 0.25m 宽、4m 长的板,把它们组合并连接成如图 3-12c 所示的工字形截面,则水平荷载 F 沿 y 轴作用时的惯性矩为

$$I_x = \frac{1}{12} \times 0.25\text{m} \times 4^3 \text{m}^3 \times 2 + \frac{1}{12} \times 4\text{m} \times 0.25^3 \text{m}^3 \approx \frac{10.7}{4}\text{m}^4$$

将如图 3-12c 所示的水平荷载 F 改成沿 x 轴方向作用时,就变成了如图 3-12d 所示的情况,此时的惯性矩为

$$I_y = \frac{1}{12} \times 0.25\text{m} \times 4.5^3 \text{m}^3 + 0.25\text{m} \times 3.75\text{m} \times 2.125^2 \text{m}^2 \times 2 \approx \frac{41.5}{4}\text{m}^4$$

通过以上计算可以发现,不同的截面布置,惯性矩约相差 41.5 倍,在其他条件相同情况下,它们的变形也约相差 41.5 倍。

结构支承平面不仅影响结构的刚度,而且在很大程度上影响结构的承载力。如图 3-13 所示,工字形柱在相同荷载 F 作用下,由于柱子布置的位置不同,柱子底部截面上的反力分布和支承能力也不同。

如图 3-13a 所示,工字形柱的两侧翼缘受拉或受压、腹板在中和轴两侧应力分布为三角形的情况,根据力的平衡条件,可以得到其应力值 σ_a。

$$R_{a1}h + R_{a2} \cdot \frac{2}{3}h = M = FH$$

$$R_{a1} = \sigma_a tb$$

$$R_{a2} = \sigma_a \frac{th}{4}$$

则

$$\sigma_a = M/(tbh + th^2/6) = FH/(tbh + th^2/6)$$

如图 3-13b 所示,工字形柱的两侧翼缘应力分布为三角形,腹板处于中和轴上受力为 0,同样可得其应力值 σ_b,即

$$2R_b b/3 = FH = M$$

$$R_b = 3FH/2b$$

则

$$\sigma_b = 4R_a/bt = 6FH/b^2 t$$

若 $b = h$,则 $\sigma_b = 7\sigma_a$,即对于对称工字形截面而言,当外荷载 F 相同,采用同种材料时,两种截面布置应力分布不同,最大应力相差 7 倍,同时,图 3-13a 所示的截面惯性矩为 I_a,假定翼缘和腹板的厚度 t 较小,则它是如图 3-13b 所示截面惯性矩 I_b 的 6.5 倍,即 $I_a = 6.5I_b$;当 $h = 2b$ 时,$\sigma_b = 16\sigma_a$,此时 $I_a = 28I_b$。

综上可知,结构的支承平面不仅影响结构的刚度,而且在很大程度上影响基底的反力分布和支承能力,它对基础设计也具有极大的影响。同时,增加受力方向高度不仅能改变抗弯力臂的长度,也改变了单位转动变形下总的抗力大小。因此,在进行结构的总体方案设计

时，应在满足结构使用要求的情况下，合理地安排支承平面上的结构构件及其布置，尽可能通过增大结构体系受力方向高度，并使截面布置尽量远离中和轴，使结构具有较好的承载力和刚度；而不应通过增加构件截面面积或种类来提高其承载力和刚度。

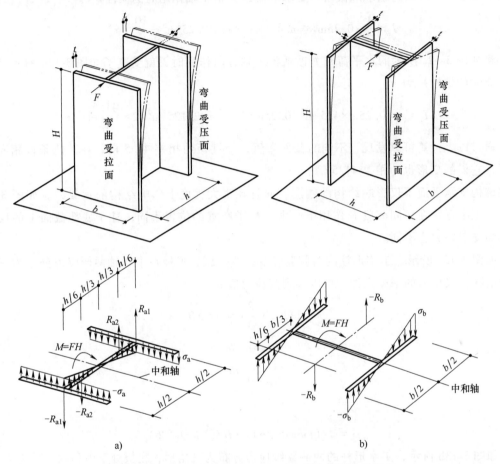

图 3-13　工字形截面的受力方向对承载力和刚度的影响

a）受力方向与翼缘垂直　b）受力方向与翼缘平行

▶▶ 3.5　复杂结构的分解

对于复杂结构形式，可通过将主要部分拆开处理的方式来应用整体分析概念。分析重点应集中在设计方案的总体性能，以及各个单元间的接合面上。接合面部位是方案设计中的关键部位，因为各组成单元之间的接合面将决定该方案是否真正成为整体。

例如，如图 3-14 所示，复杂结构体系，A、B 子结构高度较小、重量也较小，而上、下叠在一起的 C、D 子结构高度较高、重量较大，在设计中，一般在 A、B 子结构与 C、D 子结构之间可用变形缝分开，因此，可以将 A、B 子结构作为独立结构考虑，如图 3-14b 所示，对于 C、D 子结构可以在它们的接合面处分拆，这样 C 子结构的顶面就成了 D 子结构的支承平面，也即 D 子结构在 C 子结构的顶面所产生的竖向轴力、剪力和倾覆弯矩将传递给 C 子结构，再由 C 子结构传递到基础，最后传递到地基。

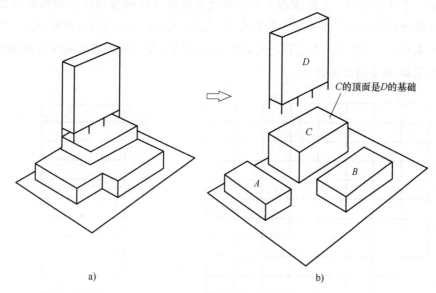

图 3-14　复杂结构体系的分解

a）总方案设计　b）结构分解

任何复杂的结构都可以按上述方法简化为一系列简单的子结构进行分析。如果不断地把结构进行分割，那么从上到下的每一个楼层都可以作为其以上各层的支承平面进行分析，即在某一层上面的结构所产生的竖向力、剪力和弯矩由该层支承。据此可以确定各层的最优平面布置和有效支承体系所需的尺寸，最后集合成为整体结构的优化设计。

▶▶ 3.6　方案比较

采用结构整体分析概念可以迅速、有效地对结构体系进行构思、比较与选择。虽然这种近似计算方法有一定的误差，但是概念清楚，定性准确，手算简单快捷，能很快地比较和选择出相对最佳的结构方案，甚至可以估算出主要分体系及其构件的基本尺寸，为以后的计算机分析提供比较确切的结构计算模型和所需的原始数据，同时也是施工图设计阶段判断计算机内力分析输出数据可靠与否的主要依据。以下通过一幢 14 层办公楼的方案比较来说明结构整体分析方法是如何在初步设计阶段应用的。

【例题 3-4】　如图 3-15 所示，一幢 14 层办公楼的平面图、立面图以及楼板断面图。建筑物的两边各有 9 根柱，位于中央有一个 6m×12m 的楼梯、电梯和管道井筒。试选择比较适合该办公楼的方案。

【解】

位于中央的电梯和管道井可以考虑四周用混凝土墙体围成一个核心筒，形成一个水平抗侧力结构。作用在各个楼层和屋顶上的竖向荷载，包括恒荷载和活荷载由柱和核心筒共同承受。水平荷载的传递方式可以有几种选择。在本例中，可以考虑三种传递方式：方案1，考虑核心筒是一个筒体结构，在纵横两个方向都能抵抗由风或地震作用引起的侧向力，18根外柱承受大部分竖向荷载，但不能承受侧向力；方案2，全部侧向力由框架承受，即不考虑核心筒承受水平力；方案3，考虑核心筒和框架柱共同承受风和地震作用引起的侧向力，即将其设计成框架-核心筒结构体系。

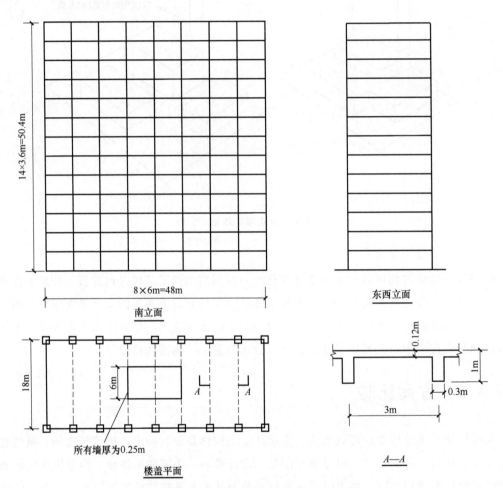

图 3-15　14 层办公楼设计方案

1. 楼（屋）盖传给各竖向构件的荷载计算

按如图 3-2 所示的方法估算楼（屋）盖传给各个竖向构件上的竖向荷载，如图 3-16 所示，经计算屋面或楼面的恒荷载均为 $6.0 \mathrm{kN/m^2}$。因此，地面以上 13 层楼面再加上屋面共 14 层，总重量 $G_{楼}$ 为

$$G_{楼} = 14 \times 6 \mathrm{kN/m^2} \times 18 \mathrm{m} \times 48 \mathrm{m} = 72576 \mathrm{kN}$$

各构件承担的楼面恒荷载如下：

核心筒 $\qquad G_{核1} = 14 \times 6 \mathrm{kN/m^2} \times 12 \mathrm{m} \times 18 \mathrm{m} = 18144 \mathrm{kN}$

A 柱　　　　　　　　$G_A = 14 \times 6\text{kN/m}^2 \times 3\text{m} \times 9\text{m} = 2268\text{kN}$

B 柱　　　　　　　　$G_B = 14 \times 6\text{kN/m}^2 \times 6\text{m} \times 9\text{m} = 4536\text{kN}$

C 柱　　　　　　　　$G_C = 14 \times 6\text{kN/m}^2 \times 6\text{m} \times 3\text{m} = 1512\text{kN}$

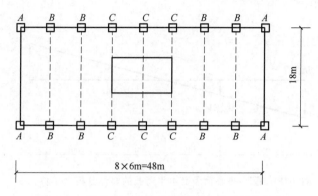

图 3-16　用荷载面积法计算各构件的近似荷载值

2. 抗倾覆计算

经计算墙面所受的水平荷载为倒梯形荷载，如图 3-17 所示，其中，$w_{k1} = 2.0\text{kN/m}^2$，$w_{k2} = 1\text{kN/m}^2$。

（1）方案 1　如图 3-17 所示，只是计算横向风荷载所产生的大致弯矩值。由于横向受风面较大，而井筒尺寸较小，所以横向的计算更重要。

核心筒自重为

$$G_{核2} = 0.25\text{m} \times 2 \times (6+12)\text{m} \times 50.4\text{m} \times 25\text{kN/m}^3 = 11340\text{kN}$$

则核心筒传到基础的总重量为

$$G = G_{核1} + G_{核2} = 29484\text{kN}$$

倾覆力矩 M 为

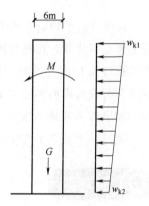

图 3-17　核心筒方案承受
水平荷载的整体分析

$$M = \frac{1}{3}(w_{k1} - w_{k2})BH^2 + \frac{1}{2}W_{k2}BH^2$$

$$= \frac{1}{3} \times (2-1)\text{kN/m}^2 \times 48\text{m} \times 50.4^2\text{m}^2 + \frac{1}{2} \times 1\text{kN/m}^2 \times 48\text{m} \times 50.4^2\text{m}^2 = 101606.4\text{kN} \cdot \text{m}$$

则总恒荷载反力合力的偏心距 e 为

$$e = M/G = 101606.4\text{kN} \cdot \text{m}/29484\text{kN} = 3.45\text{m}$$

超出井筒的边缘，因而是不稳定的。如果要采用此方案，必须加大核心筒的重量和刚度。

（2）方案 2　该方案要求，在纵、横两个方向，柱和梁刚性连接形成框架。不考虑核心筒承担横向水平力，所有横向水平力由 9 榀框架承担，每榀框架由两根外柱和各层大梁组成，那么可以近似地求得由风荷载引起的柱的总压力或总拉力（C 或 T）为：$101606.4\text{kN} \cdot \text{m}/18\text{m} = 5645\text{kN}$，大致由每侧的 9 根柱平均分担，即每根柱承担 $5645\text{kN}/9 = 627\text{kN}$，比每根柱所受的竖向恒荷载要小得多。因此，采用框架方案似乎比核心筒方案好，但是由于房屋较高，安全性没有问题，却会出现粗柱肥梁，对使用造成影响且经济性不好。

（3）方案3 采用框架-核心筒方案时，水平荷载引起的倾覆力矩由框架和核心筒共同承担，如图3-18所示。

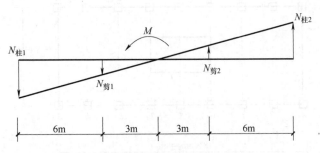

图 3-18 框架-核心筒承受水平荷载的整体分析（单位：m）

可近似求得在风荷载作用下：

$$N_{柱1} \times 18\text{m} + N_{剪1} \times 6\text{m} = M = 101606.4\text{kN} \cdot \text{m}$$

由于 $N_{柱1} = 3N_{剪1}$，则 $N_{柱1} = -N_{柱2} = 5080.32\text{kN}$。平均每柱承担 $5080.32\text{kN}/9 = 564.5\text{kN}$，与框架方案比较，比每柱所受的竖向恒荷载小得更多，核心筒在倾覆力矩方向两片剪力墙承担的拉（压）力为 $5080.32\text{kN}/3 \approx 1693.4\text{kN}$，也比其所受竖向恒荷载小得多，且框架承担的水平荷载引起的倾覆力矩比框架方案小，避免了柱子过粗，尤其是考虑到核心筒能抵抗局部的楼层剪力和减小楼层位移，说明框架与核心筒组合方案是最经济的。

通过对上述三个方案的讨论，可以看到本例采用框架-核心筒是最好的方案。

💡 思考题

1. 在竖向荷载和水平荷载作用下，整体结构的受力如何分析？试举例说明。

2. 横向作用对结构可能会产生哪些影响？可通过什么方法避免或减少这些影响？

3. 风荷载和地震作用对结构的影响与哪些因数有关？

4. 阐述"在满足结构使用要求的情况下，合理地安排结构基底平面上的结构构件及其布置，使截面布置尽量远离中和轴"这句话应如何理解？

第 4 章

楼盖结构

本章提要：本章以实际工程为例，介绍了肋梁楼盖结构布置方法；单向板、双向板肋梁楼盖的设计计算方法和施工图绘制；装配整体式楼盖设计计算方法和施工图绘制；现浇板式楼梯、预制梯板的设计计算方法。

本章还介绍了荷载传递原则；塑性铰和连续梁板塑性内力重分布的概念；井式楼盖的特点及其计算方法；无梁楼盖的受力特点、计算方法和构造要求；现浇梁式楼梯的设计计算方法、构造要求以及悬挑结构的设计计算方法及其构造要求。

在建筑结构中，楼盖结构广泛应用于楼（屋）盖、楼梯、阳台、雨篷、地下室顶板、底板和墙板等，如图 4-1 所示。

混凝土楼（屋）盖是建筑结构的重要组成部分，对于保证建筑物的承载力、刚度、耐久性以及抗风、抗震性能具有重要的作用，对于空间利用、建筑效果和建筑隔声、隔热也有直接的影响。

混凝土楼盖在整个房屋的材料用量和造价方面所占的比例是相当大的，造价约占土建总造价的 20%~30%，在高层建筑中，楼盖自重约占整个建筑总自重的 50%~60%。因此，选择适当的楼盖形式，并正确、合理地进行设计计算，对整个房屋的使用和技术经济指标至关重要。

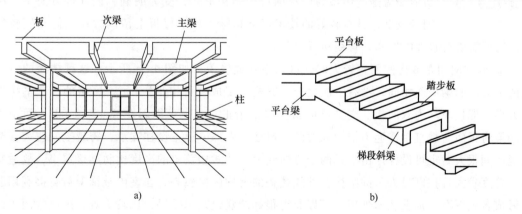

图 4-1　常见楼盖结构

a）楼盖　b）楼梯

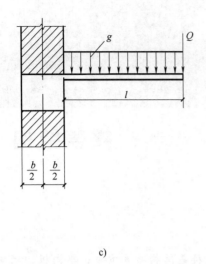

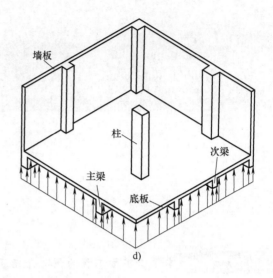

c)

d)

图 4-1 常见楼盖结构（续）

c）雨篷 d）地下室底板、墙板

4.1 混凝土楼盖结构形式

1）混凝土楼盖按梁板结构形式可分为肋梁楼盖、井式楼盖、无梁楼盖、密肋楼盖和扁梁楼盖等，如图 4-2 所示。

现浇肋梁楼盖

① 肋梁楼盖一般由板、次梁和主梁组成，板上所承受的荷载通过四边的支承梁传递给柱或墙，再传给基础。而四边支承梁也将板分隔成一个个区格，形成整体结构中的水平结构分体系。根据区格板块边长的长宽比，肋梁楼盖又分为单向板肋梁楼盖和双向板肋梁楼盖，如图 4-2a、b 所示。肋形楼盖是应用最为广泛的楼盖结构形式，受力明确，设计计算简单，用钢量较低，具有较好的技术经济指标，现浇楼板上留洞方便，但支模较复杂，房屋需要有较大的层高，管线布置也欠方便。

② 当柱网间距或房间面积较大时，可采用井式楼盖，如图 4-2c 所示。这种楼盖的特点是两个方向的梁截面相同，没有主次之分，梁格布置成"井字形"，每一区格的板基本接近正方形，即板块均为双向板。交叉梁的布置多采用正交，也可以斜交成 45°或 60°，两个方向的梁将板面荷载直接传递给结构周边的墙或柱，中部一般不设柱支承，跨越空间较大，当跨越空间很大时也可设柱。由于是两个方向受力，井式楼盖梁的高度比肋梁楼盖小，故适宜用于跨度较大且柱网呈方形的结构。井式楼盖的天棚区格整齐，在室内装饰上可直接利用肋梁做成各式图案，加上艺术处理，可以获得很好的建筑艺术效果，比较美观，因此常用于建筑的门厅、餐厅，展厅和会议厅中。

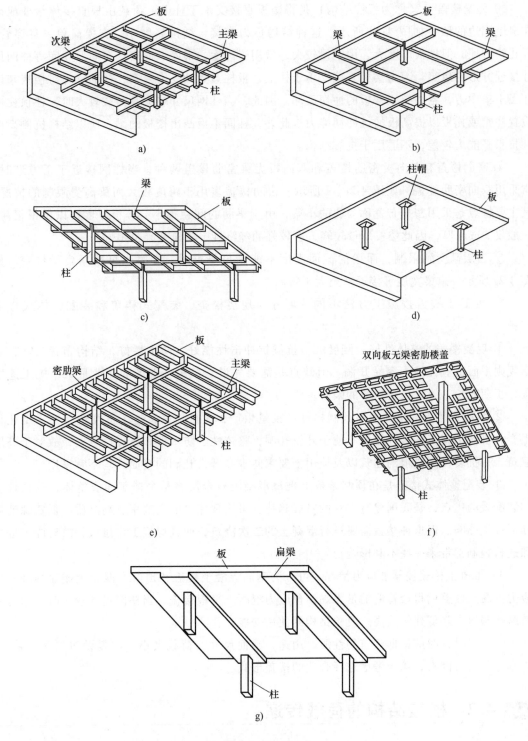

图 4-2 混凝土楼盖

a) 单向板肋梁楼盖 b) 双向板肋梁楼盖 c) 井式楼盖 d) 无梁楼盖

e) 单向板密肋楼盖 f) 双向板密肋楼盖 g) 扁梁楼盖

③ 无梁楼盖（又称为板柱结构）是将楼板直接支承于柱上，荷载由板直接传给柱或设在房屋周边的墙，如图 4-2d 所示。这种结构传力直接，结构高度小，支模简单，且穿管、开孔较方便，但楼板厚度大、用钢量较大，常用于冷库、书库、商店、车间及仓库等柱网尺寸接近方形的建筑。因为楼板直接支承于柱上，板柱节点处受力复杂，柱的反力对楼板来说相当于集中力，容易导致楼板的冲切破坏。因此，当柱网尺寸较大且荷载较大时，柱顶往往设置柱帽或托板以提高板的抗冲切能力。此外，柱间不设凸出楼板的梁，所以结构抗侧高度和抗水平能力较差，不适用于抗震结构。

④ 密肋楼盖有单向板密肋楼盖和双向板无梁密肋楼盖两种，当柱网接近于正方形时，常采用双向密肋楼盖，如图 4-2e、f 所示。密肋楼盖多用于跨度较大而梁高受限制的情况，其主要特点是采用密排布置称为肋的小梁，由于梁肋的间距很小，楼板厚度可以做得很薄，一般仅 50mm 厚，因此楼板质量较轻，有较好的经济性，建筑效果也很好。

⑤ 当层高受到限制，而梁的截面高度不能满足要求时，有时也可采用扁梁楼盖，如图 4-2g 所示，扁梁宽度可接近甚至大于梁高。

2）混凝土楼盖按施工方法不同，可分为现浇楼盖、装配式楼盖和装配整体式楼盖三种。

① 现浇楼盖的整体性好、刚度大，抗震抗冲击性能好，防水性好，结构布置灵活，对不规则平面适应性强，容易开洞。但缺点是需要先设置模板，现场的作业量大，施工速度慢，工期较长，施工还受季节的限制。

② 装配式楼盖的梁和板在预制构件厂批量生产，质量较好，施工进度快，便于工业化生产和机械化施工。这种楼盖不便于开设孔洞，整体性、防水性和抗震性较差，故对于高层建筑、有抗震设防要求的建筑以及使用上要求防水和开设孔洞的楼面，均不宜采用。

③ 装配整体式楼盖是在预制梁板上现浇混凝土叠合层将整个楼盖连成整体，兼具现浇和装配式的优点，是我国建造方式的发展趋势，可实现建设的高效率、高品质、低资源消耗和低环境影响。但这种楼盖需要进行混凝土的二次浇筑，而且焊接工作量大，故对施工进度和造价控制都带来一些不利影响。

3）混凝土楼盖按预加应力情况，可分为钢筋混凝土楼盖和预应力混凝土楼盖两种。预应力混凝土楼盖用得最普遍的是无黏结预应力混凝土平板楼盖，当柱网尺寸较大时，它可有效减小板厚，降低建筑层高，改善结构的使用功能。

总之，设计时应根据建筑的性质、用途、平面尺寸、荷载大小、抗震设防烈度、采光、技术、经济等因素，综合考虑选择合适的楼盖形式。

▶▶▶ 4.2 楼盖结构的荷载传递

4.2.1 荷载传递原则

如图 4-3 所示，十字交叉梁在跨中交叉点处作用一个集中荷载 P，四个支座均为简支，试分析其受力情况。设两个方向梁的跨度分别为 L_1 和 L_2，抗弯刚度分别为 EI_1 和 EI_2。集中荷载 P 由两个方向的梁共同承担，分别承担 P_1 和 P_2。由两个方向梁的跨中交叉点处竖向挠度相等的条件，即

$$f_1=\frac{1}{48}\frac{P_1L_1^3}{EI_1}=f_2=\frac{1}{48}\frac{P_2L_2^3}{EI_2} \tag{4-1}$$

可求得

$$\frac{P_1}{P_2}=\frac{L_2^3}{L_1^3}\frac{EI_1}{EI_2}=\frac{L_2^2}{L_1^2}\frac{i_1}{i_2} \tag{4-2}$$

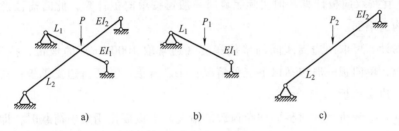

图 4-3 十字交叉梁的荷载传递

a) 集中荷载作用下的交叉梁 b) 短向 L_1 梁的受力 c) 长向 L_2 梁的受力

由式（4-2）可得到以下两个有关荷载传递原则的结论：

1）当两个方向梁的截面抗弯刚度相同时，即 $EI_1=EI_2$ 时，荷载沿短跨方向梁的传递远大于沿长跨方向梁的传递，这就是荷载最短路径传递原则。当 $L_2/L_1=3$ 时，$P_1/P=0.964$，$P_2/P=0.036$，即长跨方向 L_2 梁承受的荷载 P_2 已很小，此时荷载 P 沿长跨方向 L_2 梁的传递可忽略不计，即如图 4-3 所示的交叉梁可近似仅按短跨方向的 L_1 梁进行受力分析。

2）荷载沿线刚度大的梁跨方向传递大于沿线刚度小的梁跨方向传递，传递比例与两个方向梁的线刚度基本成正比，即荷载 P 按线刚度分配原则。

荷载按构件刚度来分配的原则是结构设计中一个重要的概念，是贯穿结构设计的一条主线。

4.2.2 单向板与双向板

通常情况下，肋梁楼盖中每个区格板的四边均有梁或墙支承，形成四边支承板，如图 4-4 所示。

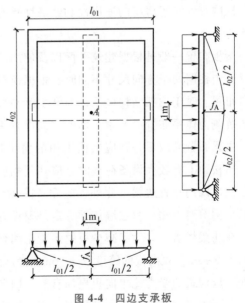

图 4-4 四边支承板

双向发生弯曲且任一方向的弯曲都不能忽略的板称为双向板；只在一个方向弯曲或主要在一个方向弯曲的板称为单向板。根据上述荷载传递原则，四边支承板在板面均布荷载作用下，板面荷载沿板短跨方向 l_{01} 的传递程度要大于沿长跨方向 l_{02} 的传递程度，根据跨中挠度相等的原则，可以得到沿两个方向传递的荷载比值为 $q_1/q_2 = (l_{02}/l_{01})^4$，当板的长跨 l_{02} 与短跨 l_{01} 之比大于 3 时，板面荷载沿长跨 l_{02} 方向传递与沿短跨 l_{01} 方向传递的比值为 1/81，可见板面荷载沿长跨 l_{02} 方向传递很小可以忽略，可近似按沿短跨 l_{01} 方向传递考虑。此时除四个板角和短边支座附近，板的大部分区域呈现单向弯曲。因此在设计中，对 $l_{02}/l_{01} \geq 3$ 的板，宜按单向板计算，并应沿长边方向布置构造钢筋；对 $l_{02}/l_{01} \leq 2$ 的板应按双向板计算；当 $2 < l_{02}/l_{01} < 3$ 时，宜按双向板计算，但实际手算时一般可按单向板计算，此时需注意沿长跨方向配置足够的构造钢筋。

单向板的计算可取两边支座间的单位宽度（通常取 1000mm）的板带，按梁计算即可，故又称梁式板，单向板一般包括以下三种情况：①悬臂板；②两对边支承板；③主要在一个方向受力的四边支承板。

应注意：以上分析是针对板面均布荷载的情况。当板面作用集中荷载时，即使是两对边简支板，其板内也是双向受弯的，即纵横两个方向的弯曲都不能忽略，属于双向板。因此，要充分认识荷载传递方式和板内的受力状态，才能采用合理的力学分析模型。

▶▶ 4.3 肋梁楼盖的结构布置

肋梁楼盖的结构布置包括柱网布置、板、次梁和主梁的布置。其中柱网间距决定了主梁的跨度，主梁间距决定了次梁的跨度，次梁间距决定了板的跨度。有时楼盖中无次梁，则板的跨度就由主梁间距决定。

柱网布置对于房屋的适用性和经济性具有重要影响，是一个综合性的问题，详细讨论见第 5.2.2 节。

梁板布置一般是根据建筑平面以及使用功能、工程造价等因素合理地确定主梁和次梁的布置。当柱网两个方向尺寸不同时，根据荷载最短路径传递原则，主梁应尽可能沿柱网短跨方向布置。对于框架结构体系，通常主梁与柱形成框架作为抗侧力体系，此时，根据整体结构的抗侧力体系布置的要求沿框架方向设置主梁更为合理。

主梁布置完成后，则应根据采用的肋梁楼盖方案来决定是否需要设置次梁及次梁的数量。当楼面上有较大设备荷载时，应在其相应位置布置承重梁。当楼面开有较大洞口时，也需在洞口四周布置边梁。此外，应注意除砌体结构外，如框架结构、剪力墙结构、框架-剪力墙结构等建筑物，每层墙体下一定是要设置梁的。

在肋梁楼盖中，为了减少板的混凝土用量，次梁间距一般不宜太大。通常，单向板的跨度取 1.5～3m，双向板的跨度取 4～6m 较为合适，当然，板的跨度还取决于建筑平面布置。此外，双向板的受力比单向板更为有利，因此宜优先考虑双向板布置方案。

在不需考虑挠度验算的条件下，钢筋混凝土梁、板截面尺寸的要求，见表 4-1。

表 4-1　钢筋混凝土梁、板截面尺寸的要求

构件	截面尺寸要求
单向板	一般为 $h/l \geqslant 1/30$；悬臂板 $h/l \geqslant 1/12$。 最小板厚： 实心楼板屋面板为 80mm； 悬臂板（固定端）当悬臂长度不大于 500mm 时为 80mm，悬臂长度 1200mm 为 100mm，悬臂长度在 500~1200mm 时，可由内插得到
双向板	$h/l \geqslant 1/40$，最小板厚 80mm
次梁	$h/l \geqslant 1/18 \sim 1/12$
主梁	$h/l \geqslant 1/12 \sim 1/8$

【例题 4-1】　某三层（局部四层）工业厂房建筑，见附录 F。三层建筑平面图见附图 F-3，拟布置成单向板肋梁楼盖和双向板肋梁楼盖，试进行结构平面布置。

【解】

结构平面布置图上应表示梁、板、柱、承重墙等所有结构构件的平面位置、定位尺寸及编号，相同的构件应用一个编号。三层结构平面布置图，如图 4-5 所示，结构布置具体过程如下：

1. 先形成双向抗侧力结构

从建筑平面图可以看出，本建筑内部空旷，因而选用框架结构体系较为合理。在Ⓐ~Ⓓ及①~⑦轴上设置主梁 L3~L11 与柱一起形成框架抗侧力构件，本例假定框架柱刚度远小于框架梁的刚度，则框架梁可按连续梁考虑，所以与柱连接的梁标注成梁的符号。至于将本例布置成框架结构，其结构平面布置详见第 5 章。

2. 砌体墙下设梁

框架结构等钢筋混凝土结构房屋，有砌体墙时砌体墙下一定要设置梁，即每层砌体墙必须由梁来承受。因此在电梯井①~②轴之间的墙下设置了梁 L2。

3. 次梁设置

以上步骤完成后，再来考虑是否需要设置次梁。注意次梁不是任何时候都要设置的，而是应根据实际需要确定。本例由于在②~⑥轴之间的主梁所围成的区格板尺寸为 6200mm×8100mm，尺寸较大且为双向板，根据刚度要求，见表 4-1，板厚需为 $h = 6200mm/40 = 155mm$，取整数即 160mm，太厚，因此需要设置次梁使区格板的尺寸变小以减小板厚。如果在 8100mm 跨间内设置两根次梁 L1，这样②~⑥轴之间就将板分隔成 2700mm×6200mm 的区格板，形成了如图 4-5a 所示的单向板肋梁楼盖，板厚取 $h = 2700mm/30 = 90mm$，当然也可设置三根次梁，则区格板的尺寸会更小。

如果在 8100mm 跨间内设置一根次梁 L1，此时就形成了如图 4-5b 所示的双向板肋梁楼盖，按刚度要求，板厚为 $h = 4050mm/40 = 101.25mm$，取整数 110mm 即可，板厚也大为减小。图中①~②~Ⓐ~Ⓑ及⑥~⑦轴间的板可看成单向板，而①~②~Ⓑ~L2 间的板为双向板，因尺寸已较小，则不再分割。

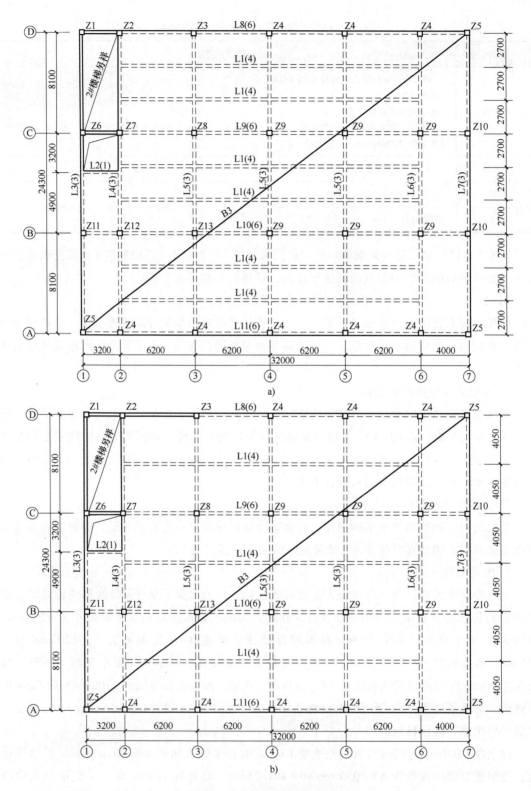

图 4-5 三层楼面结构平面布置图

a）单向板肋梁楼盖结构平面布置图 b）双向板肋梁楼盖结构平面布置图

▶▶ 4.4 现浇单向板肋梁楼盖

4.4.1 计算简图

计算简图包括计算模型及计算荷载两个方面。

1. 简化假定和计算模型

在现浇单向板肋梁楼盖中，板、次梁、主梁的计算模型一般为连续板和连续梁，其中，次梁是板的支座，主梁是次梁的支座，柱或墙是主梁的支座。为简化计算，通常可做以下简化假定：

1）支座没有竖向位移，且可以自由转动。

2）不考虑拱作用对板内力的影响。

3）在确定板传给次梁的荷载、次梁传给主梁的荷载以及主梁传给柱或墙的荷载时，分别忽略板、次梁、主梁的连续性，按简支构件计算支座竖向反力。

4）跨数超过5跨的连续梁、板，当各跨荷载相同，且跨度相差不超过10%时，可按5跨等跨连续梁、板计算。

假定支座处没有竖向位移，实际上是忽略了次梁、主梁、柱（或墙）的竖向变形分别对板、次梁、主梁的影响。柱的竖向位移主要由轴向变形引起，在通常的内力分析中都是可忽略的。忽略主梁变形，将导致次梁跨中弯矩偏小，主梁跨中弯矩偏大。当主梁的线刚度比次梁的线刚度大得多时，如当主、次梁线刚度比大于8时，这种影响比较小，次梁变形对板的影响也是如此。如要考虑这种影响，内力分析就相当复杂，在截面设计中应予以弥补，以尽量消除这种影响。

假定支座可自由转动，实际上是忽略了次梁对板、主梁对次梁、柱对主梁的转动约束能力。在现浇混凝土楼盖中，梁、板是整浇在一起的，当板受荷发生弯曲转动时，将使支承它的次梁产生扭转，而次梁对此扭转的抵抗将部分地阻止板自由转动，即此时板支座截面的实际转角 θ 比理想铰支承时的转角 θ' 小，即 $\theta'>\theta$，如图4-6所示，其效果相当于降低了板的弯矩，次梁与主梁间的情况与此类似，由该假定产生的误差可通过折算荷载的方法来弥补，见下述。

通常钢筋混凝土柱与主梁是刚接的，柱对主梁弯曲转动的约束能力取决于主梁线刚度与柱的线刚度之比，当比值较大时，约束能力较弱。一般认为，当主梁线刚度与柱线刚度之比大于5时，主梁的转动受柱端的约束可忽略，而柱的受压变形通常很小，则此时主梁可按连续梁模型计算，否则应按梁、柱刚接的框架模型计算。

四周与梁整体连接的板，在正弯矩作用下，板下边受拉开裂，而在负弯矩作用下，板在支座边缘上边受拉开裂形成如图4-7所示的内拱作用，这种内拱作用使板内存在轴向压力，一般称为薄膜力，使板的弯矩减小。但是，为了简化计算，在内力分析时，一般不考虑。这一有利作用将在板的截面设计时，根据不同的支座约束情况，可对板的计算弯矩进行折减，见4.4.4节和4.5.3节。

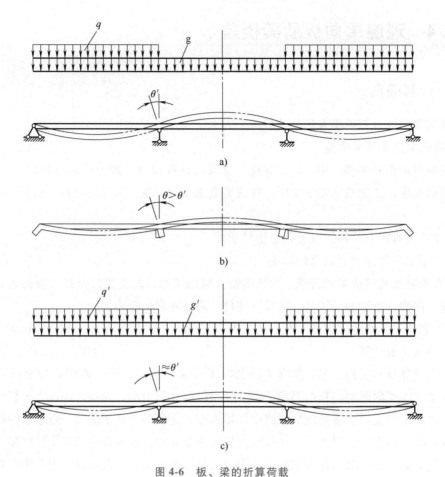

图 4-6　板、梁的折算荷载

a）计算模型　b）实际结构的模型　c）按折算荷载计算的模型

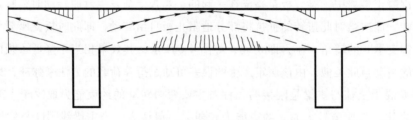

图 4-7　板的内拱作用

在荷载传递过程中，由于混凝土容易发生受拉开裂，因此荷载传递时可忽略梁、板的连续性，这样可简化计算，且误差也不大。

对连续板、梁的某一跨，与其相邻两跨以外的其余各跨的荷载对其内力影响很小。因此，对超过 5 跨的连续板、梁，当各跨荷载相同，且相邻两跨跨长相差不超过 10% 时，除两边跨外，所有中间跨的内力十分接近，因此，为简化计算，可按 5 跨等跨连续板、梁进行计算，简化时保持两端各两跨不动，将所有中间跨均以第 3 跨来代表。如图 4-8a 所示，7 跨连续板或梁，可按如图 4-8b 所示的 5 跨计算，其中如图 4-8b 所示的 1、2 和 4、5 跨及第 3 跨分别对应如图 4-8a 所示的 1、2 和 6、7 跨及 3、4、5 跨。当板、梁的跨度少于 5 跨时，则按实际跨数计算。

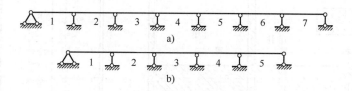

图 4-8　多跨连续梁、板的简化

a）7 跨连续梁（板）　b）5 跨连续梁（板）

2. 计算单元及计算荷载

为减少工作量，结构内力分析时，常常不是对整个结构进行分析，而是从实际结构中选取有代表性的某一部分作为计算对象，称为计算单元。

对于单向板，可取 1m 宽度的板带作为其计算单元，如图 4-9 所示，在此范围内，用阴影线表示的楼面均布荷载是该板带承受的荷载，这一负荷范围称为从属面积，即计算构件负荷的楼面面积。

单向板的计算模型，如图 4-9 所示，计算荷载为均布线荷载，包括恒荷载和活荷载，其中恒荷载由板的自重、板面装饰层重量和板底抹灰重量（有吊顶时，还要计入吊顶重量）；活荷载根据使用功能由《荷载规范》查得，当《荷载规范》查不到时，须由业主提供或通过调查取得。

次梁承受板传递的均布线荷载，主梁承受次梁传递的集中荷载，由简化假定 3）可知，一根次梁的负荷范围以及次梁传递给主梁的集中荷载负荷范围，如图 4-9 所示。

次梁的计算模型，如图 4-9 所示，图中所示次梁计算单元为所计算次梁两侧板跨的平均值。计算荷载为均布线荷载，包括恒荷载和活荷载，恒荷载由次梁自重、板传来的均布线荷载，次梁上有墙体时还应计入墙体重量；活荷载为板传递的均布线荷载。

如前所述，当主梁的线刚度大于柱线刚度的 5 倍时，其计算模型，如图 4-9 所示，计算荷载由均布线荷载和集中荷载组成，均布线荷载包括主梁自重以及主梁上墙体重量（主梁上有墙体时）；集中荷载由次梁传递，包括恒荷载和活荷载。

应注意：当梁、板支承在砖墙或砖柱上时，可视为铰支座；中间支座视为连续支座。当梁、板与支承梁、柱整体连接时，为简化计算，可忽略变形、抗扭刚度的影响，边支座仍可视为铰支座，中间支座视为连续支座。

3. 计算跨度

如图 4-9 所示，次梁的间距为板的跨长，主梁的间距为次梁的间距，但不一定等于计算跨度。理论上，计算跨度 l_0 为两端支座处转动点之间的距离。当按弹性理论计算连续板、梁内力时，计算跨度 l_0 取值，见表 4-2。

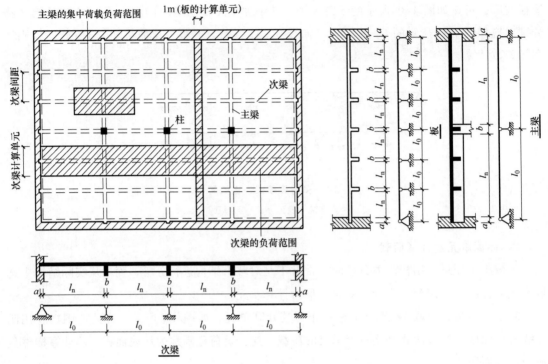

图 4-9　单向板肋梁楼盖的板和梁计算模型

表 4-2　按弹性理论计算时连续板、梁的计算跨度 l_0

支承情况	计算跨度	
	梁	板
两端与梁（柱）整体连接	l_c	l_c
两端搁置在墙上	$1.05 l_n \leqslant l_c$	$l_n + h \leqslant l_c$
一端与梁整体连接，另一端搁置在墙上	$1.025 l_n + b/2 \leqslant l_c$	$l_n + b/2 + h/2 \leqslant l_c$

注：表中的 l_c 为支座中心点间的距离；l_n 为净跨；h 为板的厚度；b 为板、梁在梁或柱上的支承长度。

4. 折算荷载

如前面所述，计算假定中的 1）忽略了支座对被转动构件的转动约束，这对等跨连续梁、板在恒荷载作用下的内力带来的误差是不大的，但在活荷载不利布置下，次梁的转动将减小板的内力，为了使计算结果比较符合实际情况，一般可采用增大恒荷载和相应地减小活荷载的方法来考虑这一影响，即以折算荷载来代替实际荷载，如图 4-6c 所示。基于次梁对板的约束程度和主梁对次梁的约束程度不同，因此板和次梁的折算荷载的取值应不同。

板和次梁的折算荷载按式（4-3）和式（4-4）取值：

连续板 $\qquad\qquad g' = g + \dfrac{q}{2}, \quad q' = \dfrac{q}{2}$ $\qquad\qquad$ （4-3）

连续次梁 $\qquad\qquad g' = g + \dfrac{q}{4}, \quad q' = \dfrac{3q}{4}$ $\qquad\qquad$ （4-4）

式中　g'、q'——折算恒荷载设计值、折算活荷载设计值；

$\qquad$ g、q——实际恒荷载设计值、实际活荷载设计值。

当板或梁搁置在砖墙或钢梁上时，支座处所受到的约束较小，因而可不进行这种荷载调整。主梁按连续梁计算时，当柱的刚度较小时，荷载也不折算。

若楼面梁的从属面积较大，计算梁所受的荷载时，应在活荷载标准值前乘以 0.5 ~ 1.0 的折减系数，详见《荷载规范》。

4.4.2 按弹性理论计算单向板肋梁楼盖内力

1. 活荷载的最不利布置与内力包络图

（1）活荷载的最不利布置 在连续板、梁中，各跨恒荷载的作用是固定的，而活荷载的位置是变化的，为方便设计，规定活荷载是以一个整跨为单位来变动的。当活荷载的分布不同时，板、梁各截面内力将不同，因此应研究活荷载如何布置将使板、梁内某一截面的内力绝对值最大，这种布置称为活荷载的最不利布置。将最不利活荷载布置下的内力与恒荷载作用下的内力进行组合，即得到所考虑截面的内力设计值。

以下具体讨论连续梁（板）的活荷载不利布置。如图 4-10 所示，为 5 跨连续梁（板）在均布恒荷载以及各个单跨布置均布活荷载时的弯矩图和剪力图。

研究如图 4-10b ~ d 所示的弯矩和剪力分布规律以及不同组合后的效果，发现活荷载最不利布置的规律如下：

1）求某跨跨内最大正弯矩时，应在该跨布置活荷载，然后每隔一跨布置活荷载。

2）求某跨跨内最小弯矩时，该跨不应布置活荷载，而在该跨左右两跨布置活荷载，然后每隔一跨布置活荷载。

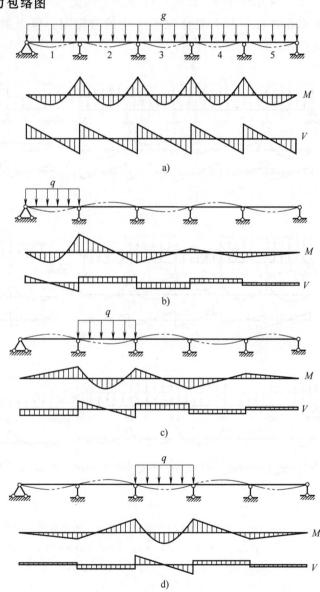

图 4-10 5 跨连续梁（或板）在 4 种荷载下的内力图

a）恒荷载作用于各跨 b）活荷载作用于第一跨
c）活荷载作用于第二跨 d）活荷载作用于中间跨

3）求某支座最大负弯矩和某支座截面最大剪力时，应在该支座左、右两跨布置活荷载，然后每隔一跨布置活荷载。

根据上述活荷载的最不利布置，可求出各截面可能产生的最不利内力，即最大正弯矩（$+M$）、最大负弯矩（$-M$）和最大剪力（V）。

本书附录 B 列出了等跨连续梁（或板）在均布荷载和几种常用集中荷载作用下的内力系数，计算时可直接查用。

（2）内力包络图　　如图 4-11 所示，承受均布荷载的 5 跨连续梁（或板）的恒荷载与活荷载在各种不利布置情况下产生的弯矩图、剪力图，图中 g 表示恒荷载，q 表示活荷载。

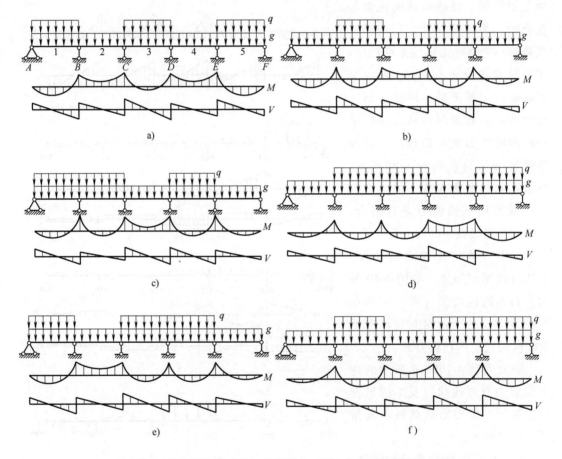

图 4-11　5 跨连续梁（或板）的荷载最不利布置与各截面的内力图

a）活荷载作用于 1、3、5 跨　b）活荷载作用于 2、4 跨　c）活荷载作用于 1、2、4 跨
d）活荷载作用于 2、3、5 跨　e）活荷载作用于 1、3、4 跨　f）活荷载作用于 2、4、5 跨

将图 4-11 中的 6 个弯矩图、剪力图分别叠画在同一坐标图中，如图 4-12 所示，其外包线（图中粗线所示）表示出了各截面可能出现的弯矩和剪力的上下限值，这些外包线围成的图形称为弯矩包络图、剪力包络图。

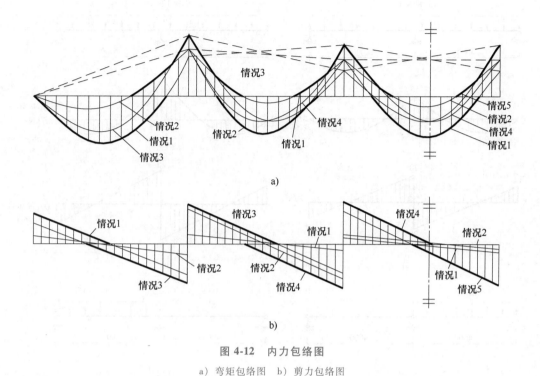

图 4-12　内力包络图

a）弯矩包络图　b）剪力包络图

内力包络图是连续梁截面设计计算的依据，如弯矩包络图是计算和布置纵筋的依据，剪力包络图是计算和布置腹筋的依据；设计时要注意抵抗弯矩图应包住弯矩包络图，抵抗剪力图应包住剪力包络图，即 $\gamma_0 S \leqslant R$。

【例题 4-2】　如图 4-13 所示，均布荷载作用下的两跨连续梁，试画出弯矩和剪力包络图。

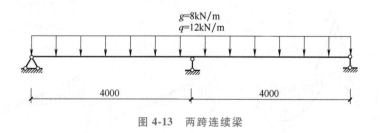

$g=8\mathrm{kN/m}$
$q=12\mathrm{kN/m}$

4000　　4000

图 4-13　两跨连续梁

【解】

先求出恒荷载作用下弯矩图和剪力图，如图 4-14a 所示；再求出各种活荷载不利组合下弯矩图和剪力图，如图 4-14b~d 所示。然后将图 4-14b~d 的弯矩图和剪力图分别与图 4-14a 的弯矩图和剪力图相加，并将它们叠画在一起，即可得到弯矩包络图和剪力包络图，如图 4-14e、f 所示。注意大多数情况下，梁（板）内最大正弯矩不在跨中，如图 4-14e 所示，最大正弯矩在距端支座 1.65m 处，而不是在跨中。

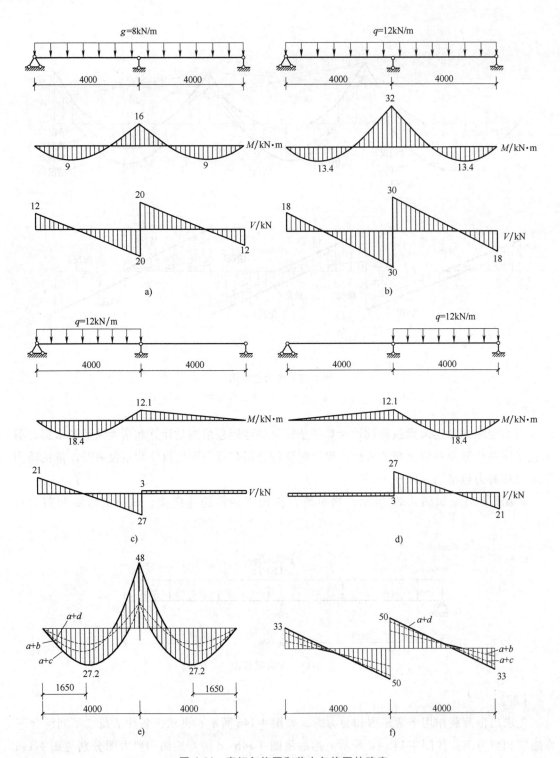

图 4-14　弯矩包络图和剪力包络图的确定

a）恒荷载布置及其作用下内力　b）求中间支座最大负弯矩和其两侧最大剪力时活荷载布置及其作用下的内力

c）求第一跨最大正弯矩时活荷载布置及其作用下的内力　d）求第二跨最大正弯矩时活荷载布置及其作用下内力

e）弯矩包络图（单位：kN·m）　f）剪力包络图（单位：kN）

（3）支座边缘处内力设计值修正　按弹性理论计算连续梁、板的内力时，由于实际支座有一定的宽度，因此按计算跨度所得的支座计算截面弯矩值 M 和剪力值 V 比支座边缘截面处的弯矩值 M_b 和剪力值 V_b 要大，如图 4-15 所示。尽管按偏大的内力计算值进行支座截面的配筋设计是偏于安全的，但有时会导致支座配筋过于密集，而对于抗震结构来说，按这种偏大的内力进行配筋设计并不一定合理，可能是导致无法实现"强柱弱梁"的原因之一。工程实践也证明，破坏不会发生在支座中心处，而是发生在支承梁（柱）的侧面处。因此，根据内力图的变化确定支座边缘处的内力来进行支座截面的配筋设计，不仅经济，也更为合理。

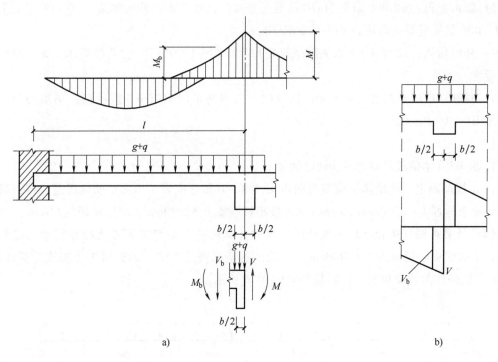

图 4-15　内力设计值的修正

a）支座边缘处弯矩设计值计算简图　b）支座边缘处剪力设计值计算简图

支座边缘截面处的弯矩和剪力设计值可近似按式（4-5）~式（4-7）确定。

弯矩设计值为

$$M_b = M - V_b \frac{b}{2} \tag{4-5}$$

剪力设计值：

均布荷载时

$$V_b = V - \frac{(g+q)b}{2} \tag{4-6}$$

集中荷载时

$$V_b = V \tag{4-7}$$

式中　M_b、V_b——支座边缘处弯矩设计值、剪力设计值；

M、V——支座中心处的剪力设计值；

b——支座宽度。

【例题 4-3】 试按弹性理论画出例题 4-1 三层梁板的计算简图，并计算荷载标准值。该多层厂房合理使用年限 50 年，其环境类别为一类，楼面均布活荷载标准值为 4kN/m²，建筑施工图见本书附录 F，楼盖拟采用现浇钢筋混凝土单向板肋梁楼盖，其结构平面布置图，如图 4-5a 所示。假定柱刚度很小，即假定梁柱线刚度之比为无穷大。

设计资料：

1）楼面做法：30 厚 C20 细石混凝土随捣随抹；钢筋混凝土现浇板。

2）顶棚粉刷：8 厚 1：1：4 混合砂浆底；12 厚 1：0.3：3 混合砂浆面；白色乳胶漆一底二度。

3）砌筑工程：±0.000 以下 Mu10 混凝土普通砖；M10 水泥砂浆砌筑，±0.000 以上采用 A5.0、B06 加气混凝土砌块，Ms7.5 专用砂浆砌筑。

4）外墙粉刷：12 厚 1：3 水泥砂浆打底扫毛，8 厚 1：0.3：3 混合砂浆木蟹光，面层见立面所注。

5）材料：混凝土强度等级 C30；梁纵向受力钢筋采用 HRB400 级钢筋，梁箍筋和板钢筋采用 HPB300 级钢筋。

【解】

1. 板 B3（本例仅计算②～⑥轴之间）

（1）板厚确定 由结构平面布置图可知，②～⑥轴之间属于单向板肋梁楼盖，按跨高比条件，要求板厚 $h \geq 2700mm/30 = 90mm$，最小板厚要求 $h \geq 80mm$，所以取板厚 90mm。

（2）计算简图 按弹性理论设计时，板的计算跨度 l_0 取该跨两端支座处转动点之间的距离，取次梁中心距离为 $l_0 = 2700mm$。因跨度相差不超过 10%，因此可按等跨连续板计算，取 1m 宽板带作为计算单元，计算简图如图 4-16 所示。

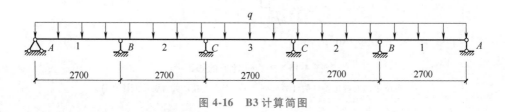

图 4-16 B3 计算简图

（3）荷载计算 恒荷载标准值：

30 厚细石混凝土自重	$0.03m \times 1m \times 24kN/m^3 = 0.72kN/m$
90 厚钢筋混凝土板自重	$0.09m \times 1m \times 25kN/m^3 = 2.25kN/m$
20 厚混合砂浆自重	$0.02m \times 1m \times 17kN/m^3 = 0.34kN/m$

$\sum$ = 3.31kN/m

可变荷载标准值： 4kN/m

荷载设计值：

$q = \gamma_G g_k + \gamma_Q q_k = 1.3 \times 3.31kN/m + 1.5 \times 4kN/m = 10.303kN/m$，近似取 10.3kN/m。

2. L1 设计

（1）计算简图　按弹性理论设计时，次梁的计算跨度 l_0 取该跨两端支座处转动点之间的距离，即取主梁梁中心距离：$l_0 = 6200\text{mm}$。按等跨连续梁计算，计算简图如图 4-17 所示。

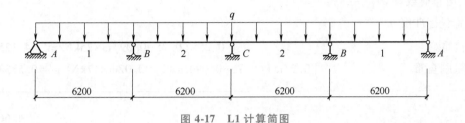

图 4-17　L1 计算简图

（2）梁截面尺寸　梁截面高度 $h = (1/18 \sim 1/12) l = (1/18 \sim 1/12) \times 6200\text{m} = 344 \sim 517\text{mm}$，取 $h = 500\text{mm}$，截面宽度取 $b = 200\text{mm}$。

（3）荷载计算　恒荷载标准值。

板传递的恒荷载标准值	$3.31\text{kN/m}^2 \times 2\text{m} = 6.62\text{kN/m}$
梁自重	$0.2\text{m} \times (0.5 - 0.08)\text{m} \times 25\text{kN/m}^3 = 2.10\text{kN/m}$
梁粉刷自重	$0.02\text{m} \times [0.2\text{m} + (0.5 - 0.08)\text{m} \times 2] \times 17\text{kN/m}^3 = 0.35\text{kN/m}$

$$\sum \qquad = 9.07\text{kN/m}$$

活荷载标准值：

板传递的活荷载标准值　　　　　　　　　　$4\text{kN/m}^2 \times 2.7\text{m} = 10.8\text{kN/m}$

荷载设计值：

$$q = 1.3 \times 9.07\text{kN/m} + 1.5 \times 10.8\text{kN/m} = 28\text{kN/m}$$

3. L5 设计

（1）计算简图　假定柱的线刚度远小于梁的线刚度，此时主梁可按连续梁计算。设中柱截面为 $350\text{mm} \times 350\text{mm}$，边柱截面为 $400\text{mm} \times 250\text{mm}$，则各跨跨度：$l_0 = 8100\text{mm}$。计算简图，如图 4-18 所示。注意：梁柱线刚度比若小于 5 时，则应按框架模型计算。

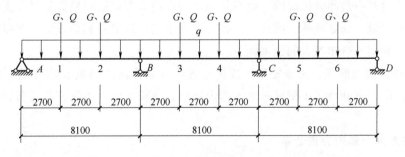

图 4-18　L5 计算简图

（2）截面尺寸确定　该主梁截面高度 $h = (1/10 \sim 1/15) l = (1/10 \sim 1/15) \times 8000\text{mm} =$

$800 \sim 533\text{mm}$；由于梁跨度较大，对挠度控制要求较高，因而取截面尺寸为 $b \times h = 250\text{mm} \times 750\text{mm}$。

（3）荷载计算

1）均布荷载计算。

恒荷载标准值 q_k

梁自重 $0.25 \times (0.75 - 0.09)\text{m} \times 25\text{kN/m}^3 = 4.125\text{kN/m}$

梁粉刷自重 $[0.25\text{m} + (0.75 - 0.09)\text{m} \times 2] \times 0.02\text{m} \times 17\text{kN/m}^3 = 0.5338\text{kN/m}$

$\sum$ $= 4.66\text{kN/m}$

荷载设计值为 $1.3 \times 4.66\text{kN/m} = 6.06\text{kN/m}$

2）集中荷载计算。

恒荷载标准值 G_k 为

（由 L1 传递的恒荷载标准值） $9.07\text{kN/m} \times 6.2\text{m} = 56.23\text{kN}$

活荷载标准值 Q_k 为

（由 L1 传递的活荷载标准值） $10.8\text{kN/m} \times 6.2\text{m} = 66.96\text{kN}$

荷载设计值为 $\gamma_G G_k + \gamma_Q Q_k = 1.3 \times 56.23\text{kN} + 1.5 \times 66.96\text{kN} = 173.54\text{kN}$

其中恒荷载设计值为 73.1kN，活荷载设计值为 100.44kN。

4.4.3 按塑性理论计算单向板肋梁楼盖内力

1. 按弹性理论计算单向板肋梁楼盖的问题

（1）内力计算方法与截面设计方法不协调   钢筋混凝土构件的截面承载力计算是按极限平衡理论进行的，在截面承载力的计算中充分考虑了钢材和混凝土的塑性性质，然而在按上述弹性理论分析连续板、梁的内力时，实际上是采用了材料为匀质弹性体的假定，即将构件视为理想弹性体而不考虑材料的塑性。

（2）各个截面的钢筋不能同时充分发挥作用   按弹性理论计算连续梁（或板）的内力时，是根据各种活荷载的最不利布置求出的内力包络图进行配筋的。各跨跨内截面和各支座截面的最大内力并不是同时出现的。也就是说，跨内最大弯矩达到最大值时，支座截面的弯矩并未达到最大值，反之亦然。因此，当某跨跨内钢筋在其最不利荷载作用下得到充分利用时，其支座钢筋却还有相当大的强度储备。

（3）支座截面配筋多，构造复杂   按弹性理论计算方法求得的支座弯矩一般远大于跨内最大弯矩，使支座处负弯矩钢筋远多于跨内钢筋，造成支座处钢筋密集，布置困难，施工复杂。

2. 应力重分布和内力重分布

适筋梁正截面受弯的全过程分为未裂阶段、裂缝阶段、破坏阶段。在未裂阶段的初期，应力沿截面高度的分布近似为直线，之后，特别是到了裂缝阶段和破坏阶段，应力沿截面高度的分布就不再是直线了。这种由于钢筋混凝土的非弹性性质，使截面上应力的分布不再服从线弹性分布规律（胡克定律）的现象，称为应力重分布。应力重分布是指沿截面高度应力分布的非弹性关系，它是静定的和超静定的钢筋混凝土结构都具有的一种基本属性。

在静定结构中，各截面内力，如弯矩、剪力、轴向力等是与荷载成正比的，各截面内力之间的关系不会改变。

超静定钢筋混凝土结构在未裂阶段各截面内力之间的关系是由各构件弹性刚度确定的；到了裂缝阶段，刚度就发生改变了，裂缝截面的刚度小于未开裂截面的刚度；当内力最大的截面进入破坏阶段出现塑性铰后，结构的计算简图也发生改变了，致使各截面内力间的关系改变得更大。这种由于超静定钢筋混凝土结构的非弹性性质而引起的各截面内力之间的关系不再遵循线弹性关系的现象，称为内力重分布或塑性内力重分布。

综上，塑性内力重分布不是指截面上应力的重分布，而是指超静定结构截面内力间的关系不再服从线弹性分布规律而言的，静定的钢筋混凝土结构不存在塑性内力重分布。

3. 塑性内力重分布的基本原理

（1）钢筋混凝土受弯构件的塑性铰　如图 4-19a 所示，为一受弯构件跨中截面曲率 φ 与弯矩 M 的关系曲线。

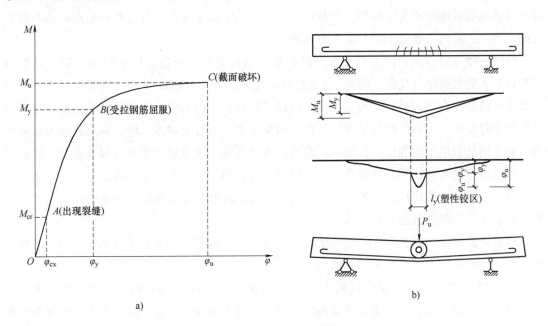

a)

图 4-19　钢筋混凝土受弯构件的塑性铰

a）跨中正截面的 M-φ 关系曲线　b）集中荷载作用于跨中的弯矩图和塑性铰区

如图 4-19a 所示，钢筋屈服以前，M-φ 关系曲线已略呈曲线，这表明，梁在第 II 工作阶段（带裂缝工作阶段）时，由于受拉区出现裂缝和受压区混凝土产生了一定的塑性变形，截面刚度已逐渐降低。当纵向受拉钢筋屈服时，在弯矩增加不多的情况下，曲率 φ 急剧增大，M-φ 关系曲线接近于水平线，这表明该截面已进入"屈服"阶段。纵向受拉钢筋屈服时的弯矩称为屈服弯矩，用 M_y 表示，相应的曲率称为屈服曲率，用 φ_y 表示；在纵向受拉钢筋屈服后，在"屈服"截面将形成一个集中的转动区域，相当于一个铰，这种"铰"称为"塑性铰"，如图 4-19b 所示。塑性铰的形成主要是由于纵向受拉钢筋屈服后产生塑性变形，而塑性铰的转动能力则取决于混凝土与纵向受拉钢筋的变形能力。随着曲率增加，混凝土受压边缘的应变将增加。当混凝土受压边缘的应变达到其极限压应变 ε_{cu} 时，混凝土压坏，截面达到其极限弯矩 M_u，相应的曲率称为极限曲率，用 φ_u 表示。

塑性铰与结构力学中的理想铰相比较，有以下主要区别：

1）理想铰不能传递任何弯矩，而塑性铰能传递相应于截面"屈服"的弯矩 M_y。为了便于计算，在考虑受弯构件的塑性内力重分布时，可近似认为屈服弯矩 M_y 等于该截面的极限弯矩 M_u。

2）理想铰是双向铰，可以在两个方向自由转动；而塑性铰是单向铰，只能沿弯矩作用方向做有限的转动，塑性铰的转动能力与配筋率 ρ 及混凝土极限压应变 ε_{cu} 有关。

3）理想铰集中于一点（即绕一点转动），而塑性铰有一定的长度（即通过一定长度区段的变形积累而转动）。

（2）钢筋混凝土连续梁的塑性内力重分布　钢筋混凝土连续梁是超静定结构，其内力分布与各截面的刚度有关。在整个受荷过程中，钢筋混凝土连续梁各个截面的刚度是不断变化的，因此，其内力也是不断发生重分布的。

钢筋混凝土连续梁的内力重分布现象在裂缝出现前即已产生，但不明显（因为在裂缝出现以前，各截面刚度变化不明显）。在裂缝出现后，由于各截面刚度较为明显，内力重分布逐渐明显。而在纵向受拉钢筋屈服后，出现了塑性铰，内力将产生显著的重分布。对于钢筋混凝土静定梁，当某一截面出现塑性铰，则梁变成几何可变体系，即达到承载能力极限状态。对于钢筋混凝土超静定梁，当某一截面出现塑性铰，即弯矩达到其屈服弯矩后，该截面处的弯矩将不再增加，但其转角仍可继续增大，这就相当于使超静定梁减少了一个约束，梁可以继续承载增加的荷载而不破坏，只有当梁上出现足够数量的塑性铰而使梁成为几何可变体系时，梁才达到承载能力极限状态。

以两跨连续梁为例说明连续梁的塑性内力重分布。设在跨中作用有集中荷载 F_1 的两跨连续梁，计算跨度 l_0，如图 4-20a 所示。

1）塑性铰形成前。在集中荷载 F_1 作用下，由于 $M_B > M_1$，随着荷载增大，中间支座截面 B 受拉区混凝土先开裂，截面弯曲刚度降低，但跨内截面 1 尚未开裂。由于支座与跨内截面弯曲刚度的比值降低，致使支座截面弯矩 M_B 的增长率低于跨内弯矩 M_1 的增长率。继续加载，当截面 1 也出现裂缝时，截面抗弯刚度的比值有所回升，M_B 的增长率又有所加快，两者的弯曲刚度比值不断发生变化，此时该梁并未丧失承载能力。如果设截面 1 的受弯承载力为 M_y，则该截面的受弯承载力还有 $M_y - M_1$ 的余量。

2）塑性铰形成后。当荷载增大到支座截面 B 上部受拉钢筋屈服，支座塑性铰形成，塑性铰能承受的弯矩为 M_{Bu}，如果忽略 M_u 与 M_y 的差别，则 $M_{Bu} = 3F_1 l_0/16$，相应的荷载值为 F_1。若再继续增加荷载，梁从一次超静定的连续梁转变成了两根简支梁，如图 4-20b 所示，由于跨内截面承载力尚未耗尽，因此还能继续增加荷载 F_2，直至跨内截面 1 也出现塑性铰，梁成为几何可变体系，如图 4-20c 所示，截面 1 增加的弯矩为 $M_{12} = F_2 l_0/4$，即截面 1 承担的总弯矩为 $M_{1u} = 5F_1 l_0/32 + F_2 l_0/4$，则梁承受的总荷载为 $F = F_1 + F_2$。

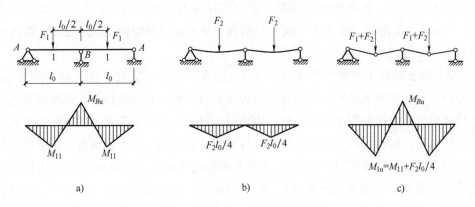

图 4-20　两跨连续梁的塑性内力重分布

a）在跨中截面 1 处作用 F_1 的两跨连续梁及按弹性理论计算的弯矩值

b）B 支座出现塑性铰后在新增加的集中力 F_2 作用下的弯矩图　c）截面 1 出现塑性铰时梁的弯矩图

【例题 4-4】　如图 4-20a 所示，两跨连续梁，截面尺寸 $b \times h = 200mm \times 450mm$，梁的计算跨度 $l_0 = 6.0m$，混凝土强度等级为 C25（$f_c = 11.9N/mm^2$），中间支座及跨内均配置受拉钢筋 3 Φ 18（$f_y = 360N/mm^2$），箍筋采用 ϕ 6@200，环境类别为一类，求该梁的极限荷载 F_u。

【解】

按受弯构件正截面承载力计算，可得跨中截面 1 的极限弯矩 M_{1u} 和中间支座截面 B 的极限弯矩 M_{Bu} 均为 98.1kN·m，按照弹性理论计算，可求得 $F_{11} = 16M_{Bu}/(3l_0) = 87.2kN$，在 F_{11} 作用下，支座 B 的弯矩已达到其极限弯矩，即 $M_{Bu} = 98.1kN·m$，因此，F_{11} 就是这个连续梁按弹性计算所能承受的最大荷载，但此时跨中截面 1 的弯矩为 $M_{11} = 5F_1 l_0/32 = 81.8kN·m$，尚未达到其极限弯矩 M_{1u}。

由于二跨连续梁为一次超静定结构，在 F_{11} 作用下，结构并未丧失承载力，只是在支座 B 附近形成了塑性铰。再继续加载，塑性铰截面 B 在屈服状态下工作，转角可继续增大，但截面所承受的弯矩不变，仍为 98.1kN·m。因此，在继续加载过程中，梁的受力将相当于两跨简支梁，跨中还能继续承受的弯矩增量 $M_{12} = M_{1u} - M_{11} = 16.3kN·m$，即还能承担 $F_{12} = 4M_{12}/l_0 = 10.9kN$，此时，跨中截面 1 的总弯矩 $M_1 = M_{11} + M_{12} = 98.1kN·m$，这时 $M_1 = M_{1u}$，在截面 1 处也形成塑性铰，整个结构成为几何可变体系，达到其承载能力极限状态。因此该梁的极限荷载 $F_u = F_{11} + F_{12} = 98.1kN$。

可得出以下具有普遍意义的结论：

1）对于钢筋混凝土多跨连续梁（或板），某一个截面出现塑性铰，不一定表明该梁已丧失承载力。只有当连续梁（或板）上出现足够数量的塑性铰，以致结构的某一部分或整根连续梁（或板）形成几何可变体系，连续梁才丧失其承载力，因此，当考虑塑性内力重分布，按塑性理论计算时，可充分发挥各截面的承载力，从而提高连续梁（或板）的极限承载力）。

2）对于钢筋混凝土多跨连续梁（或板），在塑性铰出现后的加载过程中，连续梁（或板）的内力经历了一个重新分布的过程，这个过程称为塑性内力重分布，因此，在连续梁（或板）形成破坏机构时，连续梁（或板）的内力分布规律和塑性铰出现前按弹性理论计算的内力分布规律不同。

3）对于钢筋混凝土多跨连续梁（或板），按弹性理论计算时，在荷载与跨度确定后，内力解是确定的，即解答是唯一的，这时内力和外力平衡，且变形协调。而按塑性内力重分布理论计算时，内力的解答不是唯一的，内力分布可随各截面配筋比值的不同而变化，此时只满足平衡条件，而转角相等的变形协调条件不再适用，即在塑性铰截面处，梁的变形曲线不再有共同切线。所以连续梁（或板）的内力塑性重分布在一定程度上可以由设计者通过改变连续梁（或板）各截面的极限弯矩 M_u 来控制。不仅调幅的大小可以改变，而且调幅的方向（即增大或减小内力）也可以改变。

4）对于钢筋混凝土多跨连续梁（或板），当按弹性理论方法计算时，多跨连续梁（或板）的内支座截面的弯矩一般较大，造成配筋密集，施工不便。当考虑塑性内力重分布，按塑性理论计算时，可适当降低支座截面的弯矩设计值，减少支座截面配筋量，从而改善施工条件。

（3）影响塑性内力重分布的因素　钢筋混凝土连续梁（或板）的塑性内力重分布有两种情况：一种是充分的塑性内力重分布，另一种是非充分的塑性内力重分布。若钢筋混凝土连续梁（或板）中的各塑性铰均具有足够的转动能力，使连续梁（或板）能按照预定的顺序，先后形成足够数量的塑性铰，直至最后形成几何可变体系而破坏，这种情况称为充分的塑性内力重分布。反之，如果在完成充分的塑性内力重分布以前，由于某些局部破坏（如某个或某几个塑性铰转动能力不足而先行破坏等）导致连续梁（或板）的破坏，这种情况称为非充分的塑性内力重分布。

影响钢筋混凝土连续梁（或板）塑性内力重分布的主要因素有如下几个方面：塑性铰的转动能力、斜截面承载力以及结构的变形和裂缝开展性能等。

影响塑性铰转动能力的主要因素有纵向钢筋配筋率（包括纵向受拉钢筋配筋率和纵向受压钢筋配筋率）、钢筋的延性和混凝土的极限压应变等。从截面的极限曲率 $\varphi_u = \varepsilon_{cu}/x$ 可知，纵向钢筋配筋率越低，截面的受压区高度 x 越小，φ_u 就越大，塑性铰的转动能力就越大；混凝土极限压应变值 ε_{cu} 越大，φ_u 越大，塑性铰的转动能力也越大。混凝土强度等级高时，极限压应变值减小，转动能力下降。

为了实现充分的塑性内力重分布，其前提条件之一是在破坏机构形成前，不能发生因斜截面承载力不足而引起的破坏，否则将影响塑性内力重分布的继续进行。试验研究表明，在支座出现塑性铰后，连续梁的受剪承载力比不出现塑性铰的梁低。因此，为了保证连续梁（或板）实现充分的塑性内力重分布，其斜截面应具有足够的承载力。

在连续梁（或板）实现充分的塑性内力重分布过程中，如果较早出现的塑性铰的转动幅度过大，塑性铰区段的裂缝将开展过宽，梁（或板）的挠度将过大，以致不能满足正常使用阶段对裂缝宽度和变形的要求，因此，在考虑塑性内力重分布时，应控制塑性铰的转动量，也就是应控制塑性内力重分布的幅度。一般要求在正常使用阶段不应出现塑性铰。

4. 连续梁（或板）考虑塑性内力重分布的计算方法

连续梁（或板）考虑塑性内力重分布的分析方法很多，其中最简便的方法是弯矩调幅法。所谓弯矩调幅法（简称为调幅法）是先按弹性理论求出连续梁（或板）控制截面的弯矩值，然后根据设计需要，适当调整某些截面的弯矩值，通常是对那些弯矩绝对值较大的支座截面的弯矩进行调整。

截面弯矩调幅值与按弹性理论计算的截面弯矩值的比值，称为截面弯矩调幅系数 β，即

$$\beta = (M_e - M_p)/M_e \tag{4-8}$$

式中　M_e——按弹性理论计算的弯矩；

　　　M_p——调幅后的弯矩。

（1）弯矩调幅法的一般原则　根据对钢筋混凝土连续梁（或板）的塑性内力重分布受力机理和影响因素的分析，钢筋混凝土连续梁（或板）在调整其控制截面的弯矩时，应符合以下规定：

1）钢筋混凝土梁和板负弯矩截面的调幅系数 β 不宜大于 0.25 和 0.20。如前面所述，如果弯矩调整的幅度过大，连续梁（或板）在达到设计所要求的内力重分布以前，将因塑性铰的转动能力不足而发生破坏，从而导致结构承载力不能充分发挥。同时，由于塑性内力重分布的历程过长，将使裂缝开展过宽、挠度过大，影响连续梁（或板）的正常使用。因此，对截面的弯矩调幅系数应予以控制。

2）弯矩调整后的截面相对受压区高度系数 ξ 不应超过 0.35，也不宜小于 0.10；如果截面按计算配有受压钢筋，在计算 ξ 时，可考虑受压钢筋的作用。

截面相对受压区高度是影响塑性铰转动能力的主要因素。控制截面相对受压区高度的目的是为了保证塑性铰具有足够的转动能力。

3）弯矩调整后，梁（或板）各跨左端弯矩 M^l 和右端弯矩 M^r 的平均值与跨中弯矩值 M 之和不得小于该跨按简支计算的跨中弯矩值 M_0 的 1.02 倍，即

$$M \geq 1.02 M_0 - \frac{1}{2}(M^l + M^r) \tag{4-9}$$

且跨中弯矩值 M 不小于按弹性分析得到的跨中弯矩值，同时，调幅后，支座和跨中截面弯矩值均应不小于 M_0 的 1/3。

这时，由于钢筋混凝土梁（或板）的正截面从纵向钢筋开始屈服到承载力极限状态尚有一段距离，因此，当梁的任意一跨出现 3 个塑性铰（边跨 2 个）而开始形成机构时，3 个塑性铰截面并不一定都同时达到极限强度。为了保证结构在形成破坏机构前达到设计要求的承载力，故应使经弯矩调幅后的梁（或板）的任意一跨两支座弯矩的平均值与跨中弯矩之和略大于该跨的简支弯矩。

4）连续梁（或板）考虑塑性内力重分布后的斜截面受剪承载力的计算方法与未考虑塑性内力重分布的承载力计算方法相同。但考虑弯矩调幅后，连续梁在下列区段内应将计算的箍筋截面面积增大 20%。对集中荷载，取支座边至最近一个集中荷载之间的区段；对均布荷载，取支座边至距支座边为 $1.05h_0$ 的区段（h_0 为梁的有效高度）。此外，箍筋的配筋率 ρ_{sv} 不应小于 $0.3f_t / f_{yv}$。这是为了防止结构在实现弯矩调幅所要求的塑性内力重分布之前发生斜截面受剪破坏，同时，在可能产生塑性铰的区段适当增加箍筋数量可改善混凝土的变形性能，增强塑性铰的转动能力。

5）经弯矩调幅后，构件在正常使用极限状态下的变形和裂缝宽度应符合有关要求。

【例题 4-5】 试计算例题 4-4 支座 B 的调幅值 β。

【解】

在极限荷载 $F_u = 98.1\text{kN}$ 作用下，支座 B 的弹性弯矩值为

$$M_{Be} = 3F_u l_0 / 16 = (3 \times 98.1\text{kN} \times 6\text{m}) / 16 = 110.4\text{kN} \cdot \text{m}$$

从例题 4-4 可知，支座 B 的极限弯矩也即调幅后的弯矩为

$$M_{Bu} = 98.1\text{kN} \cdot \text{m}$$

故调幅值为

$$\beta = \frac{M_{Be} - M_{Bu}}{M_{Be}} = \frac{110.4\text{kN} \cdot \text{m} - 98.1\text{kN} \cdot \text{m}}{110.4\text{kN} \cdot \text{m}} = 11.1\%$$

（2）等跨连续板的计算 承受均布荷载的等跨连续单向板，各跨跨中及支座截面的弯矩设计值 M 计算式为

$$M = \alpha_m (g + q) l_0^2 \tag{4-10}$$

式中 M——弯矩设计值；

α_m——连续单向板、梁考虑塑性内力重分布的弯矩系数，见表 4-3；

g、q——沿板跨单位长度上的恒荷载设计值、活荷载设计值；

l_0——计算跨度，见表 4-4。

表 4-3 连续单向板、连续梁考虑塑性内力重分布的弯矩系数 α_m

支承情况		截面					
		端支座	边跨跨中	离端第二支座	离端第二跨跨中	中间支座	中间跨跨中
		A	I	B	II	C	III
梁、板搁置在墙上		0	1/11	二跨连续：−1/10 三跨及以上连续：−1/11	1/16	−1/14	1/16
板	与梁整体连接	−1/16	1/14				
梁		−1/24					
梁与柱整浇连接		−1/16	1/14				

注：1. 表中弯矩系数适用于荷载比 q/g 大于 0.3 的等跨连续梁和等跨连续单向板。

2. 连续梁和连续单向板的各跨长度不等，但相邻两跨的长跨与短跨之比值小于 1.10 时，仍可采用表中弯矩系数值。计算支座弯矩时应取相邻两跨中的较长跨度值，计算跨中弯矩时应取本跨长度。

表 4-4　按塑性理论计算时板、梁的计算跨度 l_0

支座情况	计算跨度	
	梁	板
两端与梁（柱）整体连接	净跨 l_n	净跨 l_n
两端支承在砖墙上	$1.5l_n(\leqslant l_n+b)$	$l_n+h(\leqslant l_n+a)$
一端与梁（柱）整体连接，另一端支承在砖墙上	$1.025l_n(\leqslant l_n+b/2)$	$l_n+h/2(\leqslant l_n+a/2)$

注：表中 b 为梁的支座宽度；a 为板的搁置长度；h 为板厚。

（3）等跨连续梁的计算　在相等均布荷载和间距相同、大小相等的集中荷载作用下，等跨连续梁各跨跨中及支座截面的弯矩设计值 M 可分别按式（4-11）和式（4-12）计算。

承受均布荷载时

$$M=\alpha_m(g+q)l_0^2 \tag{4-11}$$

承受集中荷载时

$$M=\eta\alpha_m(G+Q)l_0 \tag{4-12}$$

式中　η——集中荷载修正系数，见表 4-5；

G——一个集中恒荷载设计值；

Q——一个集中活荷载设计值。

表 4-5　集中荷载修正系数 η

荷载情况	截面					
	A	I	B	II	C	III
当在跨内中点处作用一个集中荷载时	1.5	2.2	1.5	2.7	1.6	2.7
当在跨内三分点处作用两个集中荷载时	2.7	3.0	2.7	3.0	2.9	3.0
当在跨内四分点处作用三个集中荷载时	3.8	4.1	3.8	4.5	4.0	4.8

在相等均布荷载和间距相同、大小相等的集中荷载作用下，等跨连续梁支座边缘的剪力设计值 V 可分别按式（4-13）式（4-14）计算。

承受均布荷载时

$$V=\alpha_v(g+q)l_n \tag{4-13}$$

承受集中荷载时

$$V=n\alpha_v(G+Q) \tag{4-14}$$

式中　α_v——考虑塑性内力重分布的剪力计算系数，见表 4-6；

l_n——净跨度；

n——跨内集中荷载的个数。

表 4-6　连续梁考虑塑性内力重分布的剪力计算系数 α_v

荷载情况	端支座支承情况	截面			
		A 支座内侧	B 支座外侧	B 支座内侧	C 支座外、内侧
		A_{in}	B_{ex}	B_{in}	C_{ex}、C_{in}
均布荷载	搁置在墙上	0.45	0.60	0.55	0.55
	梁与梁或梁与柱整体连接	0.50	0.55		
集中荷载	搁置在墙上	0.42	0.65	0.60	
	梁与梁或梁与柱整体连接	0.50	0.60		

5. 按塑性理论计算内力时几个问题的说明

（1）计算跨度　按弹性理论计算连续梁、连续板内力时，计算跨度一般取支座中心线之间的距离。按塑性理论计算时，由于连续梁、连续板的支座边缘截面形成塑性铰，故计算跨度应取两支座塑性铰之间的距离。

（2）荷载及内力　次梁对板、主梁对次梁的转动约束作用，以及活荷载的不利布置等因素，在按弯矩调幅法分析时均已考虑，所以对承受均布荷载或间距相同、大小相等的集中荷载作用下的等跨或跨度相差不大于 10% 的连续梁、连续板，不需再进行荷载的最不利组合，一般也不需再绘出内力包络图。式（4-10）~式（4-12）所给出的为跨内最大正弯矩和支座边缘最大负弯矩（绝对值），这时对所计算的本跨而言，均布置有活荷载。因此计算时不再需要考虑折算荷载，直接取用全部实际荷载。

（3）适用范围　在设计中考虑塑性内力重分布的方法，使内力分析与截面配筋计算相协调，虽然利用了塑性铰出现后的承载力储备，比按弹性理论计算节省材料，结果比较经济，但一般情况下结构的裂缝较宽、变形较大、应力较高，因此，以下情况的超静定结构不应采用塑性理论进行结构内力分析：

1）直接承受动力荷载或承受疲劳荷载作用的结构。

2）要求不出现裂缝或对裂缝开展有较严格限制的结构，如水池池壁、自防水屋面，以及处于侵蚀性环境情况下的结构。

3）二次受力叠合结构和预应力混凝土结构。

4）要求有较高安全储备的结构，如主梁等。

5）轻质混凝土结构、特种混凝土结构。

4.4.4　单向板肋梁楼盖板、梁的截面计算与构造

1. 单向板的设计要点和构造要求

（1）截面计算　单向板一般取 1m 宽板带按单筋矩形截面梁计算配筋，常用配筋率为 0.3%~0.8%。通常板的跨高比较大，一般情况下只需进行正截面承载力计算，不需进行受剪承载力计算。但对于跨高比较小、荷载很大的板，如人防顶板、筏片底板结构等，还应进行板的受剪承载力计算。

为了考虑四周与梁整体连接的板的拱作用的有利因数，对中间区格的单向板，其中间跨

的跨中截面及支座截面弯矩可各折减 20%，对于边跨的跨中截面和第一内支座截面：如边支座为梁与板整浇在一起，也可折减 20%，而对于周边（或仅一边）支承在砖墙上的情况，由于内拱作用不够可靠，故不考虑弯矩折减。总之，考虑折减的依据是板四周是否具有足够的抗侧刚度。

（2）构造要求　单向板的构造主要包括板厚、板的支承长度、受力钢筋和构造钢筋。

板的厚度应在满足建筑功能、刚度、舒适度以及方便施工的条件下尽可能薄些，但也不应过薄，其取值，见表 4-1。

板的支承长度应满足其受力钢筋在支座内锚固的要求，且一般不小于板厚，现浇板在砌体墙上的支承长度不宜小于 120mm。

板中的受力钢筋直径不宜过小，避免施工时被踩弯、踩下造成有效高度减小。支座处承受负弯矩的上部钢筋，一般做成直钩，以便施工时撑在模板上。受力钢筋间距一般不小于 70mm；为了使板能正常地承受外荷载，且有利于裂缝控制，当板厚 $h \leqslant 150mm$ 时不宜大于 200mm；当板厚 $h > 150mm$ 时不宜大于 $1.5h$ 且时不宜大于 250mm。受力钢筋的布置有两种形式：弯起式和分离式，如图 4-21 所示。

弯起式配筋，如图 4-21a 所示。将承受正弯矩的跨中钢筋在支座附近弯起 $1/2 \sim 1/3$，以承担支座负弯矩，如钢筋截面面积不满足支座截面的需要，再另加直钢筋。弯起钢筋的弯起点距支座边缘的距离为 $l_0/6$，弯起角度一般为 $30°$，当板厚大于 120mm 时，可为 $45°$。下部伸入支座的钢筋截面面积应不少于跨中钢筋截面面积的 $1/3$，且间距不应大于 400mm。这种配筋方式锚固可靠、钢材较节省，但施工较复杂些。

分离式配筋，如图 4-21b 所示。承担支座负弯矩的钢筋不是从跨中钢筋弯起，而是另行配置。采用分离式配筋的多跨板，板底钢筋宜全部伸入支座；承担支座负弯矩的钢筋向跨内延伸的长度应根据弯矩图确定，并满足钢筋锚固要求。这是目前广泛采用的配筋形式。

简支板或连续板下部纵向受力钢筋伸入支座的锚固长度不应小于 $5d$（d 为纵向受力钢筋的直径），且应伸过支座中心线。当连续板内温度收缩应力较大时，伸入支座的锚固长度宜增加。

连续板受力钢筋的弯起和截断，一般可按如图 4-21 所示确定。支座附近承受负弯矩的钢筋可在距支座边不小于 a 的距离处切断，如图 4-21 所示，a 的取值为：当板上均布活荷载 q 与均布恒荷载 g 的比值 $q/g \leqslant 3$ 时，$a = l_0/4$；当 $q/g > 3$ 时，$a = l_0/3$，l_0 为板的计算跨度，当按塑性理论计算时，取净跨 l_n。但是，当板的相邻跨度相差超过 20%，或各跨荷载相差较大时，仍应按弯矩包络图配置。

板中构造钢筋包括：板面附加钢筋、分布钢筋和防裂构造钢筋。

按简支边或非受力边设计的现浇混凝土板，当与混凝土梁、混凝土墙整体浇筑或嵌固于砌体墙内时，由于受到边界约束产生一定的负弯矩而导致板面裂缝，为此，应在板面配置直径为 8mm，间距不宜大于 200mm 的钢筋，且单位宽度内的钢筋面积不宜小于相应方向板底钢筋截面面积的 $1/3$。与混凝土梁、混凝土墙整体浇筑单向板的非受力方向，钢筋面积尚不宜小于受力方向跨中板底钢筋截面面积的 $1/3$。

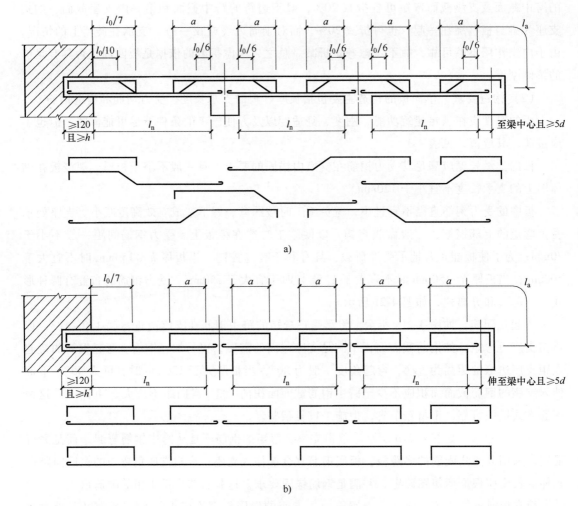

图 4-21　等跨连续板的钢筋布置

a）弯起式　b）分离式

　　钢筋从钢筋混凝土梁边、柱边、墙边伸入板内的长度不宜小于 $l_0/4$，砌体墙支座处钢筋伸入板内的长度不宜小于 $l_0/7$，如图 4-22 所示，l_0 为板的短边长度。

　　在楼板角部，由于板受荷后，角部会翘离支座，当这种翘离受到墙或梁的约束时，板角上部就会产生与墙边或梁边成 45° 的裂缝，因此为了阻止这种裂缝的扩展，宜沿两个方向正交、斜向平行或放射状布置附加钢筋。

　　单向板除在受力方向布置受力钢筋以外，还应在垂直于受力钢筋方向布置分布钢筋。分布钢筋的作用是：承担由于温度变化或收缩引起的内力；对四边支承的单向板，可以承担长跨方向计算中未考虑但实际存在的一些弯矩；有助于将板上作用的集中荷载分布在较大的面积上，以使更多的受力钢筋参与工作；与受力钢筋组成钢筋网，便于在施工中固定受力钢筋的位置。

　　分布钢筋应放在跨中受力钢筋及支座处负弯矩钢筋的内侧，单位长度上的分布钢筋的截面面积不宜小于单位长度上受力钢筋截面面积的 15%，且配筋率不宜小于 0.15%，分布钢筋的直径不宜小于 6mm，间距不宜大于 250mm，如图 4-22 所示。当集中荷载较大时，分布钢筋的配筋面积应增加且间距不宜大于 200mm。

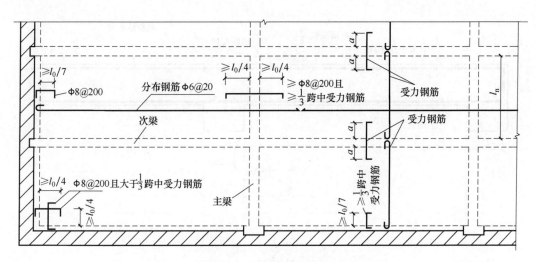

图 4-22　单向板的构造钢筋

在温度、收缩应力较大的现浇板区域，应在板的表面双向配置防裂构造钢筋。配筋率均不宜小于 0.10%，间距不宜大于 200mm。防裂构造钢筋可利用原有钢筋贯通布置或隔根贯通布置，也可另行布置钢筋并与原有钢筋按受拉钢筋的要求搭接或在周边构件中锚固。

楼板平面的瓶颈部位宜适当增加板厚和配筋。沿板的洞边、凹角部位宜加配防裂构造钢筋，并应采取可靠的锚固措施。

2. 次梁的设计要点和构造要求

（1）截面计算　连续次梁的内力一般可按塑性理论方法进行计算。

在现浇肋梁楼盖中，在跨内正弯矩区段，板位于受压区，故应按 T 形截面计算，翼缘计算宽度 b_f' 按《混凝土结构设计规范（2015 年版）》GB 50010—2010（以下简称《混规》）的要求确定；在支座附近的负弯矩区段，板处于受拉区，考虑到板已开裂，故应按矩形截面计算。

按斜截面受剪承载力确定横向钢筋，当荷载、跨度较小时，一般只利用箍筋抗剪；当荷载、跨度较大时，可在支座附近设置弯起钢筋，从而减少箍筋用量。

当次梁考虑塑性内力重分布时，调幅截面的相对受压区高度、箍筋面积增大和箍筋的配箍率要求见前述。

（2）构造要求　梁高为跨度的 1/18~1/12，梁宽一般为梁高的 1/3~1/2，T 形截面肋宽可取梁高的 1/4~1/2。当次梁的截面尺寸满足上述要求时，一般不必作使用阶段的挠度和裂缝宽度验算。纵向钢筋的配筋率一般为 0.6%~1.5%。次梁在砌体墙上的支承长度 $a \geqslant 240mm$。

当次梁跨中及支座截面分别按最大弯矩确定配筋量后，沿梁长钢筋布置应按弯矩包络图确定。但对于相邻跨度相差不大于20%，活荷载和恒荷载之比 $q/g \leqslant 3$ 的次梁，可参照已有设计经验布置钢筋，如图4-23所示。

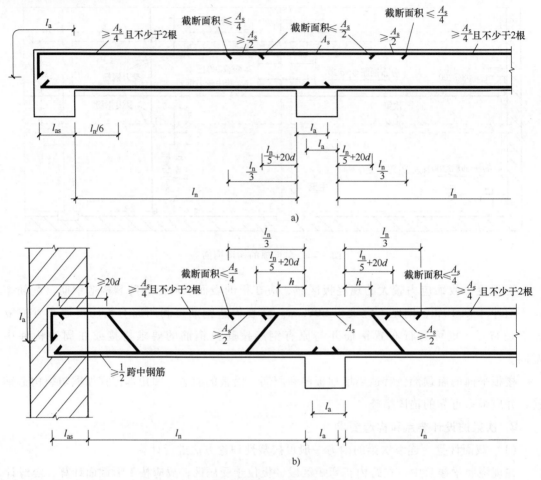

图4-23　等跨次梁的钢筋布置

a）不配置弯起钢筋时　b）配置弯起钢筋时

当梁端实际受到部分约束但按简支计算时，应在支座区域上部设置纵向构造负钢筋，其截面面积不应小于梁跨中下部纵向受力钢筋截面面积的1/4，且不应少于2根。

3. 主梁的设计要点和构造要求

（1）截面计算　连续主梁的内力计算一般按弹性理论方法进行，不考虑塑性内力重分布，故计算主梁支座处的受力钢筋时，应注意取用支座边缘处的弯矩值。

在截面计算中，与次梁相似，在正弯矩作用下，跨内截面按T形截面计算，在支座附近负弯矩区段的截面，按矩形截面计算。按支座负弯矩计算支座截面时，要注意由于次梁和主梁承受负弯矩的钢筋相互交叉，主梁的纵筋位置须放在次梁的纵筋下面，则主梁的截面有效高度 h_0 应有所减小。

如图 4-24 所示，当主梁支座负弯矩钢筋为单层时，$h_0 = h - (55 \sim 60)\,\text{mm}$；当主梁支座钢筋为两层时，$h_0 = h - (70 \sim 80)\,\text{mm}$。

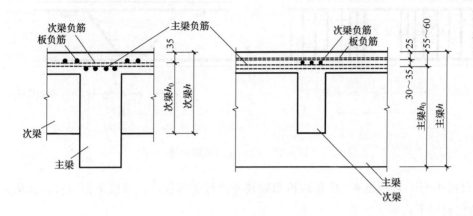

图 4-24　主、次梁相交处的配筋构造

（2）构造要求　梁高为跨度的 $1/15 \sim 1/10$，梁宽一般为梁高的 $1/3 \sim 1/2$，T 形截面肋宽可取梁高的 $1/4 \sim 1/2$。当主梁的截面尺寸满足上述要求时，一般不必作使用阶段的挠度和裂缝宽度验算。纵向钢筋的配筋率一般为 $0.6\% \sim 1.5\%$。

主梁内受力纵筋的弯起和截断应根据弯矩包络图和剪力包络图确定，并通过绘制抵抗弯矩图（M_u 图）来检查受力钢筋布置是否合适。

在主、次梁相交处应设置附加横向钢筋（附加箍筋或附加吊筋），以防止由于次梁的支座位于主梁截面的受拉区而在梁腹部产生斜裂缝。附加横向钢筋应布置在长度为 s（$s = 2h_1 + 3b$）的范围内，如图 4-25 所示。附加横向钢筋宜优先采用箍筋。附加横向钢筋的截面面积应满足下列要求：

$$F \leqslant 2f_y A_{sb} \sin\alpha + m f_{yv} A_{sv} \tag{4-15}$$

式中　F——次梁传来的集中力；

$\quad A_{sb}$——附加吊筋截面面积；

$\quad f_y$——附加吊筋的抗拉强度设计值；

$\quad \alpha$——附加吊筋与梁轴线的夹角；当梁截面高度 ≤800mm 时，取 45°；当梁截面高度 >800mm 时，取 60°；

$\quad m$——附加箍筋个数；

$\quad f_{yv}$——附加箍筋的抗拉强度设计值；

$\quad A_{sv}$——一个附加箍筋截面面积；$A_{sv} = n A_{sv1}$，n 为箍筋肢数，A_{sv1} 为单支箍筋截面面积。

主梁搁置在砌体墙上时，应设置梁垫，并进行砌体的局部受压承载力计算。此外，主梁和次梁的其他一般构造要求与"混凝土结构基本原理"课程中受弯构件的配筋构造相同，此处不再重复阐述。

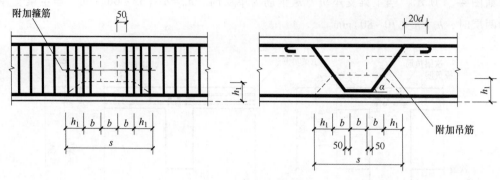

图 4-25　附加横向钢筋布置

【例题 4-6】　对例题 4-1 中单向板肋梁楼盖进行下列设计，结构平面布置，如图 4-5a 所示，请完成以下内容：

1．楼板、次梁内力按考虑塑性内力重分布计算，主梁内力按弹性理论计算。

2．截面设计。

3．绘制施工图。

设计资料同例题 4-3。

【解】

1．板 B3 设计（本例题仅计算②轴~⑥轴之间的板）

（1）板厚确定　见例题 4-3。

（2）计算简图　按塑性内力重分布设计。次梁截面宽度取 200mm，板的计算跨度取净跨，则边跨 $l_0 = 2700\text{mm} - 125\text{mm} - 100\text{mm} = 2475\text{mm}$，中间跨 $l_0 = 2700\text{mm} - 200\text{mm} = 2500\text{mm}$。

因跨度相差不超过 10%，可按等跨连续板计算，取 1m 宽板带作为计算单元，计算简图如图 4-26 所示。

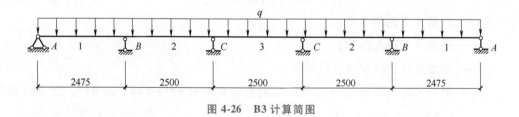

图 4-26　B3 计算简图

（3）荷载计算　荷载计算及计算结果见例题 4-3。

（4）弯矩设计值　由表 4-3 可查得板的弯矩系数分别为：端支座 -1/16；边跨中 1/14；离端第二支座 -1/11；中间跨跨中 1/16；中间支座 -1/14。故

$$M_A = -ql_0^2/16 = -10.3\text{kN/m} \times 2.475^2\text{m}^2/16 = -3.94\text{kN} \cdot \text{m}$$

$$M_1 = ql_0^2/14 = 10.3\text{kN/m} \times 2.475^2\text{m}^2/14 = 4.51\text{kN} \cdot \text{m}$$

$$M_B = -ql_0^2/11 = -10.3\text{kN/m} \times 2.5^2\text{m}^2/11 = -5.85\text{kN} \cdot \text{m}$$

$$M_2 = M_3 = ql_0^2/16 = 10.3\text{kN/m} \times 2.5^2\text{m}^2/16 = 4.02\text{kN} \cdot \text{m}$$

$$M_C = -ql_0^2/14 = -10.3\text{kN/m} \times 2.5^2\text{m}^2/14 = -4.60\text{kN} \cdot \text{m}$$

（5）正截面受弯承载力计算 环境类别为一类，C30 混凝土，则板的混凝土保护层厚度 $c = 15\text{mm}$。则 $h_0 = 90\text{mm} - 20\text{mm} = 70\text{mm}$；$\alpha_1 = 1.0$，$f_c = 14.3\text{N/mm}^2$，$f_t = 1.43\text{N/mm}^2$；HPB300 钢筋，$f_y = 270\text{N/mm}^2$。板配筋计算过程，见表 4-7。

表 4-7 板的配筋计算

截面	A	1	B	2，3	C
弯矩设计值/kN·m	−3.94	4.51	−5.85	4.02	−4.60
$\alpha_s = M/(\alpha_1 f_c bh_0^2)$	0.056	0.064	0.083	0.057	0.066
$\xi = 1 - \sqrt{1 - 2\alpha_s}$	0.058 < 0.35	0.066 < 0.35	0.087 < 0.35	0.059 < 0.35	0.068 < 0.35
计算配筋/mm² $A_s = \xi bh_0 \alpha_1 f_c / f_y$	215	245	323	219	252
实际配筋 /mm²	$\phi 10@200$ 393	$\phi 10@200$ 393	$\phi 10@200$ 393	$\phi 10@200$ 393	$\phi 10@200$ 393

计算结果表明，ξ 均小于 0.1，不符合塑性内力重分布的原则。因此实际配筋取 $\phi 10@200$，这样 $\xi = 0.106$，大于 0.1 且小于 0.35，结果符合塑性内力重分布的原则。

$$\rho_{\min} h/h_0 = \max(0.45 f_t / f_y, 0.2\%) \times 90\text{mm}/70\text{mm}$$
$$= \max(0.45 \times 1.27/270, 0.2\%) \times 90\text{mm}/70\text{mm} = 0.272\%$$

配筋率：$\rho = A_s/bh_0 = 393\text{mm}^2/(1000\text{mm} \times 70\text{mm}) = 0.561\% > \rho_{\min} h/h_0$，满足要求。

2. L1 设计

（1）计算简图 按塑性内力重分布设计。主梁截面宽度为 250mm，则计算跨度：$l_0 = l_n = 6200\text{mm} - 250\text{mm} = 5950\text{mm}$，按等跨连续梁计算，L1 计算简图，如图 4-27 所示。

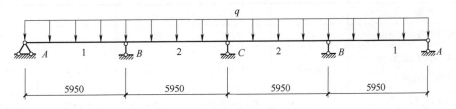

图 4-27 L1 计算简图

（2）梁截面尺寸 梁截面尺寸确定见例题 4-3。

（3）荷载计算 荷载计算及计算结果见例题 4-3。

（4）内力计算 由表 4-3 和表 4-6 分别查得弯矩系数和剪力系数。

弯矩设计值：

$$M_A = -\frac{1}{24} q l_0^2 = -\frac{1}{24} \times 28\text{kN/m} \times 5.95^2\text{m}^2 = -41.3\text{kN} \cdot \text{m}$$

$$M_1 = -M_C = \frac{1}{14}ql_0^2 = \frac{1}{14} \times 28\text{kN/m} \times 5.95^2\text{m}^2 = 70.8\text{kN} \cdot \text{m}$$

$$M_B = -\frac{1}{11}ql_0^2 = -\frac{1}{11} \times 28\text{kN/m} \times 5.95^2\text{m}^2 = -90.1\text{kN} \cdot \text{m}$$

$$M_2 = \frac{1}{16}ql_0^2 = \frac{1}{16} \times 28\text{kN/m} \times 5.95^2\text{m}^2 = 62.0\text{kN} \cdot \text{m}$$

剪力设计值:

$$V_A = 0.5ql_0 = 0.5 \times 28\text{kN/m} \times 5.95\text{m} = 83.3\text{kN}$$

$$V_{Bl} = -V_{Br} = V_{Cl} = -V_{Cr} = 0.55 \times 28\text{kN/m} \times 5.95\text{m} = 91.6\text{kN}$$

(5) 承载力计算 梁的承载力计算包括正截面承载力计算和斜截面承载力计算。

1) 正截面承载力计算。正截面受弯承载力计算时,正弯矩截面按 T 形截面计算,翼缘宽度 b_f' 取以下三者的小值:

$$l_0/3 = 6200\text{m}/3 = 2067\text{mm}$$

$$b+s_n = 250\text{mm} + 2450\text{mm} = 2700\text{mm}$$

$$b+12h_f' = 200\text{mm} + 12 \times 90\text{mm} = 1280\text{mm}$$

所以取 $b_f' = 1280\text{mm}$。负弯矩截面按矩形截面计算。

环境类别为一类,C30 混凝土,梁的最小混凝土保护层厚度 $c = 20\text{mm}$。纵向钢筋按一排考虑,则 $h_0 = 500\text{mm} - 40\text{mm} = 460\text{mm}$。$\alpha_1 = 1.0$,$f_c = 14.3\text{N/mm}^2$,$f_t = 1.43\text{N/mm}^2$;HRB400 钢筋,$f_y = 360\text{N/mm}^2$。

$\alpha_1 f_c b_f' h_f'(h_0 - h_f'/2) = 1 \times 14.3\text{N/mm}^2 \times 1280\text{mm} \times 90\text{mm} \times (460 - 90/2)\text{mm} = 683.7\text{kN} \cdot \text{m} > M_1$ 属于第一类截面。

次梁正截面受弯承载力计算过程见表 4-8。

表 4-8 次梁正截面受弯承载力计算

截面	A	1	B	2	C
弯矩设计值/kN·m	−41.3	70.8	−90.1	62	−70.8
$\alpha_s = M/(\alpha_1 f_c bh_0^2)$ 或 $\alpha_s = M/(\alpha_1 f_c b_f' h_0^2)$	0.068	0.0182	0.149	0.016	0.117
$\xi = 1-\sqrt{1-2\alpha_s}$	0.07<0.35	0.018<0.35	0.162<0.35	0.016<0.35	0.125<0.35
$A_s = \xi bh_0 \alpha_1 f_c/f_y$ 或 $A_s = \xi b_f' h_0 \alpha_1 f_c/f_y$	256	421	789	374	457
选配钢筋	2Φ18 509mm²	3Φ16 603mm²	2Φ18+2Φ16 911mm²	2Φ16 402mm²	2Φ18 509mm²

计算结果表明,截面 B、C 的 ξ 均小于 0.35 且大于 0.1,符合塑性内力重分布的原则,而截面 A 的 ξ 小于 0.1,不符合塑性内力重分布的原则,因此按 $\xi = 0.1$ 进行配筋,见实际配筋面积。截面 1、2 的 ξ 计算结果虽然小于 0.1,但考虑翼缘范围内板的作用,适当增加配筋

可符合要求，见实际配筋面积。

2）斜截面受弯承载力计算包括：截面尺寸的复核、腹筋计算和最小配箍率验算。

验算截面尺寸：

$$h_w = h_0 - h'_f = 460mm - 90mm = 370mm，因 h_w/b = 370mm/200mm = 1.85 < 4$$

截面尺寸可按下式验算：

$$0.25\beta_c f_c bh_0 = 0.25 \times 1 \times 14.3N/mm^2 \times 200mm \times 460mm = 328.9 \times 10^3 N > V_{max} = 91.6kN$$

故，截面尺寸满足要求。

计算所需腹筋：不考虑钢筋弯起，即仅设置箍筋。

各跨最大剪力均为 $V_{max} = 91.6kN$。

$$0.7f_t bh_0 = 0.7 \times 1.43N/mm^2 \times 200mm \times 460mm = 92092N > V_{max} = 91600N$$

故，不需要配箍计算。

《混规》要求，当梁截面高度在 300~500mm 时，箍筋最大间距为 200mm，箍筋直径不宜小于 6mm。另外，调幅后受剪承载力需加强，在梁端 $1.5h_0$ 范围内箍筋需增大 20%，并为方便施工，沿梁全长不变，所以取箍筋为 Φ8@150。

验算配箍率下限值：

弯矩调幅后要求配箍率下限为

$$0.3f_t/f_{yv} = 0.3 \times 1.43N/mm^2/270N/mm^2 = 0.159\%$$

实际配箍率为

$$\rho_{sv} = A_{sv}/(bs) = 50.3mm^2/(200mm \times 150mm) = 0.168\% > 0.159\%$$

故，满足要求。

3. 主梁设计

（1）计算简图 以图 4-5a 中 L5 为例，设中柱截面为 350mm×350mm，边柱截面为 400mm×250mm，假定柱的线刚度远小于梁的线刚度，此时主梁可按连续梁计算，则各跨跨度：$l_0 = 8100mm$。计算简图，如图 4-18 所示。

（2）截面尺寸确定 见例题 4-3。

（3）荷载计算 见例题 4-3。

（4）内力计算 按弹性法计算，应考虑活荷载不利组合。

1）求第 1 跨或第 3 跨最大正弯矩。此时，第 1 跨和第 3 跨布置活荷载，第 2 跨不布置活荷载。计算简图，如图 4-28 所示。

由本书附表 B-3 知：

$$M_B = M_C = -0.1 \times 4.66kN/m \times 8.1^2 m^2 - 0.267 \times 73.1kN \times 8.1m - 0.133 \times 100.44kN \times 8.1m$$
$$= -296.9kN \cdot m$$

$$V_A = -V_D = 0.4 \times 4.66kN/m \times 8.1m + 0.733 \times 73.1kN + 0.866 \times 100.44kN = 155.7kN$$

$$V_{Bl} = -V_{Cr} = -0.6 \times 4.66kN/m \times 8.1m - 1.267 \times 73.1kN - 1.134 \times 100.44kN = -229.2kN$$

$$V_{Br} = -V_{Cl} = 0.5 \times 4.66kN/m \times 8.1m + 1 \times 73.1kN + 0 = 91.9kN$$

边跨最大正弯矩根据剪力为零处弯矩最大进行计算，因此，可求得截面 1 处即在第 1 个集中荷载下弯矩最大。

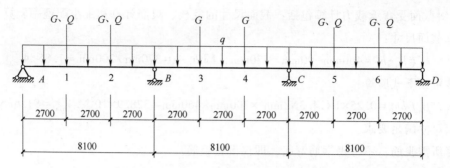

图 4-28 求第 1、3 跨最大正弯矩计算简图

$$M_1 = M_6 = 155.7\text{kN} \times 2.7\text{m} - \frac{1}{2} \times 4.66\text{kN/m} \times 2.7^2\text{m}^2 = 403.4\text{kN} \cdot \text{m}$$

$$M_2 = M_5 = 155.7\text{kN} \times 5.4\text{m} - 173.54\text{kN} \times 2.7\text{m} - \frac{1}{2} \times 4.66\text{kN/m} \times 5.4^2\text{m}^2 = 304.3\text{kN} \cdot \text{m}$$

中间跨最大正弯矩在跨中：

$$M_{\text{中}} = \frac{1}{8} \times 4.66\text{kN/m} \times 8.1^2\text{m}^2 + 73.1\text{kN} \times 2.7\text{m} - 202.03\text{kN} \cdot \text{m} = 33.6\text{kN} \cdot \text{m}$$

$$M_3 = M_4 = 91.9\text{kN} \times 2.7\text{m} - \frac{1}{2} \times 4.66\text{kN/m} \times 2.7^2\text{m}^2 - 202.03\text{kN} \cdot \text{m} = 29.1\text{kN} \cdot \text{m}$$

2）求第 2 跨最大正弯矩。此时，第 1 跨和第 3 跨不布置活荷载，第 2 跨布置活荷载。计算简图如图 4-29 所示。

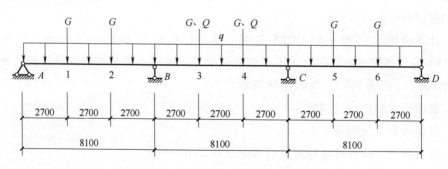

图 4-29 求第 2 跨最大正弯矩计算简图

由本书附表 B-3 知：

$$M_B = M_C = -0.1 \times 4.66\text{kN/m} \times 8.1^2\text{mm}^2 - 0.267 \times 73.1\text{kN} \times 8.1\text{m} - 0.133 \times 100.44\text{kN} \times 8.1\text{m}$$
$$= -296.9\text{kN} \cdot \text{m}$$

$$V_A = -V_D = 0.4 \times 4.66\text{kN/m} \times 8.1\text{m} + 0.733 \times 73.1\text{kN} - 0.133 \times 100.44\text{kN} = 55.3\text{kN}$$

$$V_{B1} = -V_{Cr} = -0.6 \times 4.66\text{kN/m} \times 8.1\text{m} - 1.267 \times 73.1\text{kN} - 0.133 \times 100.44\text{kN} = -128.6\text{kN}$$

$$V_{Br} = -V_{Cl} = 0.5 \times 4.66\text{kN/m} \times 8.1\text{m} + 1 \times 73.1\text{kN} + 1 \times 100.44\text{kN} = 192.4\text{kN}$$

边跨正弯矩根据剪力为零处弯矩最大计算，可求得截面 1 处即在第 1 个集中荷载下弯矩最大。

$$M_1 = M_6 = 55.3\text{kN} \times 2.7\text{m} - \frac{1}{2} \times 4.66\text{kN/m} \times 2.7^2\text{m}^2 = 132.3\text{kN} \cdot \text{m}$$

$$M_2 = M_5 = 55.3\text{kN} \times 5.4\text{m} - 73.1\text{kN} \times 2.7\text{m} - \frac{1}{2} \times 4.88\text{kN/m} \times 5.4^2\text{m}^2 = 30.1\text{kN} \cdot \text{m}$$

中间跨最大弯矩在跨中：

$$M_{\text{中}} = \frac{1}{8} \times 4.66\text{kN/m} \times 8.1^2\text{m}^2 + 173.54\text{kN} \times 2.7\text{m} - 296.9\text{kN} \cdot \text{m} = 209.9\text{kN} \cdot \text{m}$$

$$M_3 = M_4 = 192.3\text{kN} \times 2.7\text{m} - 296.9\text{kN} \cdot \text{m} - \frac{1}{2} \times 4.66\text{kN/m} \times 2.7^2\text{m}^2 = 205.3\text{kN} \cdot \text{m}$$

3）求支座 B 最大负弯矩及最大剪力。此时，第1、2跨布置活荷载，第3跨不布置活荷载，计算简图如图 4-30 所示。

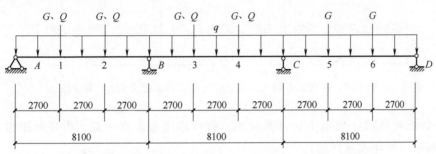

图 4-30 求支座 B 最大负弯矩和 B 支座两侧最大剪力计算简图

$$M_B = -0.1 \times 4.66\text{kN/m} \times 8.1^2\text{m}^2 - 0.267 \times 73.1\text{kN} \times 8.1\text{m} - 0.311 \times 100.44\text{kN} \times 8.1\text{m} = -441.7\text{kN} \cdot \text{m}$$

$$M_C = -0.1 \times 4.66\text{kN/m} \times 8.1^2\text{m}^2 - 0.267 \times 73.1\text{kN} \times 8.1\text{m} - 0.089 \times 100.44\text{kN} \times 8.1\text{m} = -261.1\text{kN} \cdot \text{m}$$

$$V_A = 0.4 \times 4.66\text{kN/m} \times 8.1\text{m} + 0.733 \times 73.1\text{kN} + 0.689 \times 100.44\text{kN} = 137.9\text{kN}$$

$$V_{Br} = 0.5 \times 4.66\text{kN/m} \times 8.1\text{m} + 1 \times 73.1\text{kN} + 1.222 \times 100.44\text{kN} = 214.7\text{kN}$$

$$V_{Bl} = -0.6 \times 4.66\text{kN/m} \times 8.1\text{m} - 1.267 \times 73.1\text{kN} - 1.311 \times 100.44\text{kN} = -246.9\text{kN}$$

$$V_{Cl} = -0.5 \times 4.66\text{kN/m} \times 8.1\text{m} - 1 \times 73.1\text{kN} - 0.778 \times 100.44\text{kN} = -170.1\text{kN}$$

$$V_{Cr} = 0.6 \times 4.66\text{kN/m} \times 8.1\text{m} + 1.267 \times 73.1\text{kN} + 0.089 \times 100.44\text{kN} = 124.2\text{kN}$$

$$V_D = -0.4 \times 4.66\text{kN/m} \times 8.1\text{m} - 0.733 \times 73.1\text{kN} + 0.089 \times 100.44\text{kN} = -59.7\text{kN}$$

AB 跨正弯矩计算：

$$M_1 = 137.9\text{kN} \times 2.7\text{m} - \frac{1}{2} \times 4.66\text{kN/m} \times 2.7^2\text{m}^2 = 355.3\text{kN} \cdot \text{m}$$ 是本跨最大正弯矩。

$$M_2 = 137.9\text{kN} \times 5.4\text{m} - 173.54\text{kN} \times 2.7\text{m} - \frac{1}{2} \times 4.66\text{kN/m} \times 5.4^2\text{m}^2 = 208.2\text{kN} \cdot \text{m}$$

BC 跨正弯矩计算：

$$M_3 = 214.7\text{kN} \times 2.7\text{m} - \frac{1}{2} \times 4.66\text{kN/m} \times 2.7^2\text{m}^2 - 441.7\text{kN} \cdot \text{m} = 121.0\text{kN} \cdot \text{m}$$

$$M_4 = 214.7\text{kN} \times 5.4\text{m} - 173.54\text{kN} \times 2.7\text{m} - \frac{1}{2} \times 4.66\text{kN/m} \times 5.4^2\text{m}^2 - 441.7\text{kN} \cdot \text{m} = 181.2\text{kN} \cdot \text{m}$$

由剪力为零处弯矩最大，知 M_4 为该跨最大弯矩。

CD 跨正弯矩计算：

$$M_5 = 59.7\text{kN} \times 5.4\text{m} - 73.1\text{kN} \times 2.7\text{m} - \frac{1}{2} \times 4.66\text{kN/m} \times 5.4^2\text{m}^2 = 57.1\text{kN} \cdot \text{m}$$

$$M_6 = 59.7\text{kN} \times 2.7\text{m} - \frac{1}{2} \times 4.66\text{kN/m} \times 2.7^2\text{m}^2 = 144.2\text{kN} \cdot \text{m}$$，同理知 M_6 为该跨最大正弯矩。

4）求支座 C 最大负弯矩及最大剪力。与 3）对称，计算简图，如图 4-31 所示。

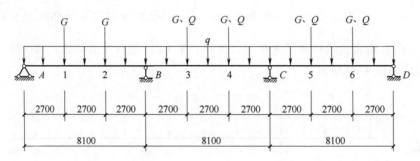

图 4-31　求支座 C 最大负弯矩或支座 C 两侧最大剪力计算简图

（5）弯矩包络图　根据上述计算结果，将弯矩图叠画在一起，得到弯矩包络图，如图 4-33a 所示（图中实线所示）。

（6）承载力计算　承载力计算同样包括正截面受弯承载力和斜截面受剪承载力。

1）正截面受弯承载力计算时，跨内正弯矩截面按 T 形截面计算，因跨内设有间距小于主梁间距的次梁，因此，翼缘计算宽度取：$l_0 = 8100\text{mm}/3 = 2700\text{mm}$ 和 $b + s_n = 6200\text{mm}$ 中较小值，即取 $b'_f = 2700\text{mm}$。

在支座截面处，为满足次梁钢筋的混凝土保护层厚度，并考虑到支座弯矩较大，故按两排设置纵筋，则其有效高度为：$h_0 = 750\text{mm} - 65\text{mm} = 685\text{mm}$，正弯矩截面纵筋按一排考虑，其有效高度为：$h_0 = 750\text{mm} - 40\text{mm} = 710\text{mm}$。$\alpha_1 = 1.0$，$f_c = 14.3\text{N/mm}^2$，$f_t = 1.43\text{N/mm}^2$；HRB400 钢筋，$f_y = 360\text{N/mm}^2$。

T 形截面类别判断：

$$\alpha_1 f_c b'_f h'_f (h_0 - h'_f/2) = 1 \times 14.3\text{N/mm}^2 \times 2700\text{mm} \times 90\text{mm} \times (710 - 90/2)\text{mm}$$
$$= 2310.8\text{kN} \cdot \text{m} > M = 403.4\text{kN} \cdot \text{m}$$

属于第一类 T 形截面。

B 支座边的弯矩设计值取两侧的较大值，考虑支座影响后左边剪力为

$$V_b = V_{B1} - qb = 246.9\text{kN} - 4.66\text{kN/m} \times 0.175\text{m} = 246.1\text{kN}$$

支座边弯矩设计值：

$$M_b = M_B - V_b b/2 = 441.7\text{kN} \cdot \text{m} - 246.1\text{kN} \times 0.35\text{m}/2 = 398.6\text{kN} \cdot \text{m}$$

正截面受弯承载力计算过程，见表 4-9。

最小配筋率验算：

$$\rho_{\min}bh = \max\left(0.2\% , 45\frac{f_t}{f_y}\right)bh = \max\left(0.2\% , 45\times\frac{1.43}{360}\right)\times250\mathrm{mm}\times750\mathrm{mm} = 375\mathrm{mm}^2 < A_s$$

故，满足要求。

2）斜截面受剪承载力，AB 跨、CD 跨计算过程如下。

验算截面尺寸：

腹板高度：$h_w = h_0 - h_f' = 710\mathrm{mm} - 90\mathrm{mm} = 620\mathrm{mm}$

表 4-9　主梁 L5 正截面承载力计算

截面	1，3	B，C	2
弯矩设计值/kN·m	403.4	398.6	209.9
$\alpha_s = M/(\alpha_1 f_c b h_0^2)$ 或 $\alpha_s = M/(\alpha_1 f_c b_f' h_0^2)$	0.02073 $<\alpha_{s,\max}=0.384$	0.2376 $<\alpha_{s,\max}=0.384$	0.01078 $<\alpha_{s,\max}=0.384$
$\gamma_s = (1+\sqrt{1-2\alpha_s})/2$	0.9895	0.8622	0.9946
$A_s = M/(\gamma_s f_y h_0)$	1595	1906.7	826
选配钢筋	2⚌25+2⚌22 $A_s = 1742\mathrm{mm}^2$	3⚌25+2⚌20 $A_s = 2101\mathrm{mm}^2$	3⚌20 $A_s = 942\mathrm{mm}^2$

因 $h_w/b = 620\mathrm{mm}/250\mathrm{mm} = 2.48 < 4$，截面尺寸验算：

$$0.25\beta_c f_c b h_0 = 0.25\times1\times14.3\mathrm{N/mm}^2\times250\mathrm{mm}\times685\mathrm{mm} = 612.2\mathrm{kN} > V_{\max} = 246.1\mathrm{kN}$$

故，截面尺寸满足要求。

是否需要计算配箍：

$$0.7f_t b h_0 = 0.7\times1.43\mathrm{N/mm}^2\times250\mathrm{mm}\times685\mathrm{mm} = 171.4\mathrm{kN} < V_{\max} = 246.1\mathrm{kN}$$

故，需要计算配箍。

计算所需箍筋：不考虑设置弯起钢筋。

由 $V_{\max} = 0.7f_t b h_0 + f_{yv}\dfrac{2A_{sv1}}{s}h_0$，可得 $\dfrac{A_{sv1}}{s} = \dfrac{246.1\mathrm{kN}\times10^3 - 171400\mathrm{N}}{2\times270\mathrm{N/mm}^2\times710\mathrm{mm}} = 0.2019\mathrm{mm}$，采用Φ8@200，

则 $50.3\mathrm{mm}^2/200\mathrm{mm} = 0.2515\mathrm{mm} > 0.2019\mathrm{mm}$，可以。

验算最小配箍率：

$$\rho_{sv} = \frac{A_{sv}}{bs} = \frac{2\times50.3\mathrm{mm}^2}{250\mathrm{mm}\times200\mathrm{mm}} = 0.2012\% > 0.24\frac{f_t}{f_{yv}} = 0.24\times\frac{1.43\mathrm{N/mm}^2}{270\mathrm{N/mm}^2} = 0.127\%$$

故，满足要求。

BC 跨计算过程略，取Φ8@200。

4. 绘制施工图

楼盖施工图包括施工说明、结构平面布置图、板施工图（包括模板图和配筋图）、次梁和主梁施工图（包括模板图和配筋图）。

（1）施工说明　施工说明是施工图的重要组成部分，用来说明无法用图来表示或者图中没有表示的内容。完整的施工说明应包括：设计依据（采用的规范标准；与结构设计有关的自然条件，如风荷载、雪荷载等基本情况以及工程地质情况等）；结构设计一般情况

（建筑结构安全等级、设计工作年限和建筑抗震设防类别）；上部结构选型概述；采用的主要结构材料及特殊材料；基础说明；以及需要特别提醒施工注意的问题。

本设计示例仅仅是整体结构设计的一部分，因此施工说明写得简单些，如图 4-32～图 4-34 所示。

（2）结构平面布置图 如图 4-5a 所示。

（3）板 B3 施工图 本例题给出了②～⑥轴板的两种配筋方式，板配筋均采用工程中常用的分离式配筋方法，如图 4-32a 所示，配筋方式 1，板面钢筋从支座边伸出长度均为计算跨度的 1/4，即为 675mm，考虑钢筋下料时的尺寸度量，取 700mm，另外，板面未设钢筋区域应设置抵抗温度收缩钢筋，详见图 4-32 中说明；如图 4-32b 所示，配筋方式 2，是利用支座钢筋拉通的方式作为抵抗温度收缩钢筋。工程中还可采用另一种配筋方式，即利用支座负筋隔根拉通。施工图应包括配筋图和模板图，配筋图供钢筋工使用，模板图供木工和架子工使用，由于本例题模板图较简单，所以将模板图与配筋图合而为一，图中板厚及板面标高的说明即表达了板的模板图。梁施工图绘制也如此。

施工说明：

① 图 4-32a：板厚 90，板面标高 11.470；支座负筋分布筋 $\phi 6@200$；未注明钢筋均为 $\phi 10@200$；板面未配筋区域配置双向 $\phi 6@200$ 钢筋网片与支座钢筋搭接 200。

② 图 4-32b：板厚 90，板面标高 11.470。

（4）L1（次梁）施工图 次梁施工图包括模板图和配筋图，如图 4-34a 所示，下部纵向钢筋在端支座即连续梁的简支端伸入支座长度（锚固长度）为 $l_{as} \geqslant 12d = 12 \times 16mm = 192mm$，而支座宽度为 250mm，因此可采用直线锚固的方式；下部钢筋在中间支座的锚固，一般应满足最小锚固长度 $l_a = \alpha \dfrac{f_y}{f_t} d$ 的要求。次梁支座截面上部纵向钢筋的截断及在端支座处的锚固，按如图 4-23a 所示要求得到。

（5）主梁施工图 纵向钢筋的截断按弯矩包络图确定，材料抵抗弯矩图如图 4-33b 所示。

1）首先确定支座钢筋截断点。$3\phi 25 + 2\phi 20$ 钢筋能承受的总弯矩值 M_u 可按以下步骤求得，先由 $f_y A_s = \alpha_1 f_c bx$ 求得混凝土受压区高度 x：

$$x = 360N/mm^2 \times 2101mm^2 / (1 \times 14.3N/mm^2 \times 250mm) = 211.6mm < \xi_b h_0 = 0.518 \times 685mm = 354.8mm$$

故，满足要求，再求得 M_u

$$M_u = f_y A_s (h_0 - x/2) = 360N/mm^2 \times 2101mm^2 \times (685 - 211.6/2)mm = 438.1kN \cdot m$$

其中，$2\phi 20$ 钢筋承担的弯矩为 $438.1kN \cdot m \times 628mm^2 / 2101mm^2 = 131.0kN \cdot m$，$1\phi 25$ 钢筋承担的弯矩：$102.4kN \cdot m$。截面 1、2 为 $2\phi 20$ 钢筋的充分利用截面，离支座 B 分别为 15mm 和 17mm；截面 3、4 为 $2\phi 20$ 钢筋的不需要截面，同时是 $1\phi 25$ 钢筋的充分利用截面，离支座 B 的距离分别为 506mm 和 584mm；截面 5、6 为 $1\phi 25$ 钢筋的不需要截面，同时是 $2\phi 25$ 钢筋的充分利用截面（上述距离由平衡条件求得，本书计算从略），由《混规》得到 $2\phi 20$ 和 $1\phi 25$ 钢筋截断点位置，如图 4-33b 所示。

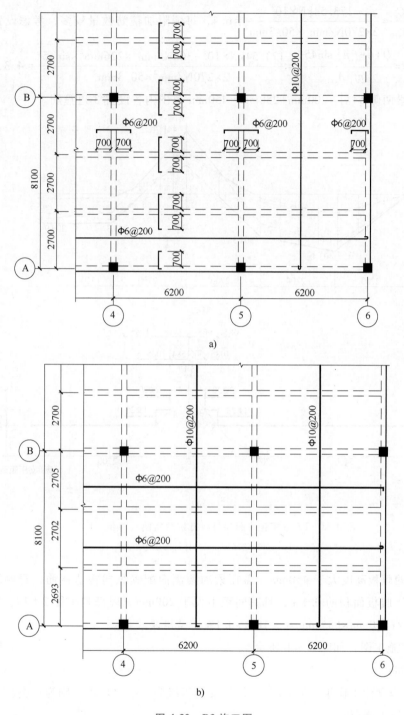

图 4-32 B3 施工图

a）配筋方式 1 b）配筋方式 2

2）其次计算次梁两侧附加横向钢筋，附加箍筋直径同基本箍筋，即取Φ8。若仅设置附
加箍筋，则附加箍筋数量为

$$m = \frac{Q+G}{n f_{yv} A_{sv1}} = \frac{173.54\text{kN} \times 10^3}{2 \times 270\text{N/mm}^2 \times 50.3\text{mm}^2} = 6.4$$，每侧附加箍筋数量较多，考虑设置附加吊筋

$2\Phi12$，则 $m = \frac{Q+G-f_y A_{sw}\sin45°}{n f_{yv} A_{sv1}} = \frac{173.54\text{kN} \times 10^3 - 360\text{N/mm}^2 \times 226\text{mm}^2 \times \sin45°}{2 \times 270\text{N/mm}^2 \times 50.3\text{mm}^2} = 4.3$，取 6 道箍

筋，即在次梁两侧 $b+h_1 = 200\text{mm}+250\text{mm} = 450\text{mm}$ 范围内各设置 3 道箍筋。

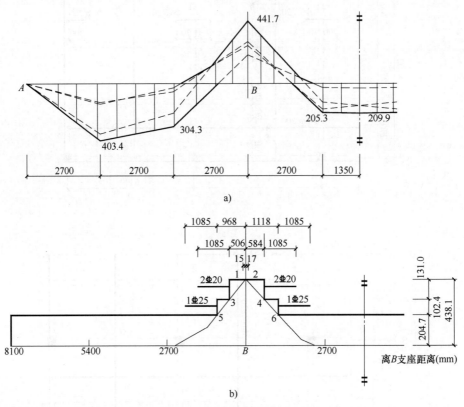

图 4-33 L5 弯矩包络图和材料抵抗弯矩图（单位：kN·m）

a）弯矩包络图 b）材料抵抗弯矩图

因主梁的腹板高度大于 450mm，需在梁的两侧面配置纵向构造钢筋，每侧纵向钢筋截面面积不小于腹板面积的 0.1%，且其间距不大于 200mm。现每侧布置 $2\Phi14$，实际配筋率为：$308\text{mm}^2/(250\text{mm} \times 685\text{mm}) = 0.18\% > 0.1\%$，满足要求。

主梁 L5 施工图，如图 4-34b 所示。

施工说明：

① 本工程设计工作年限为 50 年，结构安全等级为二级，环境类别为一类。

② 采用以下规范：

《混凝土结构设计规范（2015 年版）》GB 50010—2010；《建筑结构荷载规范》GB 50009—2012；《工程结构通用规范》GB 55001—2021。

③ 荷载取值，楼面可变荷载标准值为 4.0kN/m²。

④ 混凝土强度等级 C30，图 4-34 中 Φ 表示 HRB400 级钢筋，Φ 表示 HPB300 级钢筋。

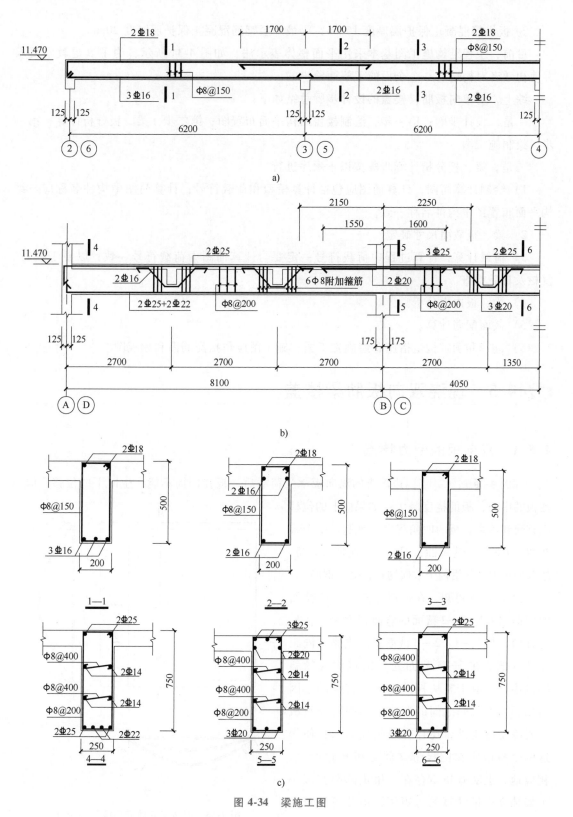

图 4-34 梁施工图

a) L1 施工图 b) L5（注：次梁两侧各附加 3φ6 箍筋）施工图 c) 断面图

⑤ 板纵筋混凝土保护层厚度 15mm，梁最外层钢筋混凝土保护层厚度 20mm。

目前，工程结构施工图基本采用平面整体表示法，如图 4-34 所示，为了满足教学要求并使初学者对构造有一个全面的了解而给出的。

综上，对单向板肋梁楼盖的设计步骤总结如下：

一是，设计步骤：第一步，绘制楼盖结构平面布置图；第二步，梁、板分析计算；第三步，绘制施工图。

二是，梁、板分析计算步骤按以下顺序进行。

1）绘制计算简图，计算简图应包括计算模型和荷载符号；计算简图中构件名称应与结构平面布置图中构件名称一致。

2）梁、板截面尺寸确定。

3）荷载计算，计算过程中荷载符号一定要与计算简图中荷载符号一致；以便于校对、复核及日后检查。

4）梁、板内力分析。

5）截面配筋计算。

6）选择和确定构造措施，绘制施工图；施工图应包括配筋图和模板图。

▶▶▶ 4.5 现浇双向板肋梁楼盖

4.5.1 双向板的受力特点

如图 4-35 所示，当四边简支的双向板承受荷载后，板在四周不能产生向下的位移，但越往板的中心，板的挠度越大；如果向上的位移没有受到约束，板的四角将向上翘起。整个板在两个方向都产生弯曲，即两个方向都有弯矩，故双向板中必须沿两个方向均布置受力钢筋。

由图 4-35 可知，在短跨方向，1—1 截面的弯曲程度比 2—2 截面的弯曲程度大，在长跨方向，与 1—1、2—2 截面上距支座相同距离处（例如在 3—3 截面处）的挠曲线的斜率也不同。由于整块板的变形是连续的，因而相邻两个截面之间的弯曲变形差将导致板单元除受弯矩外，还存在着竖向剪力，使得这两个截面所在的板带之间有扭转角产生，相应地，也就有扭矩存在。扭矩的存在减小了按独立板带计算的弯矩值，由此可见双向板的受力优于单向板。

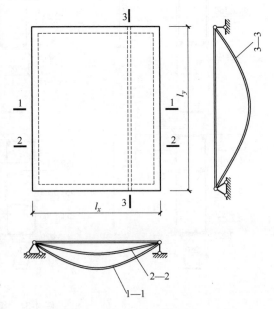

图 4-35 四边简支的双向板受力特征

四边简支双向板的均布加载试验表明：

1）板的竖向位移呈碟形，板的四角有翘起的趋势，因而板传给四边支座的压力沿边长是不均匀的，中部大、两端小。

2）在裂缝出现前，矩形双向板基本上处于弹性工作阶段，短跨方向的最大正弯矩出现在中点，而长跨方向的正弯矩偏离跨中截面。

3）对于矩形板，由于跨中正弯矩最大，板的第一批裂缝出现在板底中间部分，平行于长边方向，随后呈45°角向板的四角发展，如图4-36所示，随着荷载不断增加，板底裂缝向四角扩展，直至因板的底部钢筋屈服而破坏。

4）当接近破坏时，板顶面靠近四角附近，出现垂直于对角线方向，大体上呈圆形或直线形裂缝，这些裂缝的出现，又促进了板底对角线方向裂缝的进一步扩展；最终因板底裂缝处钢筋屈服而破坏。

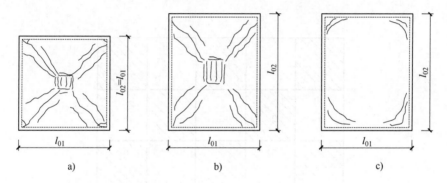

图 4-36 均布荷载下双向板的裂缝分布

a）正方形板板底裂缝 b）矩形板板底裂缝 c）矩形板板面裂缝

4.5.2 按弹性理论计算双向板肋梁楼盖内力

1. 单跨双向板的弹性理论计算法

目前，对于常用荷载分布及支承情况的板的内力和位移已编制成了计算表格。设计时可根据表中系数简便地求出板中两个方向的弯矩以及板的中点挠度和最大挠度。本书附录 C 给出了 6 种边界条件下，单跨双向板在均布荷载作用下的挠度系数、弯矩系数。

双向板的弯矩计算公式为

$$m = 附表中弯矩系数 \times (q+g) l_{01}^2 \tag{4-16}$$

式中 m——跨内或支座单位板宽内的弯矩，单位为 kN·m/m；

g、q——板上恒荷载、活荷载的设计值，单位为 kN/m²；

l_{01}——板的短跨跨度，单位为 m。

需要说明的是，本书附录 C 中的系数是根据材料的泊松比 $\nu=0$ 制定的，当 $\nu \neq 0$ 时，计算公式为 $m_1^{\nu} = m_1 + \nu m_2$；$m_2^{\nu} = m_2 + \nu m_1$，对于混凝土，可取 $\nu=0.2$，m_1^{ν}、m_2^{ν} 是进行配筋计算时所用的弯矩值。

2. 多跨连续双向板的弹性理论计算法

多跨连续双向板的内力计算比单跨双向板还要复杂。在设计中，通常采用一种以单跨双向板弯矩计算为基础的近似计算法，其计算精度完全可以满足工程设计的要求。

（1）正弯矩　与多跨连续单向板内力分析相似，多跨连续双向板也存在活荷载不利布置的问题，如图 4-37 所示。当计算某区格板的跨内最大正弯矩时，应在该区格布置活荷载，在其他区格按如图 4-37a 所示的棋盘式布置活荷载。如图 4-37b 所示为剖面 $A—A$ 中第 2、第 4 区格板跨内最大正弯矩的最不利活荷载布置。

为了能利用单跨双向板的弯矩系数表格，如图 4-37b 所示的荷载分布可分解为如图 4-37c 所示的对称荷载情况（即各区格均作用有向下的均布荷载 $p'=g+q/2$）和如图 4-37d 所示的反对称荷载情况（即第 2、4 跨作用有向下的荷载 $p''=q/2$，第 1、3、5 跨作用有向上的荷载 $p''=q/2$）。此处 g、q 分别为作用于板上的恒荷载、活荷载。

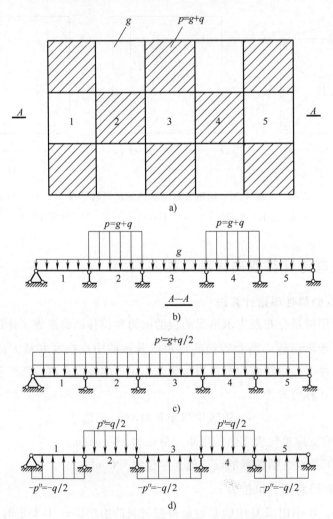

图 4-37　双向板跨内弯矩的最不利活荷载布置

a）活荷载棋盘式布置　b）剖面 $A—A$ 中第 2 区格板跨中弯矩最不利活荷载布置

c）对称荷载布置　d）反对称荷载布置

在对称荷载 p' 作用下，由于区格板均作用有荷载 p'，板在中间支座处的转角很小，可近似地假定板在所有中间支座处均为固定支承。在反对称荷载 p'' 的作用下，板在中间支座处的弯矩很小，基本上等于零，可近似地假定板在中间支座处为简支。边支座按实际情况考虑，即当边支座为钢筋混凝土梁与板整浇时按固定考虑，当边支座为砌体时按简支考虑。

最后，将上述两种荷载作用下求得的弯矩叠加，即为棋盘式活荷载最不利布置下板的跨内最大正弯矩。

（2）支座弯矩　计算多跨双向板的支座最大弯矩时，其活荷载的最不利布置与单向板相似，即应在该支座两侧跨内布置活荷载，然后再隔跨布置活荷载。考虑到隔跨荷载的影响较小，为简化计算，可近似认为，当楼盖所有区格上都满布活荷载时得出的支座弯矩为最大。这样就可以把区格板的中间支座视为固定，板的边支座按实际支承情况确定，确定方法同正弯矩计算，则支座弯矩可直接由本书附录 C 查得的弯矩系数进行计算。必须指出，当相邻两区格板的公共支座处的弯矩不等时，可取其平均值，也可偏于安全地取较大值。

3. 双向板肋梁楼盖支承梁的计算

双向板支承梁的荷载，亦即双向板的支座反力，其分布比较复杂。设计时，可近似地将每一区格板从板的四角作 45° 线，将板分成 4 块，每块面积内的荷载传给其相邻的支承梁，这样，沿板的长跨方向的支承梁承受板传来的梯形分布荷载，沿板的短跨方向的支承梁承受板传来的三角形分布荷载，如图 4-38 所示。

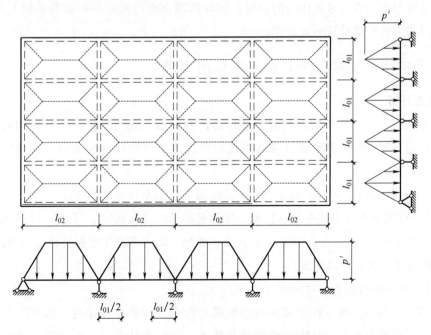

图 4-38　双向板支承梁的荷载分配

按弹性理论设计计算梁的支座弯矩时，可按支座弯矩等效的原则，将三角形荷载和梯形荷载等效为均布荷载 p_e 的计算公式为

三角形荷载作用时 $\qquad\qquad\qquad p_e = \dfrac{5}{8}p'$ $\qquad\qquad\qquad$ (4-17)

梯形荷载作用时 $\qquad\qquad\qquad p_e = (1 - 2\alpha_1^2 + \alpha_1^3)p'$ $\qquad\qquad$ (4-18)

由图 4-38 可知 $p' = (g + q)l_{01}/2$，其中 g 和 q 分别为板面的均布恒荷载和均布活荷载，$\alpha_1 = 0.5l_{01}/l_{02}$。

有人认为可通过 P_e 查表求得连续梁各支座弯矩之后，以此支座弯矩的连线为基线，叠加按三角形或梯形分布荷载求得的各跨的简支梁弯矩图，即为所求的支承梁的弯矩图，这种做法是不太恰当的。因为，第一，上述公式给出的等效荷载 P_e 是按实际荷载产生的支座弯矩与均布荷载产生的支座弯矩相等的原则（支座弯矩等效的原则）确定的，其前提条件是梁的两端都是固定的，实际上，一般连续梁的边支座是按简支考虑的，因此对于边跨就不能采用上述公式给出的等效荷载值 P_e；第二，当连续梁不等跨，但跨长相差在 10% 以内，就会产生较大的误差，此时按 P_e 求得的支座弯矩实际上是固端弯矩，支座两侧的固端弯矩值是不相等的，因而它不是实际的支座弯矩，求得的剪力也不是实际剪力，由此得到的最大正弯矩也不是实际弯矩，若以此进行截面设计会偏于不安全。

综上，支承梁内力计算时，应按实际荷载情况考虑，不要将荷载等效。如本书附录 B 和其他资料中不能直接查用时，可利用单跨梁求得固端弯矩后通过弯矩分配法进行内力计算。

当按塑性理论计算支承梁内力时，可在按弹性理论求得的支座弯矩的基础上进行调幅，计算方法同单向板肋梁楼盖的连续梁。

4.5.3　双向板肋梁楼盖设计要点和构造要求

1. 截面计算

（1）弯矩设计值　对于四边与梁整体连接的双向板，除角区格外，可考虑周边支承梁对板的推力的有利影响，将截面计算弯矩按以下规定予以折减（手算时可不折减，作为安全储备）：

1）对于连续板的中间区格的跨中截面及中间支座，弯矩可减少 20%。

2）对于边区格的跨中截面及从楼板边缘算起的第二支座截面，当 $l_b/l_0 < 1.5$ 时，弯矩减少 20%；当 $1.5 \leqslant l_b/l_0 \leqslant 2$ 时，弯矩减少 10%。此处，l_0 为垂直于楼板边缘方向的计算跨度，l_b 为沿楼板边缘方向的计算跨度。

3）对于角区格各截面，弯矩不应减少。

（2）截面的有效高度　由于双向板内钢筋是两个方向重叠布置的，沿短跨方向（弯矩较大方向）的钢筋应放在沿长跨方向钢筋的外侧。在截面计算时，应根据具体情况，取各自截面的有效高度 h_0。

2. 构造要求

（1）板厚　双向板的厚度通常为 80～160mm，跨度较大且荷载较大时，板厚也有取 200mm 以上，由于双向板的挠度一般不另作验算，故为使其满足足够的刚度，板厚 h 应符合表 4-1 的要求。

（2）钢筋的配置　双向板的受力钢筋沿纵、横两个方向配置，有弯起式和分离式，如图 4-39 所示，其中 $l_1 \leqslant l_2$。

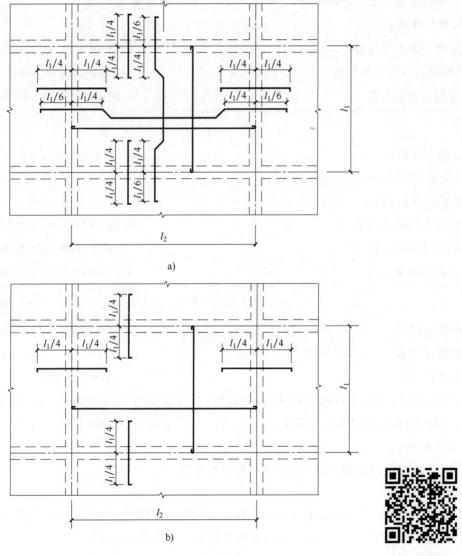

图 4-39　多跨连续双向板的配筋构造

a）弯起式配筋　b）分离式配筋

现浇双向板钢筋

【例题 4-7】　对例题 4-1 中的三层楼板按弹性理论进行设计，楼盖结构布置，如图 4-5b 所示，并画出支承梁 L1、L5 的计算简图，设计资料同例题 4-3。

【解】

1. 板 B3 设计（按弹性理论进行设计）

（1）板厚确定　板厚取 $h = \max(l_0/40, 80)$，其中 l_0 为计算跨度。②~⑥轴：$h = 4050\text{mm}/40 = 101.25\text{mm}$，取 110mm；⑥~⑦轴：$h = 4000\text{mm}/40 = 100\text{mm}$，取 110mm；①~②轴：3200mm×8100mm 区格板：$h = 3200\text{mm}/30 = 107\text{mm}$，取 110mm，3200mm×3900mm 区格板：$h = 3200\text{mm}/40 = 80\text{mm}$，取 80mm。

（2）荷载计算　②~⑦轴及①~②轴 3200mm×8100mm 区格板。

恒荷载标准值 g_k：

30 厚细石混凝土自重	$0.03\text{m}×24\text{kN/m}^3 = 0.72\text{kN/m}^2$
110 厚钢筋混凝土板自重	$0.11×25\text{kN/m}^3 = 2.75\text{kN/m}^2$
20 厚混合砂浆自重	$0.02\text{m}×17\text{kN/m}^3 = 0.34\text{kN/m}^2$

$\sum$ 　　　　　　　　　　　　　　　　　　　　　　　$= 3.81\text{kN/m}^2$

恒荷载设计值：　　　　　　　　　$g = 1.3×3.81\text{kN/m}^2 = 4.95\text{kN/m}^2$

①~②轴 3200mm×3900mm 区格板

恒荷载标准值 g_k：

30 厚细石混凝土自重	$0.03\text{m}×24\text{kN/m}^3 = 0.72\text{kN/m}^2$
80 厚钢筋混凝土板自重	$0.08×25\text{kN/m}^3 = 2.00\text{kN/m}^2$
20 厚混合砂浆自重	$0.02\text{m}×17\text{kN/m}^3 = 0.34\text{kN/m}^2$

$\sum$ 　　　　　　　　　　　　　　　　　　　　　　　$= 3.06\text{kN/m}^2$

恒荷载设计值：　　　　　　　　　$g = 1.3×3.06\text{kN/m}^2 = 3.98\text{kN/m}^2$

活荷载标准值　　　　　　　　　　　　　　　　　　$q_k = 4\text{kN/m}^2$

活荷载设计值　　　　　　　　　　　　　　　　　$q = 1.5×4\text{kN/m}^2 = 6\text{kN/m}^2$

②~⑦轴及①~②轴 3200mm×8100mm 区格板：　$g + q/2 = 7.95\text{kN/m}^2$，$±q/2 = 3\text{kN/m}^2$

①~②轴 3200mm×3900mm 区格板：　　　　$g + q/2 = 6.98\text{kN/m}^2$，$±q/2 = 3\text{kN/m}^2$

2. 计算跨度

取梁中心线之间的距离，具体见各区格板计算简图。

3. 弯矩计算

区格板 1 最大正弯矩计算，在 $g + q/2$、$±q/2$ 作用下计算简图，如图 4-40a、b 所示。

$l_{01}/l_{02} = 4050\text{mm}/6200\text{mm} = 0.653$，可由本书附录 C 查得弯矩系数。

$g + q/2$ 作用下：

$$m_1 = 0.034356×7.95\text{kN/m}^2×4.05^2\text{m}^2 = 4.48\text{kN·m/m}$$

$$m_2 = 0.009608×7.95\text{kN/m}^2×4.05^2\text{m}^2 = 1.25\text{kN·m/m}$$

$±q/2$ 作用下：

$$m_{1\max} = 0.0463×3\text{kN/m}^2×4.05^2\text{m}^2 = 2.28\text{kN·m/m}$$

$$m_{2\max} = 0.018372 \times 3kN/m^2 \times 4.05^2 m^2 = 0.9kN \cdot m/m$$

$$m_1^v = (4.48+2.28)kN \cdot m/m + 0.2 \times (1.25+0.9)kN \cdot m/m = 7.19kN \cdot m/m$$

$$m_2^v = 0.2 \times (4.48+2.28)kN \cdot m/m + (1.25+0.9)kN \cdot m/m = 3.50kN \cdot m/m$$

各区格板分别算得的最大正弯矩值,见表 4-10,表中区格板 1~5 计算过程同上,此处从略。表中 $m_1^v = m_1 + \nu m_2$, $m_2^v = \nu m_1 + m_2$, $\nu = 0.2$。

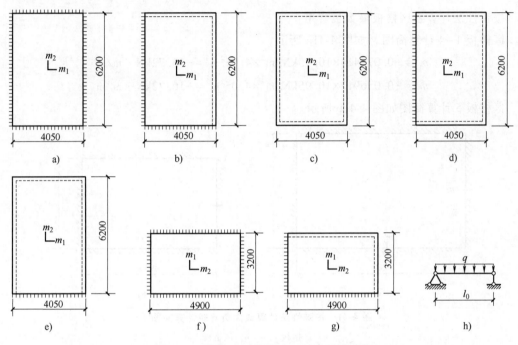

图 4-40　计算各区格板最大正弯矩计算简图

表 4-10　按弹性法计算的各区格板最大正弯矩值　　（单位：kN · m/m）

区格板号	荷载	计算简图	m_1		m_2		m_1^v	m_2^v
1	$g+q/2$	图 4-40a	4.48	6.76	1.25	2.15	7.19	3.50
	$\pm q/2$	图 4-40b	2.28		0.9			
2	$g+q/2$	图 4-40a	4.48	8.15	1.25	2.59	8.67	4.22
	$\pm q/2$	图 4-40c	3.67		1.34			
3	$g+q/2$	图 4-40a	4.48	7.22	1.25	1.91	7.60	3.35
	$\pm q/2$	图 4-40d	2.74		0.66			
4	$g+q/2$	图 4-40a	4.48	5.99	1.25	4.36	6.86	5.56
	$\pm q/2$	图 4-40e	1.51		3.11			
5	$g+q/2$	图 4-40f	2.46	3.86	0.69	1.25	4.11	2.02
	$\pm q/2$	图 4-40g	1.4		0.56			

（续）

区格板号	荷载	计算简图	m_1	m_2	m_1^v	m_2^v
6	$g+q$	图 4-40h（$l_0 = 4000\text{mm}$）	$m = 0.8 \times \dfrac{1}{8} \times 10.95\text{kN/m}^2 \times 4^2\text{m}^2 = 17.52\text{kN} \cdot \text{m/m}$			
7	$g+q$	图 4-40h（$l_0 = 3200\text{mm}$）	$m = 0.8 \times \dfrac{1}{8} \times 9.98\text{kN/m}^2 \times 3.2^2\text{m}^2 = 10.22\text{kN} \cdot \text{m/m}$			

按弹性法计算各区格板最大负弯矩：

区格板 1~4 计算简图，如图 4-41a 所示。

$$m_1' = -0.076414 \times 10.95\text{kN/m}^2 \times 4.05^2\text{m}^2 = -13.72\text{kN} \cdot \text{m/m}$$

$$m_2' = -0.056912 \times 10.95\text{kN/m}^2 \times 4.05^2\text{m}^2 = -10.22\text{kN} \cdot \text{m/m}$$

区格板 5 计算简图如图 4-41b 所示。

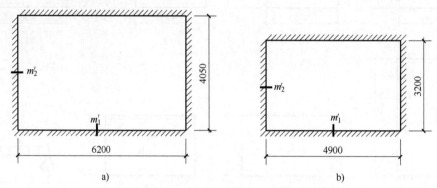

图 4-41 按弹性法计算最大负弯矩计算简图

a）区格板 1~4 b）区格板 5

$$m_1' = -0.076414 \times 9.98\text{kN/m}^2 \times 3.2^2\text{m}^2 = -7.81\text{kN} \cdot \text{m/m}$$

$$m_2' = -0.056912 \times 9.98\text{kN/m}^2 \times 3.2^2\text{m}^2 = -5.82\text{kN} \cdot \text{m/m}$$

区格板 6、7 按两边固定计算，计算跨度分别为 4m、3.2m。

区格板 6 支座弯矩：
$$m = -\frac{1}{12} \times 10.95\text{kN/m}^2 \times 4^2\text{m}^2 = -14.60\text{kN} \cdot \text{m/m}$$

区格板 7 支座弯矩：
$$m = -\frac{1}{12} \times 10.95\text{kN/m}^2 \times 3.2^2\text{m}^2 = -9.34\text{kN} \cdot \text{m/m}$$

4. 截面设计

由于板内上、下钢筋纵横叠置，同一截面处通常有四层钢筋，故计算时在两个方向应分别采用各自的截面有效高度 h_{01} 和 h_{02}。考虑到短跨方向的弯矩比长跨方向大，故应将短跨方向的钢筋放在长跨方向钢筋的外侧。h_{01} 和 h_{02} 取值如下：

短跨方向：$h_{01} = h - 20\text{mm}$，长跨方向：$h_{02} = h - 30\text{mm}$，此处假定钢筋直径为 10mm。

所以，截面有效高度为：

区格板 5，短跨方向 $h_{01} = 80\text{mm} - 20\text{mm} = 60\text{mm}$，长跨方向 $h_{02} = 80\text{mm} - 30\text{mm} = 50\text{mm}$；

其余区格板，短跨方向 $h_{01} = 110\text{mm} - 20\text{mm} = 90\text{mm}$，长跨方向 $h_{02} = 110\text{mm} - 30\text{mm} = 80\text{mm}$。

本设计未考虑弯矩折减。截面配筋计算结果及实际配筋，见表 4-11。

表 4-11　截面配筋计算表

截面		h_0/mm	m/(kN·m/m)	A_s/mm²	配筋	实配 A_s/mm²
跨内正弯矩	区格板 1　短跨方向	90	7.19	305.7	Φ8@150	335
	区格板 1　长跨方向	80	3.5	165.3	Φ6@150	189
	区格板 2　短跨方向	90	8.67	371.3	Φ10@200	393
	区格板 2　长跨方向	80	4.22	200.1	Φ8@200	251
	区格板 3　短跨方向	90	7.60	318.7	Φ8@150	335
	区格板 3　长跨方向	80	3.35	158.0	Φ6@150	189
	区格板 4　短跨方向	90	6.86	291.2	Φ8@150	335
	区格板 4　长跨方向	80	5.56	265.7	Φ8@150	335
	区格板 5　短跨方向	60	4.11	264.7	Φ8@150	335
	区格板 5　长跨方向	50	2.02	154.1	Φ6@150	189
	区格板 6　短跨方向	90	17.52	786.4	Φ10@100	785
	区格板 6　长跨方向	80	—	分布筋	Φ6@150	189
	区格板 7　短跨方向	90	10.22	440.9	Φ10@150	523
	区格板 7　长跨方向	80	—	分布筋	Φ6@150	189
支座	区格板 1　短跨方向	90	−13.72	602.7	Φ10@120	654
	区格板 1　长跨方向	80	−10.22	503.0	Φ10@150	523
	区格板 2　短跨方向	90	−13.72	730.1	Φ10@120	654
	区格板 2　长跨方向	80	−10.22	607.4	Φ10@150	523
	区格板 3　短跨方向	90	−13.72	730.1	Φ10@120	654
	区格板 3　长跨方向	80	−10.22	607.4	Φ10@150	523
	区格板 4　短跨方向	90	−13.72	730.1	Φ10@120	654
	区格板 4　长跨方向	80	−10.22	607.4	Φ10@150	523
	区格板 5　短跨方向	60	−7.81	523.3	Φ10@150	523
	区格板 5　长跨方向	50	−5.82	473.4	Φ10@150	523
	区格板 6　短跨方向	90	−14.6	644.4	Φ10@120	654
	区格板 6　长跨方向	80	—	分布筋	Φ6@150	189
	区格板 7　短跨方向	90	9.34	401.2	Φ10@200	393
	区格板 7　长跨方向	80	—	分布筋	Φ6@150	189

5. 板 B3 施工图

B3 施工图，如图 4-42 所示。图中同样给出了两种配筋方式。

施工说明：

① 图 4-42 中未注明的板厚 110，板面标高 11.470。

② 图 4-42 中未注明的钢筋为 Φ10@150。

③ 图 4-42a 中支座负筋的分布筋为 Φ6@200，板面未配筋部位配置双向 Φ6@200 钢筋与支座负筋搭接 200mm。

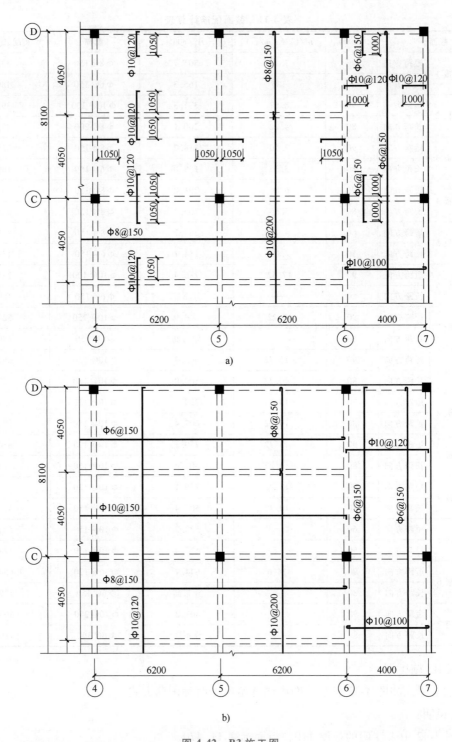

图 4-42 B3 施工图

a) 配筋方式 1   b) 配筋方式 2

6. 支承梁 L1、L5 计算简图（见图 4-43 所示）

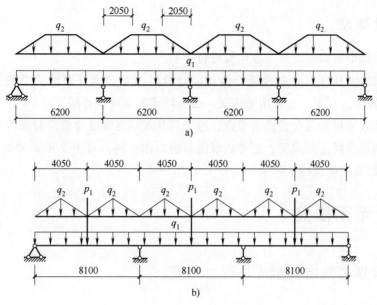

图 4-43　支承梁计算简图

a）L1 计算简图　b）L5 计算简图

4.6　井式楼盖

4.6.1　概述

井式楼盖是由双向板与交叉梁系共同组成的楼盖。交叉梁的布置方式主要有正交正放和正交斜放两种。交叉梁不分主次，互为支承，其高度往往相同。交叉梁形成的网格边长，即双向板的边长一般为 2~4m，且边长宜尽量相等。每个交叉梁系区格的长短边之比一般不宜大于 1.5，梁高 h 通常可取（$1/16 \sim 1/18$）l_0，l_0 为井式梁的跨度。当空间平面为矩形，梁可直接搁置在周边承重墙或周边支承主梁或钢筋混凝土柱上，即正交正放，如图 4-44a 所示。交叉梁也有采用沿 45°线方向布置的，即正交斜放，如图 4-44b 所示。

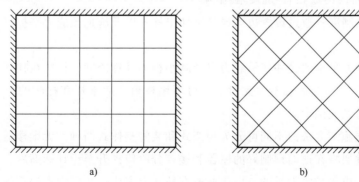

图 4-44　井式楼盖的平面布置

a）正交正放　b）正交斜放

4.6.2　设计要点

1）井式楼盖中板的设计可按双向板进行。

2）井式梁内力和变形通常需进行专门的计算，由于是属于双向受力的高次超静定结构，计算比较复杂，对于一些常用的情况，也有计算表格可供查用。

3）单跨井式梁可按活荷载满布考虑，连续跨井式梁通常要考虑活荷载的不利布置。

4）对于钢筋混凝土井式梁，应考虑现浇板的整体作用，对于 T 形梁和倒 L 形梁截面惯性矩可取其矩形截面梁惯性矩的 2.0 倍和 1.5 倍。

▶▶ 4.7　无梁楼盖

4.7.1　无梁楼盖的结构组成与受力特点

1. 结构组成

如图 4-45 所示，无梁楼盖不设梁，钢筋混凝土板直接支承在柱上，是一种双向受力的板柱结构。

无梁楼盖的建筑构造高度比肋梁楼盖小，这使得建筑楼层的有效空间加大，故无梁楼盖常用于多层的工业与民用建筑中，如商场、书库、冷藏库、仓库、地下室顶板等，水池顶盖和某些整板式基础也采用这种结构形式。

无梁楼盖因没有梁，抗侧刚度比较差；楼盖的抗弯刚度小，挠度增大；柱子周边的剪应力高度集中，可能会引起局部板的冲切破坏。所以当层数较多或有抗震要求时，可以通过设置剪力墙，构成板柱-抗震墙结构

图 4-45　无梁楼盖

以提高结构的抗侧刚度；通过设置边梁或悬臂伸出柱外以及施加预应力来提高楼盖的抗弯刚度，减小挠度。

为了提高柱顶处平板的受冲切承载力以及减小板的计算跨度，往往在柱顶设置柱帽或托板，如图 4-46 所示；但当荷载不太大时，也可不用柱帽。通常柱和柱帽的形式为矩形，有时因建筑要求也可做成圆形。

无梁楼盖根据施工方法的不同可分为现浇式和装配整体式两种。无梁楼盖可采用升板施工技术，在现场逐层将在地面预制好的屋盖和楼盖分阶段提升至设计标高后，通过柱帽与柱整体连接在一起，由于它将大量的空中作业改在地面上完成，故可大大提高施工速度。其设计原理，除需考虑施工阶段验算外，与一般无梁楼盖相同。此外，为了减轻自重，也可用多

次重复使用的塑料模壳，形成双向密肋的无梁楼盖。

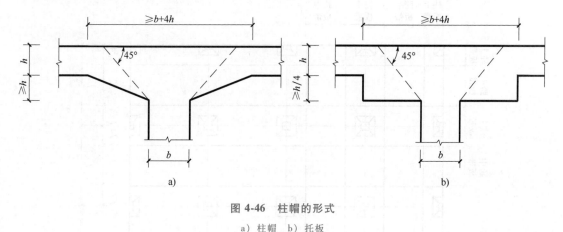

图 4-46　柱帽的形式

a）柱帽　b）托板

2. 受力特点

无梁楼板是四点支承的双向板，在均布荷载作用下，其弹性变形曲线，如图 4-47 所示。

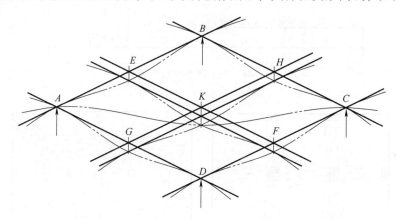

图 4-47　无梁楼板一个区格的弹性变形曲线示意图

如把无梁楼板划分成如图 4-48 所示的柱上板带与跨中板带，则如图 4-47 所示的柱上板带 AB、CD 和 AD、BC 分别成了跨中板带 EF、GH 的弹性支座。柱上板带支承在柱上，其跨中具有挠度 f_1；跨中板带弹性支承在柱上板带，其跨中相对挠度 f_2；无梁楼板跨中的总挠度为 f_1+f_2。此挠度较相同柱网尺寸的肋梁楼盖的挠度为大，因而无梁楼板的板厚应大些。

试验表明，无梁楼板在开裂前，处于未裂工作阶段：随着荷载增加，裂缝首先在柱帽顶部出现，随后不断发展，在跨中 1/3 跨度处，相继出现成批的板底裂缝，这些裂缝相互正交，且平行于柱列轴线。即将破坏时，在柱帽顶上和柱列轴线上的板顶裂缝以及跨中的板底裂缝中出现一些特别大的裂缝，在这些裂缝处，受拉钢筋屈服，受压的混凝土压应变达到极限压应变值，最终导致楼板破坏。破坏时的板顶裂缝分布情况，如图 4-49a 所示，板底裂缝分布情况如图 4-49b 所示。

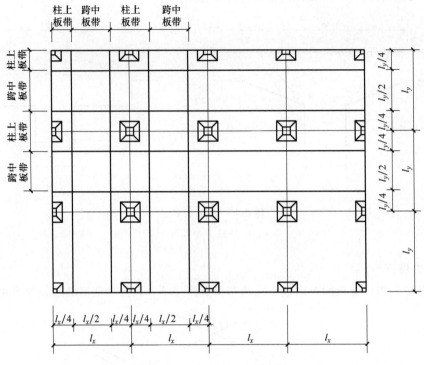

图 4-48 无梁楼盖的板带划分

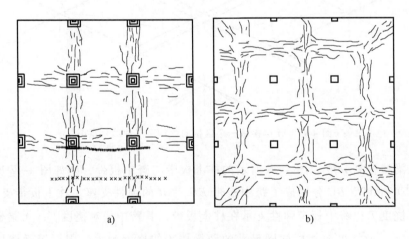

图 4-49 无梁楼盖的裂缝分布

a）板顶裂缝 b）板底裂缝

应注意，双向板肋梁楼盖中讲的是四边支承双向板，而无梁楼板是柱支承的双向板，两者支承条件不同，受力也就不同。竖向均布荷载作用下，四边支承双向板主要沿短跨方向受力，整个板弯曲成"碟形"，而无梁楼板则主要沿长跨方向受力，整个板弯曲成"碗形"，即"拉网形"。在规定板厚与跨度的比值时，四边支承双向板是用短跨长 l_{01} 来标志的，而无梁楼板则要用长跨长 l_{02} 来标志；同时无梁楼板中两个方向钢筋的相对位置正好与四边支承双向板中的相反，长跨方向的受力大些，所以要把沿长跨方向的钢筋放在短跨方向钢筋的外侧。

4.7.2　柱帽及板受冲切承载力计算

确定柱帽尺寸及配筋时，应满足柱帽边缘处平板的受冲切承载力要求。当满布荷载时，无梁楼盖中的柱或柱帽边缘处的平板，可以认为承受集中反力的冲切，如图 4-50 所示。

无梁楼盖的楼面荷载，是通过板与柱或柱帽的连接面上的剪力传给柱子的。当楼面荷载较大时，可能因连接面抗剪能力不足，沿柱周边出现 45° 方向的斜裂缝，进而导致板、柱之间的错位，即所谓板的冲切破坏，所以，应进行抗冲切验算。

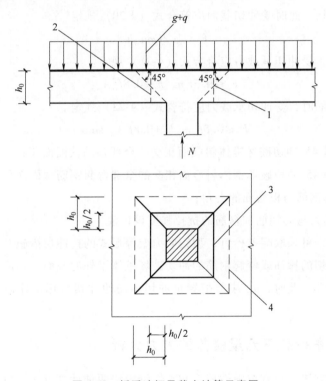

图 4-50　板受冲切承载力计算示意图

1—冲切破坏锥体的斜截面　2—计算截面　3—计算截面的边长　4—冲切破坏锥体的底面线

对于不配置箍筋或弯起钢筋的钢筋混凝土平板，其受冲切承载力应符合式（4-19）规定。

$$F_l \leqslant 0.7\beta_h f_t \eta u_m h_0 \qquad (4-19)$$

式中　F_l——冲切荷载设计值，$F_l = N - (g+q)(c+2h_0)(d+2h_0)$ 即柱子所受的轴向压力设计值的层间差值减去柱顶冲切破坏锥体范围内板所承受的荷载设计值，如图 4-50 所示；当有不平衡弯矩时，应以等效集中反力设计值 $F_{l,eq}$ 代替，$F_{l,eq}$ 可按《混规》的规定计算，限于篇幅，本书不再叙述；

β_h——截面高度影响系数；当 $h \leqslant 800mm$ 时，取 $\beta_h = 1.0$；当 $h \geqslant 2000mm$ 时，取 $\beta_h = 0.9$，其间按线性内插法取用；

u_m——计算截面的周长，取距柱帽周边 $h_0/2$ 处楼板垂直截面的最不利周长；

f_t——混凝土抗拉强度设计值；

h_0——板的截面有效高度；

η——系数，取 η_1、η_2 中的较小值，其中 $\eta_1 = 0.4 + 1.2/\beta_s$，$\eta_2 = 0.5 + \alpha_s h_0/4u_m$。$\beta_s$ 是局部荷载或集中反力作用面积为矩形时的长边与短边尺寸的比值，β_s 不宜大于 4；当 $\beta_s < 2$ 时，取 $\beta_s = 2$；当面积为圆形时，取 $\beta_s = 2$。α_s 是柱位置的影响系数；对中柱，取 $\alpha_s = 42$；对边柱。取 $\alpha_s = 30$；对角柱，取 $\alpha_s = 20$。

当受冲切承载力不能满足式（4-19）的要求，且板厚不小于 150mm 时，可配置箍筋或弯起钢筋参与抗冲切。此时受冲切截面应符合式（4-20）规定。

$$F_l \leqslant 1.2 f_t \eta u_m h_0 \tag{4-20}$$

当配置箍筋时，受冲切承载力应符合式（4-21）规定。

$$F_l \leqslant 0.5 f_t \eta u_m h_0 + 0.8 f_{yv} A_{svu} \tag{4-21}$$

当配置弯起钢筋时，受冲切承载力应符合式（4-22）规定。

$$F_l \leqslant 0.5 f_t \eta u_m h_0 + 0.8 f_y A_{sbu} \sin\alpha \tag{4-22}$$

式中 A_{svu}——与呈 45° 冲切破坏锥体斜截面相交的全部箍筋截面面积；

A_{sbu}——与呈 45° 冲切破坏锥体斜截面相交的全部弯起钢筋截面面积；

α——弯起钢筋与板底面的夹角；

f_y、f_{yv}——分别为弯起钢筋和箍筋的抗拉强度设计值。

当条件具备时，可采取配置栓钉、型钢剪力架等形式的抗冲切措施。

对于配置受冲切的箍筋或弯起钢筋的冲切破坏锥体以外的截面，仍应按式（4-19）进行受冲切承载力的计算，此时，u_m 应取配置抗冲切钢筋的冲切破坏锥体以外 $0.5h_0$ 处的最不利周长。

4.7.3　竖向均布荷载下无梁楼盖的内力分析

无梁楼盖计算方法，也有按弹性理论和塑性铰线法两种计算方法。按弹性理论的计算方法中，有精确计算法、等代框架法、经验系数法等。本书仅介绍工程设计中常用的经验系数法和等代框架法。

1. 经验系数法

经验系数法是最简便的方法，因而得到广泛应用。使用此法时，必须满足以下条件：

1）每个方向至少应有三个连续跨，并且具有抗侧力的支承或剪力墙。

2）同一方向各跨跨度相近，最大与最小跨度比不应大于 1.2，且端跨不应大于相邻的内跨。

3）任一区格板的长边与短边之比值不大于 1.5 倍。

4）可变荷载不大于永久荷载的 3 倍。

经验系数法的计算荷载，只考虑全部均布荷载，不考虑活荷载的不利布置。

经验系数法的计算步骤如下：

1）计算每个区格两个方向的总弯矩设计值计算公式为

x 方向

$$M_{0x} = \frac{1}{8}(g+q)l_y\left(l_x - \frac{2}{3}c\right)^2 \tag{4-23}$$

y 方向

$$M_{0y} = \frac{1}{8}(g+q)l_x\left(l_y - \frac{2}{3}c\right)^2 \tag{4-24}$$

式中　　l_x、l_y——x、y 两个方向的柱距；

　　　　g、q——板单位面积上作用的永久荷载和可变荷载设计值；

　　　　c——柱帽或托板的宽度或直径，即柱帽或托板与板底交点之间的距离。

2）将每一方向的总弯矩（M_{0x} 或 M_{0y}），分别乘以弯矩系数，分配给柱上板带和跨中板带的支座截面和跨中截面，弯矩系数，见表 4-12。

3）在保持总弯矩值不变的情况下，允许将柱上板带负弯矩的 10% 分配给跨中板带负弯矩。

4）表 4-12 为无悬臂板的经验系数，有较小悬臂板时仍可采用，当悬臂板跨较大且其负弯矩大于边支座负弯矩时，则须考虑悬臂弯矩对边支座与内跨的影响。

5）对竖向荷载作用下有柱帽的板，除边跨及边支座外，其余各弯矩设计值也可乘以折减系数 0.8。

表 4-12　无梁楼盖经验系数法弯矩系数

截面	边跨			内跨	
	边支座	跨中	内支座	跨中	支座
柱上板带	-0.48	0.22	-0.50	0.18	-0.50
跨中板带	-0.05	0.18	-0.17	0.15	-0.17

2. 等代框架法

当不符合经验系数法所要求的条件之一时，可采用等代框架法确定竖向均布荷载作用下的内力，等代框架法的适用条件是：任一区格的长跨与短跨之比不得大于 2。

等代框架法是以柱轴线为中心把整个结构分别沿纵、横柱列两个方向划分，并将其视为纵向等代框架和横向等代框架，分别进行计算分析。其中等代框架梁就是各层的无梁楼板。计算步骤如下：

1）计算等代框架梁、柱的几何特征。竖向均布荷载作用下，等效框架梁宽度和高度取为板跨中心线间的距离（l_x 或 l_y）和板厚，跨度取为（$l_y - 2c/3$）或（$l_x - 2c/3$），其中 c 为柱帽或托板的顶宽或直径；等代柱的截面即为原柱截面，柱的计算高度取为层高减柱帽高度，底层柱高度取为基础顶面至楼板底面的高度减柱帽高度。

2）按框架计算内力。当仅有竖向荷载作用时，可近似按分层法计算（详见第 5 章）。在竖向荷载作用下，不论是计算横向等代框架，还是计算纵向等代框架，都各自考虑全部恒荷载和活荷载，不按纵横两个方向进行分配。这是因为，无梁楼盖的每个区格板是四点支承的双向板，柱间的柱上板带（包括有暗梁的情况）是有竖向位移的，它们是跨中板带的弹性支承，因此荷载向四个支承点传递，不存在荷载在两个方向分配的问题。但在对横向等代框架或者在对纵向等代框架进行内力分析时，则应考虑荷载的不利组合。

3）所算得的等代框架柱内力，即无梁楼盖的柱内力；所算得的等代框架梁的总弯矩，按照划分的柱上板带和跨中板带分别确定支座和跨中弯矩设计值，即将总弯矩乘以分配系数，见表4-13。

表 4-13　无梁楼盖等代框架法弯矩系数

截面	端跨			内跨	
	边支座负弯矩	跨中正弯矩	第一内支座负弯矩	跨中正弯矩	支座负弯矩
柱上板带	0.90	0.55	0.75	0.55	0.75
跨中板带	0.10	0.45	0.25	0.45	0.25

水平荷载作用下，板柱结构也可近似地按等代框架法来计算，但这时等代梁的计算宽度比竖向均布荷载作用下的要小。这是因为竖向均布荷载作用下是楼板的变形带动柱变形；而水平荷载作用下，则是柱的变形能带动多大宽度的板跟它一起变形。《抗震规范》规定，等代梁的宽度宜采用垂直于等代平面框架方向两侧柱距各1/4。

4.7.4　截面设计与构造要求

1. 板厚及板的截面有效高度

无梁楼板通常是等厚的。对板厚的要求，除满足承载力要求外，还需满足刚度的要求。由于目前对其挠度尚无完善的计算方法，所以，用板厚h与长跨l_{02}的比值来控制其挠度。此控制值为：有帽顶板时，$h/l_{02} \leq 1/35$；无帽顶板时，$h/l_{02} \leq 1/30$；且板厚不应小于150mm；无柱帽时，柱上板带可适当加厚，加厚部分的宽度可取相应跨度的0.3倍。

板的截面有效高度取值，与双向板类同。同一部位的两个方向弯矩同号时，由于纵横向钢筋叠置，应分别取各自的截面有效高度。

2. 板配筋构造

板的配筋通常按单端弯起式配筋，如图4-51所示。同一区域的两个方向弯矩同号时，应使较大弯矩方向的受力钢筋放于外侧。两个方向均承受负弯矩作用的区域，其钢筋直径不宜小于12mm，正弯矩钢筋在板的下面，负弯矩钢筋在板的上面。

3. 柱帽抗冲切配筋构造要求

柱帽的配筋根据板的受冲切承载力确定。计算所需的箍筋及相应的架力钢筋应配置在与45°冲切破坏锥体相交的范围内，且从集中荷载作用面或柱截面边缘向外的分布长度不应小于$1.5h_0$。箍筋应为封闭式，并应箍住架立钢筋，箍筋直径不应小于6mm，其间距不应大于$h_0/3$，且不应大于100mm，如图4-52a所示。

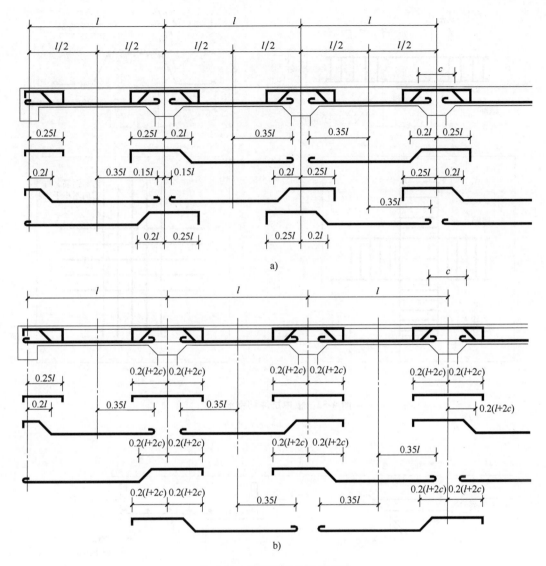

图 4-51　无梁楼板的配筋构造

a) 跨中板带配筋　b) 柱上板带配筋

计算所需的弯起钢筋，可由一排或两排组成，其弯起角可根据板的厚度在 30°～45°选取，弯起钢筋的倾斜段应与冲切破坏斜截面相交，其交点应在集中荷载作用面积或柱周边以外 $(1/2～2/3)h$ 的范围内，如图 4-52b 所示，弯起钢筋直径不应小于 12mm，且每一方向不宜少于 3 根。

不同类型柱帽的配筋构造，如图 4-53 所示。

4. 边梁

无梁楼盖的周边，应设置边梁，其截面高度不小于板厚的 2.5 倍。边梁除与半个柱上板带一起承受弯矩外，还须承受未计的扭矩，所以应另设置必要的抗扭构造钢筋。

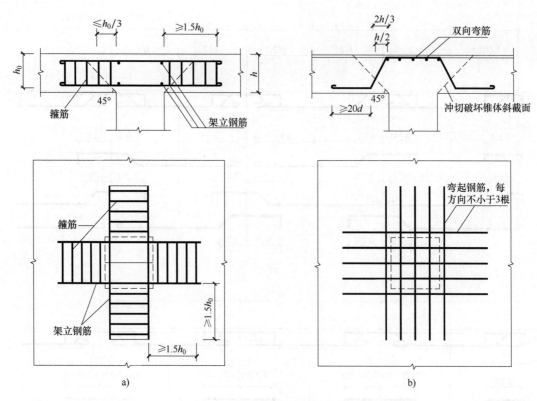

图 4-52　板中抗冲切钢筋布置

a）箍筋　b）弯起钢筋

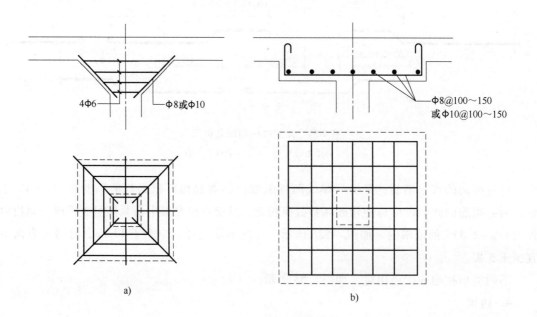

图 4-53　柱帽的配筋构造

a）矩形柱帽的配筋　b）托板的配筋

▶▶ 4.8 装配整体式楼盖

4.8.1 楼盖的类型与布置

本节所称的装配整体式楼盖是指将在预制厂预制好的混凝土梁、板，运输到施工现场进行安装后，再在预制梁板上浇筑钢筋混凝土现浇层（称为叠合层），并通过一定的连接构造而形成的一个共同承受外力的整体楼盖，所形成的梁板简称叠合梁和叠合板。这种楼盖整体性较好，可在不同结构体系中应用。叠合梁板按照是否配置预应力筋分为普通叠合梁板和预应力叠合梁板；普通叠合板按照板内是否设置桁架钢筋分为无桁架钢筋混凝土叠合板和桁架钢筋混凝土叠合板；预应力叠合板包括带肋预应力叠合板、空心预应力叠合板和双 T 形预应力叠合板。

1. 普通叠合楼盖

（1）有桁架钢筋的普通叠合板　有桁架钢筋叠合板构造示意，如图 4-54 所示。叠合板用桁架钢筋主要起增强刚度和抗剪作用，桁架钢筋应沿主要受力方向布置，距板边不应大于 300mm，间距不宜大于 600mm；弦杆钢筋直径不宜小于 8mm，腹杆钢筋直径不应小于 4mm；弦杆钢筋混凝土保护层厚度不应小于 15mm。

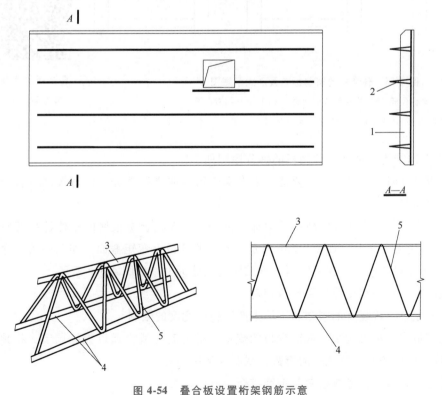

图 4-54　叠合板设置桁架钢筋示意

1—预制板　2—桁架钢筋　3—上弦钢筋　4—下弦钢筋　5—格构钢筋

叠合板桁架钢筋

（2）无桁架钢筋的普通叠合板　当未设置桁架钢筋时，在下列情况下，叠合板的预制板与后浇混凝土叠合层之间应设置抗剪构造钢筋：

1）单向叠合板跨度大于 4.0m 时，距支座 1/4 跨范围内。

2）双向叠合板短向跨度大于 4.0m 时，距四边支座 1/4 短跨范围内。

3）悬挑叠合板。

4）悬挑板的上部纵向受力钢筋在相邻叠合板的后浇混凝土锚固范围内。

抗剪构造钢筋宜采用马镫形状，间距不宜大于 400mm，钢筋直径 d 不应小于 6mm；马镫钢筋宜伸到叠合板上、下部纵向钢筋处，预埋在预制板内的总长度不应小于 15d，水平段长度不应小于 50mm。

2. 叠合楼盖的布置

根据接缝构造、支座构造和长宽比，叠合板可按单向叠合板或双向叠合板进行设计。

当预制板之间采用分离式接缝时，宜按单向板设计。对长宽比不大于 2 的四边支承叠合板，当其预制板之间采用整体式接缝或无接缝时，可按双向板设计。叠合板的预制板布置形式，如图 4-55 所示。

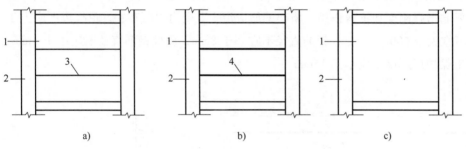

图 4-55　叠合板的预制板布置形式示意图

a）单向叠合板　b）带接缝双向叠合板　c）无接缝双向叠合板

1—预制板　2—梁或墙　3—板侧分离式接缝　4—板侧整体式接缝

叠合板的预制
板布置形式

叠合板布置应考虑结构合理性，预制板的拆分原则如下：

1）当按单向板设计时，应沿板的次要受力方向即长跨方向进行拆分。此时板缝垂直于板的长边，如图 4-55a 所示。

2）当按双向板设计时，应在板的较小受力部位拆分。双向叠合板板侧的整体性接缝宜设置在叠合板的次要受力方向上，如图 4-55b 所示，且宜避开最大弯矩截面。如双向板尺寸不大，则可采用无接缝双向板，仅在板四周与梁或墙交接处拆分，如图 4-55c 所示。

3）应注意预制板在与柱相交位置要预留切角。

4）板的宽度不超过运输超宽的限制和工厂生产线模台宽度的限制。

5）为降低生产成本，尽可能统一或减少板的规格。拆分时可适当通过板缝调节，将预制板宽度调成一致，也可按照一个统一的模数，视实际情况而定。

6）有管线穿过的楼板，须考虑避免与钢筋或桁架筋的冲突。

7）顶棚无吊顶时，板缝宜避开灯具、接线盒或吊扇位置。

4.8.2 叠合梁板分析计算

如前所述楼板是建筑物的水平结构分体系，它必须承受竖向荷载，并把它们传递给竖向分体系，同时还必须承受水平荷载，并把它们分配给竖向抗侧力体系。一般地，近似假定叠合板在其自身平面内刚度无穷大。因此，叠合板设计必须保证整体性及传递水平力的要求。

为保证整体结构的整体性、抗震性能以及建筑功能的需要，结构首层、顶层、结构转换层、框支层及相邻上一层楼层、平面复杂或开洞较大的楼层、作为上部嵌固部位的地下室宜采用现浇楼板，通常在通过管线较多且对平面整体性要求较高的剪力墙核心筒区域的楼盖宜采用现浇。

叠合楼板计算可按现浇楼板进行。当桁架钢筋布置方向为主受力方向时，桁架下弦杆钢筋可作为板底受力钢筋，按照计算结果确定钢筋直径、间距。安装时如需要布置支撑，则要进行支撑布置和计算，此时，应当考虑预制底板上面的施工荷载及堆载。根据支撑布置图进行二次验算，设计预制底板受力钢筋、桁架下弦钢筋直径、间距。

当预制梁板高度不足其叠合梁板全截面高度的 40% 时，由于底部较薄，施工阶段应有可靠的支撑，使预制梁板在二次成型浇筑混凝土的重量及施工荷载下，不至于发生影响内力的变形。施工阶段无支撑的叠合梁板，由于二次成型浇筑混凝土的重量及施工荷载的作用会影响构件的内力和变形，因此应对底部预制构件及浇筑混凝土后的叠合构件按下述要求进行二阶段受力分析：

（1）第一阶段　后浇的混凝土未达到强度设计值之前的阶段。荷载由预制构件承担，预制构件按简支构件计算；荷载包括预制构件自重、叠合层自重以及本阶段的施工活荷载。

（2）第二阶段　叠合层混凝土达到设计规定的强度值之后的阶段。叠合构件按整体结构计算，荷载考虑下列两种情况并取较大值：

1）施工阶段：考虑叠合构件自重、面层、吊顶等自重以及本阶段的施工活荷载。

2）使用阶段：考虑叠合构件自重、面层、吊顶等自重以及使用阶段的可变荷载。

1. 承载能力极限状态设计

（1）正截面受弯承载力计算　预制构件和叠合构件的正截面受弯承载力应按《混规》相关规定进行计算。其中，弯矩设计值应按以下规定取用：

预制构件

$$M_1 = M_{1G} + M_{1Q} \tag{4-25}$$

叠合构件的正弯矩区段

$$M = M_{1G} + M_{2G} + M_{2Q} \tag{4-26}$$

叠合构件的负弯矩区段

$$M = M_{2G} + M_{2Q} \tag{4-27}$$

式中　M_{1G}——预制构件自重和叠合层自重在计算截面产生的弯矩设计值；

M_{2G}——第二阶段面层、吊顶等自重在计算截面产生的弯矩设计值；

M_{1Q}——第一阶段施工活荷载在计算截面产生的弯矩设计值；

M_{2Q}——第二阶段可变荷载在计算截面产生的弯矩设计值，取本阶段施工活荷载和使用阶段可变荷载在计算截面产生的弯矩设计值中的较大值。

在计算中，正弯矩区段的混凝土强度等级，按叠合层取用；负弯矩区段的混凝土强度等级，按计算截面受压区的实际情况取用。

（2）斜截面受弯承载力计算 预制构件和叠合构件的斜截面受剪承载力，应按《混规》相关规定进行计算。其中，剪力设计值应按以下列规定取用：

预制构件

$$V_1 = V_{1G} + V_{1Q} \tag{4-28}$$

叠合构件

$$V = V_{1G} + V_{2G} + V_{2Q} \tag{4-29}$$

式中 V_{1G}——预制构件自重和叠合层自重在计算截面产生的剪力设计值；

V_{2G}——第二阶段面层、吊顶等自重在计算截面产生的剪力设计值；

V_{1Q}——第一阶段施工活荷载在计算截面产生的剪力设计值；

V_{2Q}——第二阶段可变荷载在计算截面产生的剪力设计值，取本阶段施工活荷载和使用阶段可变荷载在计算截面产生的剪力设计值中的较大值。

在计算中，叠合构件斜截面上混凝土和箍筋的受剪承载力设计值 V_{cs} 应取叠合层和预制构件中较低的混凝土强度等级进行设计，且不低于预制构件的受剪承载力设计值；对预应力混凝土叠合构件，不考虑预应力对受剪承载力的有利影响，即取 $V_p = 0$。

2. 正常使用极限状态设计

钢筋混凝土叠合受弯构件在荷载准永久组合下，其纵向受拉钢筋的应力 σ_{sq} 应符合式（4-30）规定。

$$\sigma_{sq} \leqslant 0.9 f_y \tag{4-30}$$

$$\sigma_{sq} = \sigma_{s1k} + \sigma_{s2q} \tag{4-31}$$

在弯矩 M_{1Gk} 作用下，预制构件纵向受拉钢筋的应力 σ_{s1k} 计算公式为

$$\sigma_{s1k} = \frac{M_{1Gk}}{0.87 A_s h_{01}} \tag{4-32}$$

式中 M_{1Gk}——预制构件自重和叠合层自重标准值在计算截面产生的弯矩值；

h_{01}——预制构件截面有效高度。

在荷载准永久组合相应的弯矩 M_{2q} 作用下，叠合构件纵向受拉钢筋中的应力增量 σ_{s2q} 计算公式为

$$\sigma_{s2q} = \frac{0.5\left(1 + \dfrac{h_1}{h}\right) M_{2q}}{0.87 A_s h_0} \tag{4-33}$$

式中 h_1、h——分别为预制构件、叠合构件截面高度；

h_0——叠合构件截面有效高度。

当 $M_{1Gk} < 0.35 M_{1u}$ 时，式（4-33）中的 $0.5(1 + h_1/h)$ 值应取等于 1.0；此处，M_{1u} 为预制

构件正截面受弯承载力设计值，应按《混规》相关规定计算：

（1）裂缝控制验算 对于钢筋混凝土叠合构件，按荷载准永久组合并考虑长期作用影响的最大裂缝宽度计算公式为

$$\omega_{max} = \frac{2\psi(\sigma_{s1k} + \sigma_{s2q})}{E_s}\left(1.9c + 0.08\frac{d_{eq}}{\rho_{te1}}\right) \tag{4-34}$$

$$\psi = 1.1 - \frac{0.65f_{tk1}}{\rho_{te1}\sigma_{s1k} + \rho_{te}\sigma_{s2q}} \tag{4-35}$$

式中 c——最外层纵向受拉钢筋外边缘至受拉区底边的距离（mm）；当 $c < 20$mm 时，取 $c = 20$mm；当 $c > 65$mm 时，取 $c = 65$mm；

ψ——裂缝间纵向受拉钢筋应变不均匀系数；当 $\psi < 0.2$ 时，取 $\psi = 0.2$；当 $\psi > 1.0$ 时，取 $\psi = 1.0$，对直接承受重复荷载的构件，取 $\psi = 1.0$；

d_{eq}——受拉区纵向钢筋的等效直径，按《混规》的规定计算；

ρ_{te1}、ρ_{te}——按预制构件、叠合构件的有效受拉混凝土截面面积计算的纵向受拉钢筋配筋率，按《混规》的规定计算；

f_{tk1}——预制构件的混凝土抗拉强度标准值。

最大裂缝宽度 ω_{max} 不应超过最大裂缝宽度限值。

（2）挠度验算 为进行挠度验算，需先确定梁、板的刚度值。对于钢筋混凝土构件，荷载准永久组合下钢筋混凝土叠合梁、板正弯矩区段内的短期刚度，可按以下规定计算：

1）预制构件短期刚度 B_{s1} 计算公式为

$$B_{s1} = \frac{E_s A_s h_{01}^2}{1.15\psi + 0.2 + \dfrac{6\alpha_E\rho}{1 + 3.5\gamma_f}} \tag{4-36}$$

式中 α_E——钢筋弹性模量与预制构件弹性模量之比，$\alpha_E = E_s/E_{c1}$；

γ_f——受拉翼缘截面面积与腹板有效截面面积的比值。

2）叠合构件第二阶段的短期刚度计算公式为

$$B_{s2} = \frac{E_s A_s h_0^2}{0.7 + 0.6\dfrac{h_1}{h} + \dfrac{45\alpha_E\rho}{1 + 3.5\gamma_f'}} \tag{4-37}$$

式中 α_E——钢筋弹性模量与叠合层混凝土弹性模量的比值：$\alpha_E = E_s/E_{s2}$；

γ_f'——受压翼缘截面面积与腹板有效截面面积的比值。

钢筋混凝土叠合受弯构件，按荷载准永久组合并考虑长期影响的刚度计算公式为

$$B = \frac{M_q}{\left(\dfrac{B_{s2}}{B_{s1}} - 1\right)M_{1Gk} + \theta M_q}B_{s2} \tag{4-38}$$

$$M_q = M_{1Gk} + M_{2Gk} + \psi_q M_{2Qk} \tag{4-39}$$

式中 θ——考虑荷载长期作用对挠度增大的影响系数，按《混规》采用；

M_q——叠合构件按荷载准永久组合计算的弯矩值；

ψ_q——第二阶段可变荷载的准永久值系数。

基于上述，可求得挠度 f，最后进行挠度验算，即要求 $f \leqslant f_{\text{lim}}$，其中 f_{lim} 为挠度限值。

3. 叠合面接缝计算

叠合梁的叠合面受剪承载力应符合式（4-40）规定。

$$V \leqslant 1.2 f_t b h_0 + 0.85 f_{yv} \frac{A_{sv}}{s} h_0 \tag{4-40}$$

此处，混凝土的抗拉强度设计值 f_t 应取叠合层和预制构件中的较低值。

对于不配箍筋的叠合板，其叠合面受剪强度应符合式（4-41）规定。

$$\frac{V}{b h_0} \leqslant 0.4 \tag{4-41}$$

4. 叠合梁端竖向接缝受剪承载力计算

叠合梁端竖向接缝的受剪承载力设计值计算公式为

持久设计状况

$$V_u = 0.07 f_c A_{c1} + 0.10 f_c A_k + 1.65 A_{sd} \sqrt{f_c f_y} \tag{4-42}$$

地震设计状况

$$V_{uE} = 0.04 f_c A_{c1} + 0.06 f_c A_k + 1.65 A_{sd} \sqrt{f_c f_y} \tag{4-43}$$

式中　A_{c1}——叠合梁端截面后浇混凝土叠合层截面面积；

　　　f_c——预制构件混凝土轴心抗压强度设计值；

　　　f_y——垂直穿过结合面钢筋抗拉强度设计值；

　　　A_k——各键槽的根部截面面积之和，如图 4-56 所示，按后浇键槽根部截面和预制键槽根部截面分别计算，并取二者的较小值；

　　　A_{sd}——垂直穿过结合面所有钢筋的面积，包括叠合层内的纵向钢筋。

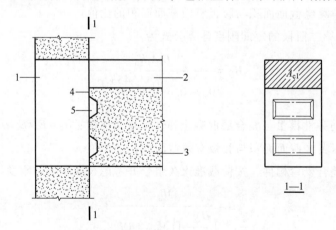

图 4-56　叠合梁受剪承载力计算参数示意图

1—后浇节点区　2—后浇混凝土叠合层　3—预制梁

4—预制键槽根部截面　5—后浇键槽根部截面

研究表明，混凝土抗剪键槽的受剪承载力一般为 $(0.15 \sim 0.2) f_c A_k$，但由于混凝土抗剪键槽的受剪承载力和钢筋的销栓抗剪作用一般不会同时达到最大值，因此在计算接缝的抗剪承载力时，对混凝土抗剪键槽的抗剪作用进行折减，取 $0.1 f_c A_k$。由于在实际工程中，梁截面一般不会很大，梁端抗剪键槽数量有限，沿高度方向一般不会超过 3 个，因此，不考虑群键作用。抗剪键槽破坏时，可能沿现浇键槽或预制键槽的根部破坏，因此，计算抗剪键槽受剪承载力时应按现浇键槽和预制键槽根部剪切面分别计算面积，并取两者的较小值。而且在设计中，应尽量使现浇键槽和预制键槽根部的剪切面面积相等。

有可靠支撑的叠合梁板，可按整体受弯构件设计计算，但其斜截面受弯承载力和叠合面受剪承载力以及叠合梁端竖向接缝受剪承载力应按上述方法计算。

4.8.3 构造要求

1. 叠合板构造要求

（1）一般构造要求　叠合板的预制板厚度不宜小于 60mm；后浇混凝土叠合层厚度不应小于 60mm；当叠合板的预制板采用空心板时，板端空腔应封堵；跨度大于 3m 的叠合板，宜采用钢筋混凝土桁架筋叠合板；跨度大于 6m 的叠合板，宜采用预应力混凝土叠合板；厚度大于 180mm 的叠合板，宜采用混凝土空心板。普通叠合楼板跨度可达到 6m，跨度一般不超过运输限宽。

为加强预制板与现浇叠合层之间结合面的混凝土黏结力，结合面处应设置粗糙面。预制板的粗糙面凹凸深度不应小于 4mm，这是叠合楼板构件质量控制的关键，严禁出现浮浆问题，粗糙面的面积不宜小于结合面的 80%。

（2）支座节点构造要求　板端支座处，预制板内的纵向受力钢筋宜从板端伸出并锚入支承梁或墙的后浇混凝土中，锚固长度不应小于 $5d$（d 为纵向受力钢筋直径），且宜伸过支座中心线，如图 4-57a 所示。

单向叠合板的板侧支座处，当预制板内的板底分布钢筋伸入支承梁或墙的后浇混凝土中时，锚固长度不应小于 $5d$（d 为纵向受力钢筋直径），且宜伸过支座中心线；当板底分布钢筋不伸入支座时，宜在紧邻预制板顶面的后浇混凝土叠合层中设置附加钢筋，附加钢筋截面面积不宜小于预制板内的同方向分布钢筋截面面积，间距不宜大于 600mm，在板的后浇混凝土叠合层内锚固长度不应小于 $15d$，在支座内锚固长度不应小于 $15d$（d 为附加钢筋直径）且宜伸过支座中心线，如图 4-57b 所示。

（3）接缝构造要求　接缝构造一般分为分离式接缝和整体式接缝。

单向叠合板板侧的分离式接缝宜配置附加钢筋，如图 4-58 所示，接缝处紧邻预制板顶面宜设置垂直于板缝的附加钢筋，附加钢筋伸入两侧后浇混凝土叠合层的锚固长度不应小于 $15d$（d 为附加钢筋直径），截面面积不宜小于预制板中该方向钢筋面积，钢筋直径不宜小于 6mm，间距不宜大于 250mm。

采用如图 4-58a 所示的密拼接缝形式，板底往往会有明显的裂纹，当不处理或不吊顶时，会对美观有一些影响。工程中，常预留 30 ~ 50mm 的缝，然后后浇混凝土进行拼接，如图 4-58b 所示，通过项目实践效果不错。

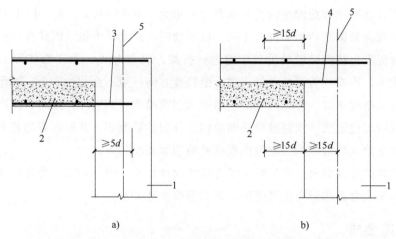

图 4-57　叠合板端及板侧支座构造钢筋

a）板端支座构造　b）单向板板侧支座构造

1—支承梁或墙　2—预制板　3—纵向受力钢筋　4—附加钢筋　5—支座中心线

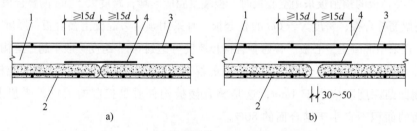

图 4-58　单向叠合板板侧分离式接缝构造示意图

a）密拼接缝　b）留缝拼接

1—后浇混凝土叠合层　2—预制板　3—后浇层内钢筋　4—附加钢筋

　　双向叠合板板侧的整体式接缝宜设置在叠合板的次要受力方向上且宜避开最大弯矩截面。接缝可采用后浇带形式，后浇带宽度 b 不宜小于 200mm；后浇带两侧板底纵向受力钢筋可在后浇带中焊接、搭接、机械连接、弯折锚固；当后浇带两侧板底纵向受力钢筋在后浇带中搭接连接时，可采用如图 4-59a 所示的预制板底外伸钢筋直线型搭接，也可采用如图 4-59b、c 所示的预制板底外伸钢筋端部为 90°或 135°弯钩搭接，90°或 135°弯钩钢筋弯后直线段长度分别为 12d 和 10d（d 为钢筋直径），如图 4-59d 所示的构造较为复杂，目前已很少使用，钢筋搭接长度 l_1 均应符合《混规》的有关规定。

2. 叠合梁构造要求

　　（1）连接面要求　预制梁在梁端连接面应设置抗剪键槽，如图 4-60 所示。抗剪键槽是通过凹凸形状的混凝土传递剪力的抗剪结构，是保证接缝处抗剪承载力的关键技术措施。试验表明，预制梁端采用键槽方式时，其受剪承载力一般大于粗糙面，且易于控制加工质量及检测。键槽的尺寸和数量应按计算确定；键槽的深度 t 不宜小于 30mm，宽度 b 不宜小于深度的 3 倍且不宜大于深度的 10 倍；键槽可贯通截面，当不贯通时槽口距离截面边缘不宜小于 50mm；键槽间距宜等于键槽宽度；键槽端部斜面倾角不宜大于 30°。梁端键槽数量通常较少，一般为 1~3 个。

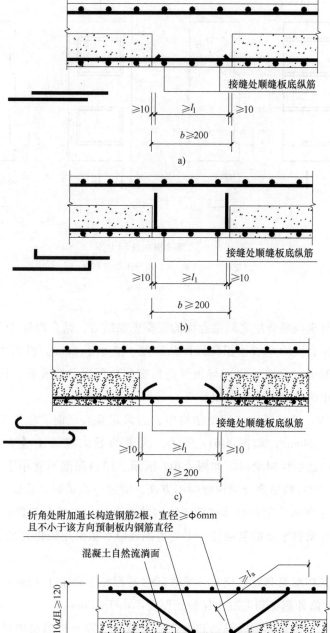

图 4-59 双向叠合板整体式接缝构造示意图

a）板底纵筋直线搭接　b）板底纵筋末端带 90°弯钩搭接　c）板底纵筋末端带 135°弯钩搭接　d）板底纵筋弯折锚固

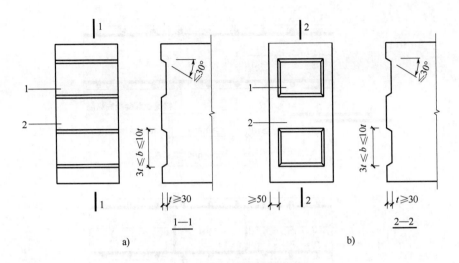

图 4-60 梁端键槽构造示意图

a) 键槽贯通截面　b) 键槽不贯通截面

1—键槽　2—梁端面

为加强预制梁与现浇叠合层之间结合面的混凝土黏结力，结合面处应设置粗糙面。粗糙面的面积不宜小于结合面的 80%，粗糙面凹凸深度不应小于 6mm。根据大量试验以及日本的通用做法，在预制梁（含墙、柱）与预制板相交部位可以做成光面，这些部位对结构受力影响很小且有利于构件的制作和脱模。

（2）叠合层要求　装配整体式框架结构中，当采用叠合梁时，框架梁的后浇混凝土叠合层厚度不宜小于 150mm，如图 4-61a 所示，次梁的后浇混凝土叠合层厚度不宜小于 120mm；当采用凹口截面预制梁时，如图 4-61b 所示，凹口深度不宜小于 50mm，凹口边厚度不宜小于 60mm。凹口截面叠合梁预制时不方便，需进一步试验，验证其必要性。

（3）梁钢筋构造要求　装配整体式框架结构的叠合梁构造要求与现浇混凝土结构一样，本书不再叙述。考虑梁柱节点的复杂性，梁受力钢筋应尽量采用较粗直径、较大间距的钢筋布置方式。

当梁底部钢筋采用灌浆套筒连接时，梁底部钢筋直径不宜小于 12mm。同时套筒的净距不应小于 25mm，套筒外侧箍筋混凝土保护层厚度不小于 20mm。

叠合梁箍筋形式分为整体封闭箍筋和组合封闭箍筋（即开口箍筋加箍筋帽的形式），如图 4-62 所示。采用组合封闭箍筋形式时，开口箍筋上方和箍筋帽末端均应做成 135°弯钩；弯钩端头平直段长度，非抗震设计时，不应小于 $5d$（d 为箍筋直径）；抗震设计时，不应小于 $10d$。

实际上，从梁的整体性受力来讲，在施工条件允许的情况下，叠合梁箍筋均宜采用封闭箍筋。当采用封闭箍筋不便于安装上部纵向钢筋时，可采用组合封闭箍筋，由于对封闭组合箍筋的研究尚不够完善，因此在所受扭矩较大的梁和抗震等级为一、二级的叠合框架梁梁端加密区中应采用整体封闭箍筋。

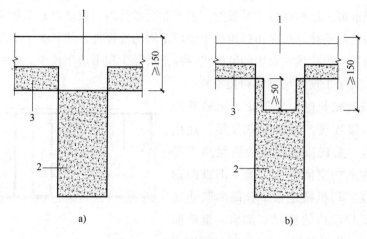

图 4-61　叠合梁截面示意图

a）矩形截面预制梁　b）凹凸截面预制梁

1—后浇混凝土叠合层　2—预制梁　3—预制板

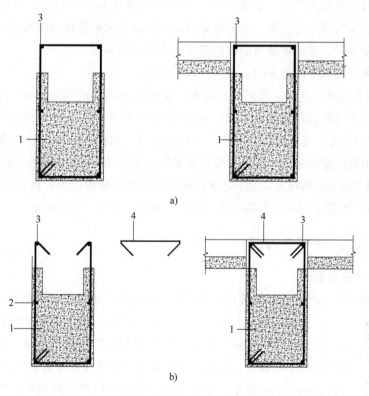

图 4-62　叠合梁箍筋构造示意图

a）采用整体封闭箍筋的叠合梁　b）采用组合封闭箍筋的叠合梁

1—预制梁　2—开口箍筋　3—上部纵向钢筋　4—箍筋帽

（4）叠合梁连接构造要求　构件之间的连接方法分为湿连接和干连接两种。所谓湿连接是指预制构件间主要纵向受力钢筋的拼接部位，用现浇混凝土或灌浆填充的连接方式，湿连接形式与现浇混凝土结构类似，其强度、刚度和变形行为与现浇混凝土结构相同。所谓干连接是指预制构件间连接通过在预制构件中预埋不同的连接件，然后在工地现场用螺栓、焊接等方式完成组装。干连接在我国的装配式混凝土实际工程中应用较少。本书介绍的连接构造均为湿连接，关于干连接可查阅相关资料。

当叠合梁长度较长时，由于受到运输等的限制，可采用对接连接，如图 4-63 所示，连接处应设置后浇段，后浇段的长度应满足梁下部纵向钢筋连接作业的空间需求，梁下部纵向钢筋在后浇段内宜采用机械连接、套筒灌浆连接或焊接连接；后浇段内的箍筋应加密，箍筋间距不应大于 5d（d 为纵向钢筋直径），且不应大于 100mm。

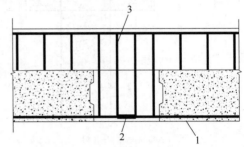

图 4-63　叠合梁连接节点构造
1—预制梁　2—纵向钢筋连接接头　3—后浇段

（5）主、次梁连接构造要求　主梁与次梁的连接可采用后浇混凝土节点，如图 4-64 所示，即主梁上预留后浇段，混凝土断开而钢筋连续，以便穿过和锚固次梁钢筋。当主梁截面高度较高且次梁截面高度较小时，主梁预制混凝土也可不完全断开，可采用预留凹槽的形式供次梁钢筋穿过。

主梁与次梁采用后浇段连接时，应符合以下规定：

1）在端部节点处，次梁下部纵向钢筋伸入主梁后浇段内的长度不应小于 12d。次梁上部纵向钢筋应在主梁后浇段内锚固。如图 4-64a 所示，当采用弯折锚固或锚固板时，锚固直段长度不应小于 0.6l_a；当钢筋应力不大于钢筋强度设计值的 50% 时，锚固直段长度不应小于 0.35l_a；采用弯折锚固时，弯折后直段长度不应小于 12d（d 为纵向钢筋直径）。

2）在中间节点处，两侧次梁的下部纵向钢筋伸入主梁后浇段内长度不应小于 12d（d 为纵向钢筋直径）；次梁上部纵向钢筋应在现浇层内贯通，如图 4-64b 所示。

4.8.4　预制梁、板施工验算

1. 预制构件吊装验算

预制构件吊装验算的内容包括确定吊点位置、抗弯强度的验算、抗裂强度的验算。

预制板吊装

（1）确定吊点位置　预制构件吊装时一般依据最小弯矩原理来选择吊点，即自重产生的正弯矩最大值与负弯矩最大值相等时，整个构件的弯矩绝对值最小。其中，梁和柱可以采用等代梁或者连续梁模型；对于预制板，可以采用等代梁模型。应当注意：采用等代梁计算预制板时，应对板的两个方向分别计算，此时，等代梁的宽度可取为吊点两侧半跨之和或吊点到板边缘的距离与另一侧半跨之和，且不宜大于板厚的 15 倍，等代梁高度为预制板厚度。

对沿长度质量均匀分布的构件，设构件总长为 L，吊点距构件端部为 x。则一点吊装时，吊点位置为 x = 0.239L；两点吊装时，吊点位置为 x = 0.207L；三点吊装时，吊点位置为两边点 x = 0.153L，第三点为构件中点。

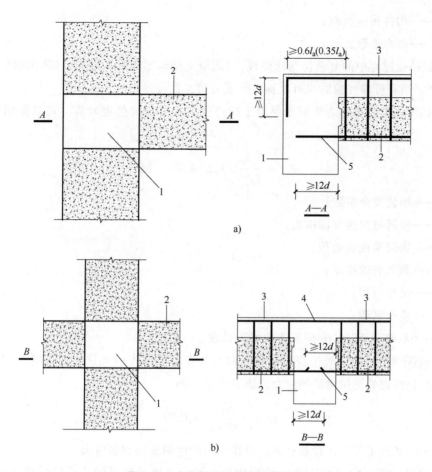

图 4-64 主次梁连接节点构造示意

a) 端部节点 b) 中间节点

1—主梁后浇段 2—次梁 3—后浇混凝土叠合层
4—次梁上部纵向钢筋 5—次梁下部纵向钢筋

（2）脱模起吊 预制构件与模板之间存在吸附力，脱模起吊荷载计算公式为

$$F_1 = \beta_d G_k + q_s A \geqslant 1.5\text{kN} \tag{4-44}$$

式中 F_1——脱模起吊荷载，单位为 kN；

β_d——动力系数，对脱模、反转、吊装、运输时可取 1.5，临时固定时可取 1.2；

G_k——构件重力荷载标准值，单位为 kN；

q_s——单位面积脱模吸附力，单位为 kN/m^2，与构件厂生产设备及条件有关，不得小于 1.5kN/m^2；

A——构件接触面积。

（3）预制构件的吊运 预制构件吊运可分为直吊、平吊和反转吊等。在吊装验算时，对吊运过程中的动荷载和冲击力应予以考虑。构件吊运荷载计算公式为

$$F_2 = \gamma_2 G_k \tag{4-45}$$

式中 F_2——构件吊运荷载；

　　　　γ_2——动力系数。

考虑到吊运过程中的复杂性与重要性，《混凝土结构工程施工规范》GB 50666—2011 将 γ_2 取为 1.5。当有可靠经验时也可根据实际受力情况进行修正。

（4）抗弯强度验算　对于钢筋混凝土构件受弯构件抗弯强度验算，可以采用的验算公式为

$$K = \frac{f_{yk}A_s h_0}{M_d} \geqslant 1.5 \times 0.9 = 1.35 \tag{4-46}$$

式中 K——吊装安全系数；

　　　　f_{yk}——钢筋抗拉强度标准值；

　　　　A_s——钢筋横截面面积；

　　　　h_0——截面有效高度；

　　　　M_d——吊装弯矩；

　　　　1.5——安全系数；

　　　　0.9——吊装验算时，安全系数的修正系数。

（5）抗裂强度验算　对于普通混凝土构件，在施工过程中允许出现裂缝的钢筋混凝土构件，其开裂截面处受拉钢筋的应力应满足要求，即

$$\sigma_s = \frac{M_d}{0.87 A_s h_0} \leqslant 0.7 f_{yk} \tag{4-47}$$

式中 σ_s——各施工工况在荷载标准组合作用下产生的受拉钢筋应力。

（6）吊环计算　为吊装方便，预制构件一般可设置吊环吊装，也可采用内埋式螺母、内埋式吊杆或预留吊装孔，并采用配套的专用吊具实现吊装。吊环应采用 HPB300 钢筋或 Q235B 圆钢制作，严禁使用冷加工钢筋，以防脆断。吊环设计与构造应符合以下要求：

1）吊环锚入混凝土中的深度不应小于 $30d$ 并应焊接或绑扎在钢筋骨架上，d 为吊环钢筋或圆钢的直径。

2）应验算在荷载标准值作用下的吊环应力，验算时每个吊环可按两个截面计算，对 HPB300 钢筋，吊环应力不应大于 65N/mm^2；对 Q235B 圆钢，吊环应力不应大于 50N/mm^2。

3）当一个构件上设有 4 个吊环时，应按 3 个吊环进行计算。

吊环应力计算公式为

$$\sigma_s = \frac{F_1}{2nA_s} \tag{4-48}$$

式中 σ_s——吊环应力；

　　　　n——参与计算的吊环数量；

　　　　A_s——吊环面积。

（7）预制构件预埋件计算　预制构件预埋件计算内容包括脱模单点吊点荷载、构件吊运单点吊点荷载、单个螺杆设计承载力计算和螺杆抗拔计算。

脱模单点吊点荷载计算公式为

$$Q = F_1 / n \qquad (4\text{-}49)$$

式中　n——埋件个数，当一个构件上设有 4 个埋件时，取 $n = 3$。

构件吊运单点吊点荷载计算公式为

$$Q = F_2 / n \qquad (4\text{-}50)$$

单个螺杆设计承载力计算公式为

$$N_t^b = \frac{\pi d_e^2}{4} f_t^b \qquad (4\text{-}51)$$

式中　N_t^b——单个螺杆设计承载力；

　　　d_e——螺栓直径；

　　　f_t^b——螺杆抗拉强度设计值。

单个螺杆抗拔力计算公式为

$$P_u = 0.7 \beta_h f_t \eta u_m L_0 \qquad (4\text{-}52)$$

式中　P_u——单个螺杆抗拔力；

　　　β_h——截面高度影响系数，按式（4-17）取用；

　　　f_t——混凝土轴心抗拉强度设计值；

　　　η——局部荷载或集中反力作用面积形状的影响系数，$\eta = 0.4 + 1.2/\beta_h$；

　　　u_m——计算截面周长，取 $u_m = \pi L_0$；

　　　L_0——螺杆埋深。

2. 堆放与成品保护

为防止构件在堆放时损坏，要求对堆放场地进行平整硬化，做到场内无积水；预埋吊件应朝上，预制构件应标识，标识宜朝向堆垛间的通道；构件支垫应坚实，垫木应均匀搁置在混凝土表面，其位置宜与脱模、吊装时的起吊位置一致；重叠堆放构件时，每层构件间的垫木应上下对齐，防止构件产生负弯矩而导致开裂、弯曲或翘曲等变形，堆垛层数应根据构件、垫木的承载力确定，一般不宜超过 6 层，并应根据需要采取防止堆垛倾覆的措施；堆放预应力构件时，应根据构件起拱值的大小和堆放时间采取相应措施。

预制构件工程厂
专用架堆放

4.8.5　装配整体式楼盖图面表达

1. 施工图应表达的内容

（1）预制板布置平面图　预制板布置平面图中需表达预制板的划分，注明预制板的跨度方向、厚度、板号、数量及板底标高，标出预留洞口大小及位置。

（2）现浇层配筋平面图　与现浇混凝土结构一样，该图表达的内容包括混凝土强度等级，现浇层的厚度及钢筋布置、搭接、锚固要求。

（3）预制板大样图　预制板大样图包括模板图和配筋图，需注明预制板的详细尺寸、钢筋分布及规格。

（4）连接节点大样详图　连接节点大样详图包括叠合板板间拼缝大样详图和与支承梁的连接大样详图。

2. 深化设计施工详图应表达的内容

1）在预制板大样详图中绘制钢筋具体布置图，包括受力钢筋、分布钢筋的布置以及钢筋搭接或者连接方式及长度和根数、下料长度。

2）在预制板大样详图中标注吊点及吊件的位置，各种预埋管线、孔洞、线盒及各种管线的吊挂预埋螺母等。

3）给出运输、安装方案需要的吊件、零时安装件。

4）给出钢筋下料表，表内包括预制板编号、长度、宽度、混凝土总体积，预制板钢筋种类、数量、尺寸、钢筋总重量。

5）运输、吊装、安装顺序方案。

6）临时阶段验算的力学计算书。

3. 叠合板编号规则

叠合板可依据现行国家建筑标准设计图集《桁架钢筋混凝土叠合板（60mm 厚底板）》15G366—1 的编号规则进行编号。

1）单向叠合板用底板编号：

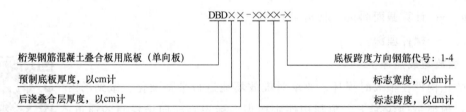

2）双向叠合板用底板编号：

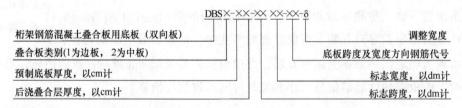

底板标志宽度、标志跨度以及钢筋代号表详见现行国家建筑标准图集《桁架钢筋混凝土叠合板（60mm 厚底板）》15G366—1。

【例题 4-8】　对例题 4-1 三层平面采用装配整体式无支承叠合双向板，梁的布置，如图 4-5b 所示，试进行：

1. 结构平面布置。

2. 预制板、叠合板的设计计算。

3. 绘制施工图。

【解】

1. 结构平面布置图（局部），如图 4-65 所示，其中跨度 3800mm 按 15G366—1 中标志跨度 3900mm 采用。

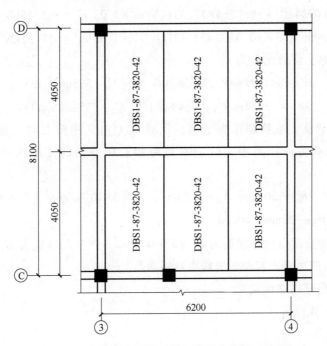

图 4-65 双向叠合板预制底板平面布置图（局部）

2. 整块楼板（预制板、叠合板）计算如下：

混凝土强度等级 C30，钢筋强度等级 HRB400，混凝土保护层厚度 15mm。

预制板厚 $h_1 = 80mm$，叠合板厚 $h = 150mm$，$l_{01} = 4050mm$，$l_{02} = 6200mm$。

（1）荷载计算　恒荷载标准值计算

30 厚细石混凝土自重	$0.03m \times 24kN/m^3 = 0.72kN/m^2$
板自重	$0.15m \times 25kN/m^3 = 3.75kN/m^2$
20 厚板底抹灰自重	$0.02m \times 20kN/m^3 = 0.4kN/m^2$

$\sum$ $\qquad = 4.87kN/m^2$

活荷载标准值：$\qquad 4kN/m^2$

荷载设计值：$\qquad q = 1.3 \times 4.87kN/m^2 + 1.5 \times 4kN/m^2 = 12.331kN/m^2$

（2）跨中弯矩（四边简支）及配筋计算

$$m_1 = 0.0746ql_{01}^2 = 0.0746 \times 12.331kN/m^2 \times 4.05^2m^2 = 15.09kN \cdot m/m$$

$$m_2 = 0.02725ql_{01}^2 = 0.02725 \times 12.331kN/m^2 \times 4.05^2m^2 = 5.51kN \cdot m/m$$

$$m_1^v = m_1 + \nu m_2 = 16.19kN \cdot m/m, m_2^v = m_2 + \nu m_1 = 8.53kN \cdot m/m$$

配筋计算过程略，计算结果为

$$A_{s1} = 358.4 \, \text{mm}^2/\text{m}, \text{实配} \, \Phi 10@150 \, (A_{s1} = 523 \, \text{mm}^2/\text{m})$$

$$A_{s2} = 185.6 \, \text{mm}^2/\text{m}, \text{实配} \, \Phi 8@150 \, (A_{s2} = 335 \, \text{mm}^2/\text{m})$$

（3）支座弯矩（四边固定）及配筋计算

$$m'_1 = -0.0764 q l_{01}^2 = -0.0764 \times 12.331 \, \text{kN/m}^2 \times 4.05^2 \, \text{m}^2 = -15.45 \, \text{kN} \cdot \text{m/m}$$

$$m'_2 = -0.0569 q l_{01}^2 = -0.0569 \times 12.331 \, \text{kN/m}^2 \times 4.05^2 \, \text{m}^2 = -11.51 \, \text{kN} \cdot \text{m/m}$$

配筋计算过程略，计算结果为

$$A'_{s1} = 341.41 \, \text{mm}^2, \text{实配} \, \Phi 10@200 \, (A'_{s1} = 393 \, \text{mm}^2/\text{m})$$

$$A'_{s2} = 252.1 \, \text{mm}^2, \text{实配} \, \Phi 8@150 \, (A'_{s2} = 335 \, \text{mm}^2/\text{m})$$

（4）裂缝宽度验算　本例题作为示例，仅对 l_{01} 方向（短跨方向）板底跨中裂缝进行验算，l_{02} 方向（长跨方向）跨中裂缝以及短跨和长跨方向的支座跨中裂缝请读者自行验算。

$f_{tk} = 2.01 \, \text{N/mm}^2$，$h_0 = 130 \, \text{mm}$，$A_{s1} = 523 \, \text{mm}^2$，$E_s = 2 \times 10^5 \, \text{N/mm}^2$，$E_c = 3 \times 10^4 \, \text{N/mm}^2$，$f_y = 360 \, \text{N/mm}^2$，$h_{01} = 80 \, \text{mm} - 20 \, \text{mm} = 60 \, \text{mm}$

预制板自重和叠合层自重标准值为 $q_{1k} = 3.75 \, \text{kN/m}^2$，产生的弯矩为 $M_{1Gk} = 4.93 \, \text{kN} \cdot \text{m/m}$（计算弯矩系数采用四边简支双向板的跨中弯矩系数）。

预制板正截面受弯构件承载力：

$$M_{1u} = A_{s1} f_y \left(h_{01} - \frac{A_{s1} f_y}{2 \alpha_1 f_c b} \right)$$

$$= 523 \, \text{mm}^2 \times 360 \, \text{N/mm}^2 \times \left(60 \, \text{mm} - \frac{523 \, \text{mm}^2 \times 360 \, \text{N/mm}^2}{2 \times 1 \times 14.3 \, \text{N/mm}^2 \times 1000 \, \text{mm}} \right) = 10.06 \, \text{kN} \cdot \text{m/m}$$

准永久组合荷载值为 $q_q = 4.87 \, \text{kN/m}^2 + 0.7 \times 4 \, \text{kN/m}^2 = 7.67 \, \text{kN/m}^2$，按四边简支计算可得 l_{01} 方向准永久组合弯矩设计值为 $M_{2q} = 10.07 \, \text{kN} \cdot \text{m/m}$，由于 $M_{1Gk} > 0.35 M_{1u}$，在弯矩 $M_{2q} = 10.07 \, \text{kN} \cdot \text{m/m}$ 作用下叠合板纵向受拉钢筋中的应力增量：

$$\sigma_{s2q} = \frac{0.5(1 + h_1/h) M_{2q}}{0.87 A_{s1} h_0} = \frac{0.5 \times (1 + 60 \, \text{mm}/150 \, \text{mm}) \times 10.07 \, \text{kN} \cdot \text{m/m} \times 10^6}{0.87 \times 523 \, \text{mm}^2 \times 130 \, \text{mm}} = 119.2 \, \text{MPa/m}$$

在弯矩 $M_{1Gk} = 4.93 \, \text{kN} \cdot \text{m/m}$ 作用下，预制板纵向受力钢筋的应力为

$$\sigma_{s1k} = \frac{M_{1Gk}}{0.87 A_{s1} h_{01}} = \frac{4.93 \, \text{kN} \cdot \text{m/m} \times 10^6}{0.87 \times 523 \, \text{mm}^2 \times 60 \, \text{mm}} = 180.6 \, \text{MPa/m}$$

在荷载准永久组合下，其纵向受拉钢筋的应力为

$\sigma_{sq} = \sigma_{s1k} + \sigma_{s2q} = 299.8 \, \text{MPa} < 0.9 f_y = 0.9 \times 360 \, \text{MPa} = 324 \, \text{MPa}$，满足要求。

预制板：$A_{te1} = 0.5 b h_1 = 30000 \, \text{mm}^2$，$\rho_{te1} = A_{s1}/A_{te1} = 523 \, \text{mm}^2/30000 \, \text{mm}^2 = 0.0174$。

叠合板：$A_{te} = 0.5 bh = 75000 \, \text{mm}^2$；$\rho_{te} = A_{s1}/A_{te} = 0.007 < 0.01$，取 $\rho_{te} = 0.01$。

裂缝间纵向受拉钢筋应变不均匀系数为

$$\psi = 1.1 - 0.65 f_{tk} / (\rho_{te1} \sigma_{s1k} + \rho_{te} \sigma_{s2q})$$

$$= 1.1 - 0.65 \times 2.01 \, \text{MPa} / (0.0174 \times 180.6 \, \text{MPa} + 0.01 \times 119.2 \, \text{MPa}) = 0.799$$

则

$$w_{\max} = 2\frac{\psi(\sigma_{s1k}+\sigma_{s2q})}{E_s}\left(1.9c_s+0.08\frac{d_{eq}}{\rho_{te1}}\right)$$

$$= 2\times\frac{0.799\times(180.6+119.2)\text{MPa}}{2\times10^5\text{MPa}}\times\left(1.9\times20\text{mm}+0.08\times\frac{10\text{mm}}{0.0174}\right)=0.201\text{mm}<0.3\text{mm}$$

故，满足要求。

l_{02} 方向（长跨方向）跨中裂缝以及短跨和长跨方向的支座跨中裂缝，验算方法同上，验算结果符合要求。

（5）跨中挠度验算

$$B_c = \frac{Eh^3}{12(1-\nu^2)} = \frac{3\times10^4\text{N/mm}^2\times150^3\text{mm}^3}{12\times(1-0.2^2)} = 8.789\times10^9\text{N}\cdot\text{mm}$$

由 $l_{01}/l_{02}=0.653$，查本书表 C-1 得系数为 0.00792。

则

$$f = 0.00792\times\frac{ql_{01}^2}{B_c} = 0.00792\times\frac{12.331\times10^{-3}\text{N/mm}^2\times4050^4\text{mm}^4}{8.789\times10^9\text{N}\cdot\text{mm}} = 2.99\text{mm}$$

$f/l_{01} = 2.99\text{mm}/4050\text{mm} = 1/1355 > 1/200$，满足要求。

（6）叠合面受剪强度计算　支座处剪力：

短边方向总剪力为 $V_1 = 12.331\text{kN/m}^2\times4.05^2\text{m}^2/4 = 50.56\text{kN}$

长边方向总剪力为 $V_2 = 12.331\text{kN/m}^2\times(2.15+6.2)\text{m}\times4.05\text{m}/4 = 104.25\text{kN}$

短边方向

$$V/bh_0 = 50.56\text{kN}\times10^3/(4050\text{mm}\times130\text{mm}) = 0.096\text{N/mm}^2<0.4\text{N/mm}^2$$

长边方向

$$V/bh_0 = 104.25\text{kN}\times10^3/(6200\text{mm}\times130\text{mm}) = 0.129\text{N/mm}^2<0.4\text{N/mm}^2$$

故，满足要求。

（7）吊筋计算

吊装荷载为

$$F_1 = \beta_d G_k + q_s A = 1.5\times2\text{kN}+1.5\times1.7\text{kN/m}^2\times3.87\text{m}^2 = 12.87\text{kN}$$

转化为均布荷载为

$$q = F_1/B = 12.87\text{kN}/1.7\text{m} = 7.57\text{kN/m}$$

计算简图，如图 4-66 所示。

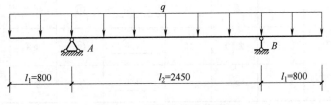

图 4-66　吊装验算计算简图

$$M_A = q l_1^2 / 2 = 7.57 \text{kN/m}^2 \times 0.8^2 \text{m}^2 / 2 = 2.42 \text{kN} \cdot \text{m/m}$$

$$M_{中} = q l_2^2 / 8 - M_A = 7.57 \text{kN/m}^2 \times 2.45^2 \text{m}^2 / 8 - 2.42 \text{kN} \cdot \text{m/m} = 3.26 \text{kN} \cdot \text{m/m}$$

桁架上弦筋设置 3 根 HRB400 钢筋，直径 10mm，能承担 4.8kN·m 弯矩，大于 $1.7 M_A$ = 4.11kN·m，满足要求。

跨中弯矩远小于实际板底配筋能承担的弯矩，所以能满足要求（请读者自行计算）。

施工图绘制，双向叠合板现浇层配筋图，如图 4-67 所示，DBS2-87-3820-42 板模板、配筋图及吊点位置示意图，如图 4-68 所示。

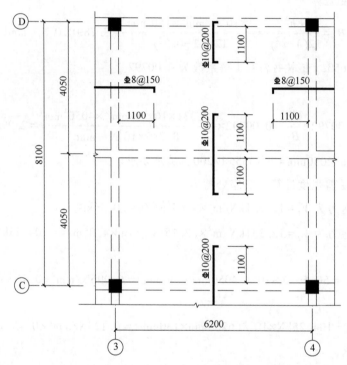

图 4-67 双向叠合板现浇层配筋图（局部）

钢筋下料表，见表 4-14。

表 4-14 DBS2-87-3820-42 钢筋下料表

预制底板长度 L/mm	预制底板宽度 B/mm	预制底板钢筋				预制底板桁架筋			
		编号	直径	根数	加工尺寸	编号	直径	根数	加工尺寸
3800	2000	①	Φ8	24	⌐ 2280 ⌐	③a	Φ10	3	3520
		②	Φ10	10	3800	③b	Φ8	6	3520
		③	Φ6	2	1650	③c	Φ6	6	间距 200mm

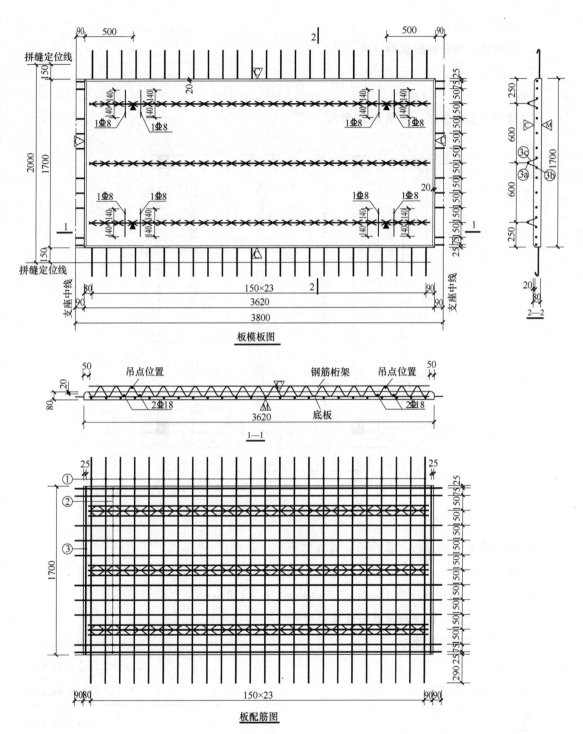

板模板图

1—1

板配筋图

图 4-68 DBS2-87-3820-42 板模板、配筋图及吊点位置示意图

【例题 4-9】 对例题 4-1 三层平面采用装配整体式叠合单向板及梁布置，如图 4-5a 所示，试进行：

1. 结构平面布置。

2. 预制板、叠合板的设计计算。

3. 绘制施工图。

【解】

1. 结构平面布置图，如图 4-69 所示

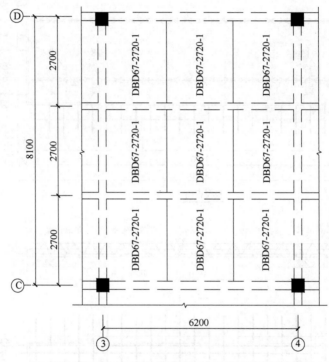

图 4-69　单向叠合预制底板平面布置图（局部）

2. 叠合楼板（预制板、叠合板）计算如下：

混凝土强度等级 C30，钢筋强度等级 HRB400，$h_1 = 60\text{mm}$，$h = 130\text{mm}$，计算跨度 $l_0 = 2700\text{mm}$。混凝土保护层厚度 15mm，$h_{01} = 40\text{mm}$，$h_0 = 110\text{mm}$。

（1）荷载计算　恒荷载标准值计算：

30 厚细石混凝土自重	$0.03 \times 24 = 0.72\text{kN/m}^2$
板自重	$0.13 \times 25 = 3.25\text{kN/m}^2$
20 厚板底抹灰自重	$0.02 \times 20 = 0.4\text{kN/m}^2$

$\sum$ $\qquad\qquad\qquad\qquad\qquad\qquad\qquad\qquad = 4.37\text{kN/m}^2$

活荷载标准值：$\qquad\qquad\qquad\qquad\qquad\qquad\qquad\qquad\qquad 4\text{kN/m}^2$

荷载设计值：$\qquad\qquad\qquad q = 1.3 \times 4.37\text{kN/m}^2 + 1.5 \times 4\text{kN/m}^2 \approx 11.681\text{kN/m}^2$

（2）弯矩及配筋计算　因跨度相差不超过10%，可按等跨连续板计算，取1m宽板带作为计算单元，计算简图与现浇单向板肋梁楼盖相同，如图4-26所示。

由表4-3可查得板的弯矩系数分别为：边支座 A 为 $-1/16$；边跨 AB 中为 $1/14$；离端第二支座 B 为 $-1/11$；离端第二跨 BC 跨中为 $1/16$，中跨 CC 跨中为 $1/16$；中间支座 C 为 $-1/14$。得到：

$M_A = -4.47\text{kN} \cdot \text{m}$；$A_s = 114.4\text{mm}^2$；实配$\Phi 6@200(A_s = 141\text{mm}^2)$

$M_1 = 5.11\text{kN} \cdot \text{m}$；$A_s = 131\text{mm}^2$；实配$\Phi 8@200(A_s = 251\text{mm}^2)$

$M_B = -6.64\text{kN} \cdot \text{m}$；$A_s = 171\text{mm}^2$；实配$\Phi 6@150(A_s = 189\text{mm}^2)$

$M_2 = M_3 = 4.56\text{kN} \cdot \text{m}$；$A_s = 116.7\text{mm}^2$；实配$\Phi 8@200(A_s = 251\text{mm}^2)$

$M_C = -5.21\text{kN} \cdot \text{m}$；$A_s = 133.6\text{mm}^2$；实配$\Phi 6@200(A_s = 141\text{mm}^2)$

（3）裂缝宽度验算　预制楼板自重和叠合层自重标准值产生的弯矩为

$$M_{1Gk} = 3.25\text{kN/m}^2 \times 2.475^2\text{m}^2/14 = 1.422\text{kN} \cdot \text{m}$$

预制板纵向钢筋的应力为 $\sigma_{s1k} = \dfrac{M_{1Gk}}{0.87A_s h_{01}} = \dfrac{1.422 \times 10^6 \text{N} \cdot \text{mm}}{0.87 \times 251\text{mm}^2 \times 40\text{mm}} = 162.8\text{N/mm}^2$

荷载准永久值为 $q_q = 4.37\text{kN/m} + 0.7 \times 4\text{kN/m} = 7.17\text{kN/m}$

荷载准永久值产生的弯矩为 $M_{2q} = q_q l^2/14 = 7.17\text{kN/m} \times 2.475^2\text{m}^2/14 = 3.137\text{kN} \cdot \text{m}$

预制板正截面受弯承载力为

$$M_{1u} = A_s f_y \left(h_{01} - \frac{A_s f_y}{2\alpha_1 f_c b} \right)$$

$$= 251\text{mm}^2 \times 360\text{N/mm}^2 \times \left(40\text{mm} - \frac{251\text{mm}^2 \times 360\text{N/mm}^2}{2 \times 1 \times 14.3\text{N/mm}^2 \times 1000\text{mm}} \right) = 3.329\text{kN} \cdot \text{m}$$

由于 $M_{1Gk} > 0.35M_{1u}$，在弯矩 $M_{2q} = 3.317\text{kN} \cdot \text{m/m}$ 作用下叠合板纵向受拉钢筋中的应力增量为

$$\sigma_{s2q} = \frac{0.5(1 + h_1/h)M_{2q}}{0.87A_s h_0} = \frac{0.5 \times (1 + 40\text{mm}/130\text{mm}) \times 3.317 \times 10^6 \text{N} \cdot \text{mm}}{0.87 \times 251\text{mm}^2 \times 110\text{mm}} = 90.3\text{N/mm}^2$$

在荷载准永久组合下，其纵向受拉钢筋的应力为

$\sigma_{sq} = \sigma_{s1k} + \sigma_{s2q} = 253.1\text{MPa} < 0.9f_y = 0.9 \times 360\text{MPa} = 324\text{MPa}$，满足要求。

预制板：$A_{te1} = 0.5bh = 30000\text{mm}^2$，$\rho_{te1} = A_s/A_{te1} = 0.0084 < 0.01$，取 $\rho_{te1} = 0.01$

叠合板：$A_{te} = 0.5bh = 65000\text{mm}^2$，$\rho_{te} = A_s/A_{te} = 0.00386 < 0.01$，取 $\rho_{te} = 0.01$

裂缝间纵向受拉钢筋应变不均匀系数为

$\psi = 1.1 - 0.65f_{tk}/(\rho_{te1}\sigma_{s1k} + \rho_{te}\sigma_{s2q})$

$= 1.1 - 0.65 \times 2.01\text{N/mm}^2/(0.01 \times 162.8 + 0.01 \times 90.3)\text{N/mm}^2 = 0.5838 > 0.2$

$$w_{max} = \frac{2\psi(\sigma_{s1k} + \sigma_{s2q})}{E_s}\left(1.9c + 0.08\frac{d_{eq}}{\rho_{te1}} \right)$$

$$= 2 \times \frac{0.5838 \times (162.8+90.3) \text{ N/mm}^2}{2 \times 10^5 \text{ N/mm}^2} \times \left(1.9 \times 20\text{mm}+0.08 \times \frac{10\text{mm}}{0.01}\right) = 0.174\text{mm} < 0.3\text{mm}$$

故，满足要求。

（4）跨中挠度验算　裂缝间纵向受拉钢筋应变不均匀系数为

$$\psi = 1.1-0.65 f_{tk}/(\rho_{te1}\sigma_{s2q}) = 1.1-0.65 \times 2.01\text{N/mm}^2/(0.01 \times 90.3\text{N/mm}^2) = -0.347 < 0.2$$

取 $\psi = 0.2$。

钢筋弹性模量与混凝土弹性模量比值为 $\alpha_E = E_s/E_{c1} = 2 \times 10^5 \text{N/mm}^2/3 \times 10^4 \text{N/mm}^2 = 6.667$

由于截面为矩形截面，因此受拉翼缘面积与腹板有效面积的比值 $\gamma_f = 0$

预制构件纵向受拉钢筋配筋率为 $\rho = A_s/bh_{01} = 251\text{mm}^2/(1000\text{mm} \times 40\text{mm}) = 0.006275$

预制构件短期刚度 B_{s1} 为

$$B_{s1} = \frac{E_s A_s h_{01}^2}{1.15\psi+0.2+6\alpha_E\rho/(1+3.5\gamma_f)}$$

$$B_{s1} = \frac{2 \times 10^5 \text{N/mm}^2 \times 251\text{mm}^2 \times 40^2\text{mm}^2}{1.15 \times 0.2+0.2+6 \times 6.667 \times 0.006275} = 1.179 \times 10^{11}\text{N} \cdot \text{mm}^2$$

叠合构件纵向受拉钢筋配筋率为

$$\rho = A_s/bh_0 = 251\text{mm}^2/(1000\text{mm} \times 110\text{mm}) = 0.002282$$

由于截面为矩形截面，因此受压翼缘面积与腹板有效面积的比值 $\gamma_f' = 0$

叠合构件第二阶段短期刚度 B_{s2} 为

$$B_{s2} = \frac{E_s A_s h_0^2}{0.7+0.6h_1/h+45\alpha_E\rho/(1+3.5\gamma_f')}$$

$$B_{s2} = \frac{2 \times 10^5 \text{N/mm}^2 \times 251\text{mm}^2 \times 130^2\text{mm}^2}{0.7+0.6 \times 60\text{mm}/130\text{mm}+45 \times 6.667 \times 0.002282} = 5.106 \times 10^{11}\text{N} \cdot \text{mm}^2$$

考虑长期作用影响的刚度 B 为

$$B = \frac{M_q}{\left(\dfrac{B_{s1}}{B_{s2}}-1\right)M_{1Gk}+\theta M_q}B_{s2}$$

$$= \frac{3.137 \times 10^6 \text{N} \cdot \text{mm}}{\left(\dfrac{1.179 \times 10^{11}}{5.106 \times 10^{11}}-1\right) \times 1.422 \times 10^6 \text{N} \cdot \text{mm}+2 \times 3.137 \times 10^6 \text{N} \cdot \text{mm}} \times 5.106 \times 10^{11}\text{N} \cdot \text{mm}^2$$

$$= 3.09 \times 10^{11}\text{N} \cdot \text{mm}^2$$

跨中挠度为

$$f = \frac{5ql^4}{384B} - \frac{3 \times (M_A+M_B)l^2}{96B}$$

$$= \frac{5 \times 11.681\text{kN/mm}^2 \times 2475^4\text{mm}^4}{384 \times 3.09 \times 10^{11}\text{N} \cdot \text{mm}^2} - \frac{3 \times (4.47+6.64)\text{kN} \cdot \text{m} \times 10^6 \times 2475^2\text{mm}^2}{96 \times 3.09 \times 10^{11}\text{N} \cdot \text{mm}^2} = 11.59\text{mm}$$

$f < l/200 = 2475\text{mm}/200 = 12.375\text{mm}$，满足要求。

（5）叠合面受剪强度计算　支座处剪力：查表 4-6 得剪力系数 $\alpha_{Vb} = 0.55$

$$V = \alpha_{Vb} q l_0 = 0.55 \times 11.681 \text{kN/m} \times 2.475 \text{m} = 15.9 \text{kN}$$

$V/bh_0 = 15.9 \times 10^3 \text{N} \times /(1000 \text{mm} \times 110 \text{mm}) = 0.14 \text{N/mm}^2 < 0.4 \text{N/mm}^2$，满足要求。

3. 施工图绘制

单向叠合板现浇层配筋图（局部），如图 4-70 所示，DBD-69-2720-4 模板、配筋图及吊点位置示意图，如图 4-71 所示。

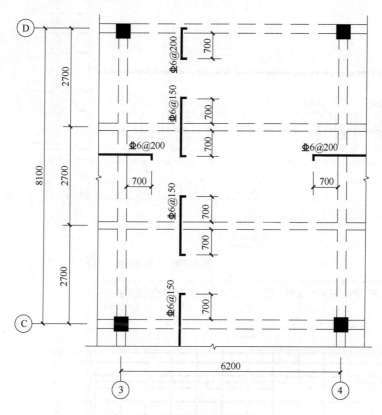

图 4-70　单向叠合板现浇层配筋图（局部）

注：支座负筋分布筋为Φ6@200；未配筋部位配置双向Φ6@200 钢筋

与支座负钢筋搭接 200mm。

钢筋下料表，见表 4-15。

表 4-15　DBD-69-2720-4 钢筋下料表

预制底板 长度 L/mm	预制底板 宽度 B/mm	预制底板钢筋				预制底板桁架筋			
		编号	直径	根数	加工尺寸	编号	直径	根数	加工尺寸
2700	2000	①	Φ6	13	1970	③a	Φ8	4	2420
		②	Φ8	11	3800	③b	Φ8	8	2420
		③	Φ6	2	1650	③c	Φ6	8	间距 200mm

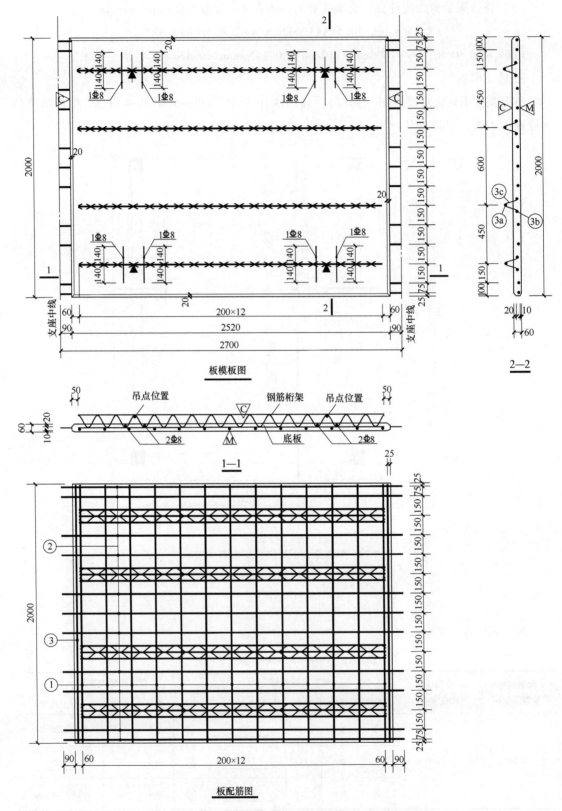

板模板图

2—2

1—1

板配筋图

图 4-71　DBD-69-2720-4 模板、配筋图及吊点位置示意图

▶▶ 4.9 楼梯

4.9.1 楼梯的类型

楼梯是房屋的重要组成部分之一，板式楼梯和梁式楼梯是最常用的楼梯形式，属于平面受力体系。板式楼梯由梯段板、平台板、平台梁、楼层板和楼层梁组成，梯段板是一块斜放的板，板端支承在平台梁和楼层梁上，如图 4-72 所示；梁式楼梯由斜梁、平台板、平台梁、楼层板和楼层梁组成，如图 4-73 所示，梁式楼梯的踏步板支承在斜梁上。图 4-72 和图 4-73 适用于砌体结构，如房屋结构类型为钢筋混凝土框架、剪力墙等，最下层的梯段不可以支承在地垄墙上，平台板的另一端也不可以支承于砌体墙上，而应支承在钢筋混凝土梁或墙上，因为两种结构体系不能混用。

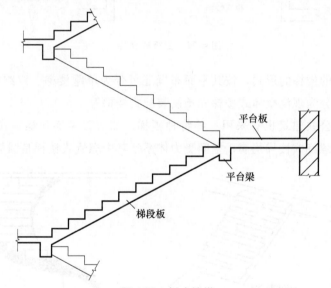

图 4-72 板式楼梯

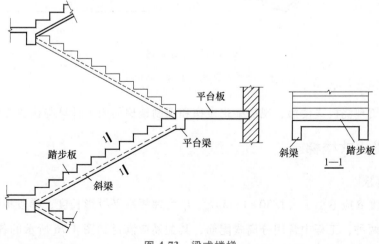

图 4-73 梁式楼梯

当房屋层高较大，楼梯间进深不够时，可做成三折楼梯，如图 4-74 所示，该楼梯由板式楼梯和梁式楼梯组成。

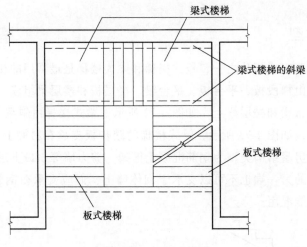

图 4-74 三折式楼梯

平面受力体系的楼梯的形式，按其平面布置还可分为单跑楼梯、双跑楼梯和三跑楼梯。若按施工方法则可分为现浇整体式楼梯和预制装配式楼梯等。

在宾馆等一些公共建筑也有采用一些特种楼梯，如剪刀楼梯和螺旋式楼梯，如图 4-75 所示，剪刀楼梯和螺旋式楼梯均属于空间受力体系，其中螺旋式楼梯是圆弧楼梯的特例。

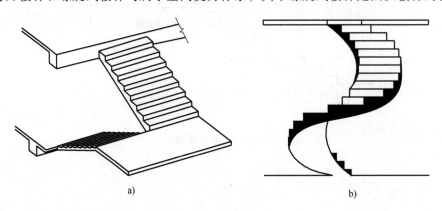

图 4-75 特种楼梯
a）剪刀楼梯 b）螺旋式楼梯

本章仅介绍现浇板式楼梯、现浇梁式楼梯和预制楼梯的内力计算与构造要求。

4.9.2 现浇板式楼梯

1. 构造要求

梯段板厚度 δ 应不小于 $(1/30 \sim 1/25) l_n$，l_n 为梯板水平投影长度；梯段板配筋可采用弯起式或分离式两种，工程中常用分离式配筋，其配筋应满足如图 4-76 所示的各项构造要求，其中受力纵筋应通过计算确定，踏步下及支座负筋分布筋可用直径 6mm 或 8mm 钢筋；平台板、楼层板和平台梁、楼层梁配筋可参照现浇梁板结构的构造要求。

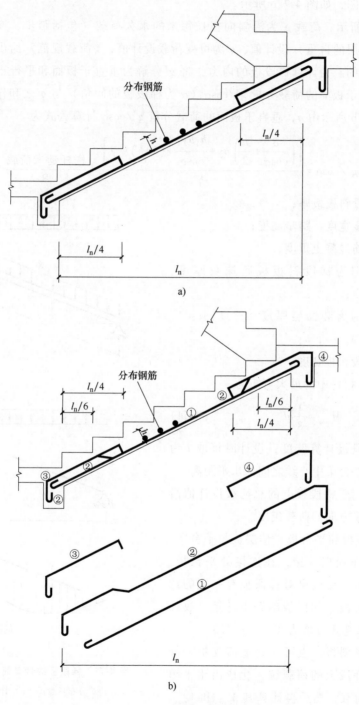

图 4-76　板式楼梯的配筋构造

a）分离式配筋　b）弯起式配筋

2. 内力计算

从梯段板中取 1m 宽板带作为计算单元，并近似认为梯段板简支于平台梁或楼层梁上，梯段板的计算简图，如图 4-77b 所示。

如图 4-77a 所示，荷载 g' 为沿斜向板长每米的永久荷载（包括踏步、梯段板、栏杆及上、下建筑装饰层的自重）设计值，q' 为可变荷载设计值，《荷载规范》给出的可变荷载是按水平方向分布的。为计算梯段板的内力，将 g' 分解为垂直于板面和平行于板面的两个分量，以其中垂直于板面的荷载分量 $g'/\cos\alpha$（α 为梯段板的倾角）与 q' 之和作为内力计算荷载，即如图 4-77b 所示中 q，垂直于板面的荷载分量 $g'/\cos\alpha$ 计算公式为

$$g'/\cos\alpha = \frac{\left[\left(\dfrac{\delta}{\cos\alpha}+\dfrac{h}{2}\right)b\gamma+\dfrac{h_1 b\gamma_1}{\cos\alpha}+(b+h)h_i\gamma_i\right]}{b}+\frac{\text{栏杆延米荷载}}{B} \tag{4-53}$$

式中　δ——梯段斜板板厚；

b、h——踏步宽度、踏步高度；

γ——钢筋混凝土重度；

h_1、γ_1——分别为梯段斜板板底抹灰厚度、重度；

h_i、γ_i——分别为装饰层厚度、重度，$i = 1$，2，3，$\cdots$，n；

B——梯段斜板宽度。

可求得梯段板跨中的最大弯矩为

$$M_{\max}=\frac{1}{8}ql^2 \tag{4-54}$$

式中　l——梯段板计算跨度，设计时可取 l 为两平台梁中心线之间的水平距离；

q——作用于梯段板上的总荷载设计值沿水平方向的荷载集度。

考虑到梯段板和平台板、楼层板与平台梁、楼层梁之间并非理想铰接，在连接处平台板、楼层板和平台梁、楼层梁对梯段板有一定的约束作用，因而可减小梯段板的跨中弯矩，故梯段板的跨中最大弯矩可取为 $M_{\max}=ql^2/10$。

对于折线形斜板，也可与普通简支板一样计算。一般将梯段上的荷载统一化成沿水平单位长度内分布荷载，然后再计算其 $M_{\max}$ 和 $V_{\max}$，如图 4-78 所示。图中 q_1 为倾斜段单位水平长度上的均布荷载，可按式（4-53）计算，q_2 为水平段单位水平长度上的均布荷载。

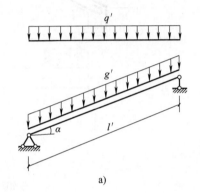

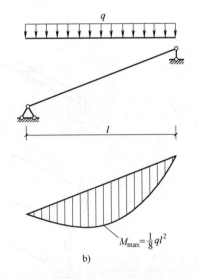

图 4-77　梯段板的计算简图与弯矩图

a）实际荷载分布示意图　b）计算简图和弯矩图

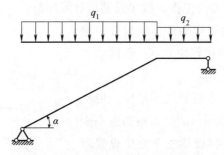

图 4-78 折线形斜板的计算简图

平台板、楼层板的计算同现浇楼板。

平台梁、楼层梁承受梯段板和平台板或楼层板传来的荷载及梁自重，计算同普通均布荷载水平简支梁。

4.9.3 现浇梁式楼梯

1. 内力计算

踏步板为支承于两侧斜梁上的承受均布荷载（包括踏步板自重、上下抹灰重及可变荷载）的简支板。

梯段梁承受由踏步板传来的荷载及本身的自重，可简化为在均布荷载作用下支承于平台梁和楼层梁上斜向搁置的简支斜梁，斜梁的最大弯矩和支座处最大剪力可按与板式楼梯的梯段板相同的方法进行计算，最大正弯矩可按式（4-54）计算，梯段梁斜向的剪力 $V_斜$ 计算公式为

$$V_斜 = \frac{1}{2} q l / \cos\alpha \tag{4-55}$$

式中 q——作用于斜梁上的单位水平长度上的竖向均布线荷载；

l——斜边梁计算跨度的水平投影长度，$l = l_n + b$；

l_n——斜边梁净跨度的水平投影长度；

b——楼梯梁宽度。

平台板、楼层板的内力计算与板式楼梯的平台板、楼层板相同。

平台梁、楼层梁承受平台板、楼层板和梯段梁传来的荷载及其本身的自重，其中平台板、楼层板传来的荷载形式按其板的类型确定，梁自重为均布荷载，梯段梁传给平台梁的则是集中荷载。平台梁、楼层梁的内力按简支梁计算。

2. 截面设计要点及构造要求

（1）截面设计要点 在进行踏步板承载力计算时，一般取一个踏步板作为计算单元。踏步板的截面为梯形，其计算截面高度 h 近似取平均高度，如图 4-79 所示，即 $h = c/2 + \delta/\cos\alpha$，其中 c 为踏步高度，δ 为梯板厚度。

踏步板的配筋除按强度计算外，每一级踏步内至少配置 2 根钢筋，并沿垂直于受力方向布置间距不大于 300mm 的分布筋。

斜梁应考虑整浇踏步板参与工作，按 T 形截面计算配筋。

由于斜梁是斜向搁置的受弯构件，故构件中除了弯矩 M 和剪力 V 外，还存在着轴力 N，但因轴力 N 较小，设计时可不考虑。

（2）构造要求　现浇踏步板的最小厚度一般应为 30~40mm。每个踏步板范围内的受力钢筋应不少于 2 根。平台梁、楼层梁在梯段梁支承处应设置附加钢筋。

平台板、楼层板的配筋构造可参照现浇肋梁楼盖的构造要求计算。

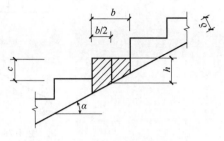

图 4-79　踏步板的截面高度取法

4.9.4　折线形现浇板式楼梯的构造处理

当楼梯间平台梁下净空不足时，常将平台梁向平台板方向内移，形成折线形板式楼梯。

梯段板中的水平段，其板厚应与梯段斜板相同，不能和平台板同厚。折线形板式楼梯在梯段与平台板连接处形成内折角，若钢筋沿内折角连续布置，则此处受拉钢筋将产生向外的合力，如图 4-80a 所示，这会使内折角处混凝土的保护层崩裂剥落，钢筋将被拉出而失去作用。因此在内折角处，钢筋应断开并分别自行锚固，如图 4-80b 所示。

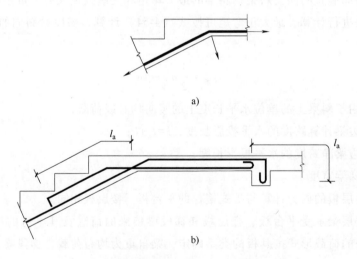

图 4-80　折线形板式楼梯在内折角处的配筋

a）阴角处钢筋连续　b）阴角处钢筋断开

【例题 4-10】　2#楼梯建筑平面详见本书附录 F。如图 4-81 所示，是其底层楼梯标高 3.500~7.000 处结构平面布置图，踏步尺寸 159.09mm×300mm。混凝土采用 C30，梁纵向钢筋采用 HRB400 钢筋，箍筋及板纵向钢筋采用 HPB300 钢筋楼梯上均布活荷载标准值取 3.5kN/m²，试设计此楼梯。

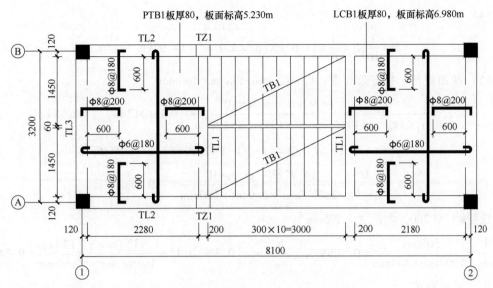

图 4-81 2#楼梯结构平面布置图及 **PTB1** 和 **LCB1** 施工图（单位：mm）

【解】

1. TB1 设计

（1）计算简图 计算简图，如图 4-82 所示。

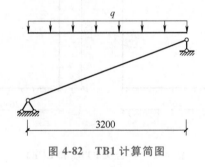

图 4-82 TB1 计算简图

（2）板厚确定 板厚 $\delta = (1/25 \sim 1/30) \times 3000\text{mm} = 120 \sim 100\text{mm}$，取 $\delta = 120\text{mm}$，板倾斜角 α 的余弦 $\cos\alpha = 0.883$。

（3）荷载计算 恒荷载标准值

20 厚水泥砂浆自重　　　　　　　$0.02\text{m} \times 20\text{kN/m}^3 \times (0.15909 + 0.3)\text{m}/0.3\text{m} = 0.612\text{kN/m}^2$

钢筋混凝土斜板自重　　$0.12\text{m} \times 25\text{kN/m}^3/0.883 + 25\text{kN/m}^3 \times 0.15908\text{m}/2 = 5.386\text{kN/m}^2$

板底抹灰自重　　　　　　　　　　　　　　$0.02\text{m} \times 17\text{kN/m}^3/0.883 = 0.385\text{kN/m}^2$

栏杆自重　　　　　　　　　　　　　　　　　　$1.2\text{kN/m}/1.45\text{m} = 0.828\text{kN/m}^2$

$\sum$ 　　　　　　　　　　　　　　　　　　　　　　　$= 7.211\text{kN/m}^2$

活荷载标准值：　　　　　　　　　　　　　　　　　　　3.5kN/m^2

荷载设计值：

$$q = 1.3 \times 7.211\text{kN/m}^2 + 1.5 \times 3.5\text{kN/m}^2 = 14.62\text{kN/m}^2$$

（4）弯矩计算

$$M = \frac{1}{10}ql^2 = \frac{1}{10} \times 14.62\text{kN/m}^2 \times 3.2^2\text{m}^2 = 14.97\text{kN}\cdot\text{m/m}$$

（5）截面设计　板有效高度：$h_0 = 120\text{mm} - 20\text{mm} = 100\text{mm}$。

$$\alpha_s = \frac{M}{\alpha_1 f_c b h_0^2} = \frac{14.97\text{kN}\cdot\text{m/m} \times 10^6}{1 \times 14.3\text{N/mm}^2 \times 1000\text{mm} \times 100^2\text{mm}^2} = 0.1047 < \alpha_{s,\max} = 0.384$$

$$\gamma_s = (1 + \sqrt{1 - 2\alpha_s})/2 = (1 + \sqrt{1 - 2 \times 0.1047})/2 = 0.9446$$

$$A_s = \frac{M}{f_y \gamma_s h_0} = \frac{14.97\text{kN}\cdot\text{m/m} \times 10^6}{360\text{N/mm}^2 \times 0.9446 \times 100\text{mm}} = 440.2\text{mm}^2/\text{m}$$

选配 $\Phi 12@200$，实配 $A_s = 505\text{mm}^2$。

$$\rho = \frac{A_s}{bh_0} = \frac{505\text{mm}^2}{1000\text{mm} \times 100\text{mm}} = 0.505\% > \rho_{\min}\frac{h}{h_0} = \max\left(0.2\%, 0.45 \times \frac{1.43\text{N/mm}^2}{360\text{N/mm}^2}\right) \times \frac{120\text{mm}}{100\text{mm}} = 0.24\%$$

故，满足要求。

2. 平台板 PTB1 和 LCB1 设计

（1）计算简图，如图 4-83 所示。

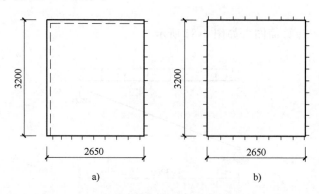

a)　　　　　　　　　　　b)

图 4-83　平台板 PTB1 和 LCB1

a）最大正弯矩计算计算简图　b）支座负弯矩计算计算简图

（2）板厚确定　由于 $l_{01}/l_{02} = 2180\text{mm}/3200\text{mm} = 0.68$，为双向板，所以，板厚 $h = 2180\text{mm}/40 = 54.5\text{mm}$，取 80mm。

（3）荷载计算　恒荷载标准值计算：

20 厚水泥砂浆自重	$0.02\text{m} \times 20\text{kN/m}^3 = 0.4\text{kN/m}^2$
80 厚钢筋混凝土板自重	$0.08\text{m} \times 25\text{kN/m}^3 = 2.0\text{kN/m}^2$
板底抹灰自重	$0.02 \times 17\text{kN/m}^3 = 0.34\text{kN/m}^2$

$$\sum \qquad\qquad\qquad\qquad\qquad\qquad = 2.74\text{kN/m}^2$$

活荷载标准值：　　　　　　　　　　　　　　　　　　3.5kN/m²

荷载设计值：　　　　　　$q = 1.3 \times 2.74\text{kN/m}^2 + 1.5 \times 3.5\text{kN/m}^2 = 8.812\text{kN/m}^2$

正弯矩计算：

$$m_1 = 0.04452 \times 8.812 \text{kN/m}^2 \times 2.18^2 \text{m}^2 = 1.86 \text{kN} \cdot \text{m/m}$$

$$m_2 = 0.01902 \times 8.812 \text{kN/m}^2 \times 2.18^2 \text{m}^2 = 0.80 \text{kN} \cdot \text{m/m}$$

$$m_1^\nu = m_1 + \nu m_2 = 2.02 \text{kN} \cdot \text{m/m}, \quad m_2^\nu = m_2 + \nu m_1 = 1.17 \text{kN} \cdot \text{m/m}$$

负弯矩计算：

$$m_1' = 0.07474 \times 8.812 \text{kN/m}^2 \times 2.18^2 \text{m}^2 = 3.13 \text{kN} \cdot \text{m/m}$$

$$m_2' = 0.05700 \times 8.812 \text{kN/m}^2 \times 2.18^2 \text{m}^2 = 2.39 \text{kN} \cdot \text{m/m}$$

（4）正弯矩配筋计算　截面有效高度为

短跨方向 $h_{01} = 80 \text{mm} - 20 \text{mm} = 60 \text{mm}$，长跨方向 $h_{02} = 80 \text{mm} - 30 \text{mm} = 50 \text{mm}$。

计算步骤略，计算结果：$A_{s1} = 129.8 \text{mm}^2/\text{m}$，选用 $\phi 6@180$，实配 $A_{s1} = 157 \text{mm}^2/\text{m}$；$A_{s2} = 88.1 \text{mm}^2/\text{m}$，选配 $\phi 6@200$，实配 $A_{s2} = 141 \text{mm}^2/\text{m}$。

（5）负弯矩配筋计算　截面有效高度：$h_0 = 80 \text{mm} - 20 \text{mm} = 60 \text{mm}$，计算步骤略，计算结果：

短跨方向 $A_s = 199.4 \text{mm}^2/\text{m}$，选用 $\phi 8@180$，实配 $A_{s1} = 279 \text{mm}^2/\text{m}$；

长跨方向 $A_{s1} = 183.5 \text{mm}^2/\text{m}$，选用 $\phi 8@200$，实配 $A_{s1} = 251 \text{mm}^2/\text{m}$。

3. 梯梁 TL1 计算

（1）计算简图，如图 4-84 所示。

（2）截面尺寸确定　梯梁截面尺寸除了满足刚度要

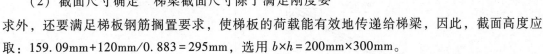

图 4-84　TL1 计算简图

求外，还要满足梯板钢筋搁置要求，使梯板的荷载能有效地传递给梯梁，因此，截面高度应取：$159.09 \text{mm} + 120 \text{mm}/0.883 = 295 \text{mm}$，选用 $b \times h = 200 \text{mm} \times 300 \text{mm}$。

（3）荷载计算

q_1：

恒荷载标准值：

梁自重	$0.2 \text{m} \times 0.3 \text{m} \times 25 \text{kN/m}^3 = 1.5 \text{kN/m}$
梁粉刷自重	$(0.2 + 0.3 - 0.08) \text{m} \times 0.02 \text{m} \times 17 \text{kN/m}^3 = 0.14 \text{kN/m}$
梯板 TB1 传递的恒荷载标准值	$7.211 \text{kN/m}^2 \times 3 \text{m}/2 = 10.82 \text{kN/m}$

　$= 12.46 \text{kN/m}$

活荷载标准值：

梯板 TB1 传递的活荷载标准值　　　　　　　　$3.5 \text{kN/m}^2 \times 3 \text{m}/2 = 5.25 \text{kN/m}$

荷载设计值　　　　　　$1.3 \times 12.46 \text{kN/m} + 1.5 \times 5.25 \text{kN/m} = 24.1 \text{kN/m}$

q_2：

恒荷载标准值：　　　　　　　　　　　　　　$2.74 \text{kN/m}^2 \times 2.5 \text{m}/2 = 3.43 \text{kN/m}$

活荷载标准值：　　　　　　　　　　　　　　$3.5 \text{kN/m}^2 \times 2.5 \text{m}/2 = 4.38 \text{kN/m}$

设计值：$\qquad$ $1.3\times3.43kN/m+1.5\times4.38kN/m=11.03kN/m$

（4）内力计算 弯矩值：

$$M=\frac{1}{8}q_1l^2+\frac{1}{24}q_2l^2(3-4\alpha^2)$$

$$M=\frac{1}{8}\times24.1kN/m\times3.2^2m^2+\frac{1}{24}\times11.03kN/m\times3.2^2m^2\times\left(3-4\times\frac{1.25^2m^2}{3.2^2m^2}\right)=42.09kN\cdot m$$

剪力值：

$$V=\frac{1}{2}q_1l+\frac{1}{2}q_2l(1-\alpha)$$

$$V=\frac{1}{2}\times24.1kN/m\times3.2m+\frac{1}{2}\times11.03kN/m\times3.2m\times\left(1-\frac{1.25m}{3.2m}\right)=49.31kN$$

（5）正截面承载力计算 计算过程略，计算配筋为 $A_s=500.79mm^2$，取 $2\,\Phi\,16+1\,\Phi\,14$，实配 $A_s=555.9mm^2$。

（6）斜截面承载力计算 计算过程略，取箍筋为 $\Phi\,8@150$。

4. 施工图绘制

平台板、楼层板施工图，如图4-81所示；楼梯板施工图，如图4-85所示；平台梁施工图，如图4-86所示。

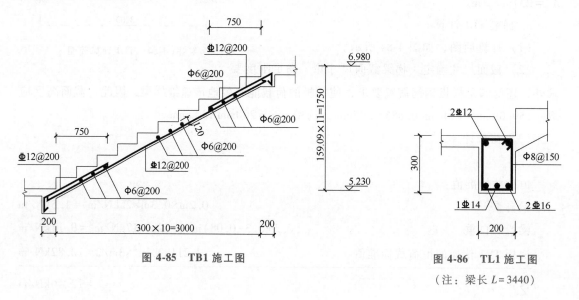

图4-85　TB1施工图

图4-86　TL1施工图

（注：梁长 $L=3440$）

4.9.5 预制楼梯

发生强烈地震时，楼梯间是重要的紧急逃生竖向通道，楼梯间的破坏会延误人员撤离及救援工作，从而造成严重伤亡。对于框架结构，楼梯构件与主体结构整浇时，梯板起到斜向支撑的作用，对结构刚度、承载力、规则性的影响较大。因此，宜采取措施，减少楼梯构件对结构刚度的影响。采用预制楼梯来减少楼梯对主体结构的影响是目前最简便、可行、可控的方法。

1. 预制楼梯连接构造

（1）简支方式 预制楼梯一端设置固定铰，如图 4-87a 所示，另一端设置滑动铰，如图 4-87b 所示。设置滑动铰时应采取防止滑落的构造措施，其转动及滑动变形能力应满足结构层间位移的要求。当抗震设防烈度为 6 度、7 度、8 度时，预制梯段板最小搁置长度分别为 75mm、75mm、100mm。

（2）一端为固定端、另一端滑动方式 预制楼梯上端设置固定端，与支承结构采用现浇混凝土连接，此时，预制梯板下皮钢筋应伸入楼梯梁内≥5d（d 为钢筋直径）且至少伸至梯梁中心；上皮钢筋直线伸入现浇构件内≥l_a，也可以弯入梁内，垂直弯折长度 15d（d 为钢筋直径），水平锚固段长度当充分利用该钢筋强度时为≥0.6l_a，l_a 为基本锚固长度。下端设置滑动支座，放置在支撑体系上，如图 4-87c 所示。滑动支座也可作为耗能支座，根据实际情况选择软钢支座、高阻尼橡胶支座等减震支座。地震时滑动支座可限量伸缩变形，既消耗了地震能量，又保证了梯段的安全。滑动支座能减少楼梯段对主体结构的影响，是减少主体结构的震动对楼梯造成损伤最常见的设计方式，梯段浇筑时应在填板上铺塑料薄膜。

2. 预制楼梯的浇筑、运输和堆放

预制楼梯的浇筑方式主要有卧式和立式两种。卧式浇筑特点是：人工抹平面较大，需要进行脱模验算；立式浇筑特点是：三面光滑，将楼梯从模具移出时不易发生剐蹭，人工抹平面较小，不需进行脱模验算。

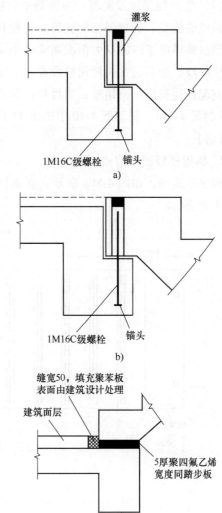

图 4-87 预制楼梯支座方式
a）固定铰节点 b）滑动铰节点 c）滑动支座节点

预制楼梯采用低跑平板车平放运输，进场后应逐块到场验收，包括外观质量、几何尺寸、预埋件位置等，发现不合格应予以退场。堆放场地需平整、结实，并做 100mm 厚 C15 混凝土垫块，堆放区应在塔吊工作范围内，梯段应水平分层分型号（左、右）码垛，每垛不超过 5 块，层与层之间用垫木分开，且垫实垫平，各层垫木在一条垂直线上，支点一般为吊装孔位置，最下面一根垫木要通长。

3. 预制楼梯设计

预制楼梯设计计算，包括使用阶段设计计算和生产施工阶段验算。

（1）使用阶段设计计算 使用阶段计算模型取决于所采用的支座节点形式，由于预制楼梯一般可不进行抹灰，因此计算荷载包括梯段自重，面层装修重量、栏杆等恒荷载以及使用活荷载。

（2）生产施工阶段验算　主要是吊装验算，吊装验算的内容主要包括吊点位置的确定、抗弯强度的验算、抗裂强度的验算、螺栓和埋件验算。

预制楼梯施工时的受力情况通常小于使用阶段的受力情况，最不利的荷载工况一般出现在使用阶段，配筋通常由使用阶段控制。预制板式楼梯的梯段板底应配置通长的纵向钢筋。板面宜配置通长的纵向钢筋；当楼梯两端均不能滑动时，板面应配置通长的纵向钢筋。

【例题 4-11】　将例题 4-10 中梯板 TB1 按预制构件设计，并画出施工图。

【解】

1. 梯板模板图及节点详图

梯板平面图，如图 4-88a 所示；立面图，如图 4-88b 所示；预制梯板与梯梁连接构造，如图 4-89 所示。

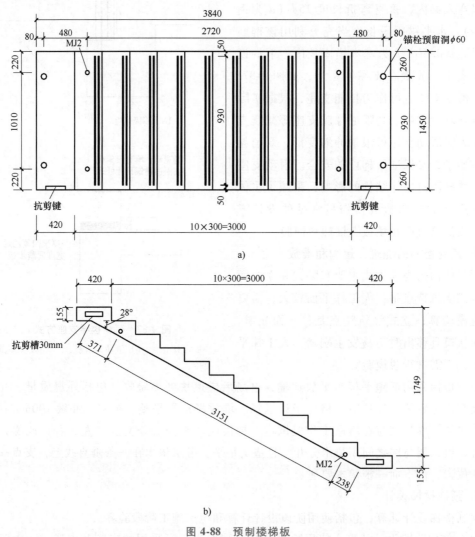

图 4-88　预制楼梯板

a）平面图　b）立面图

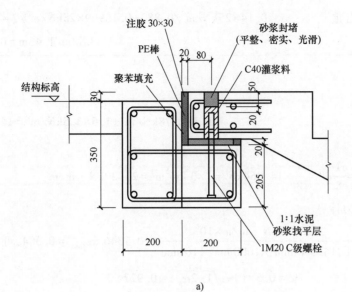

a)

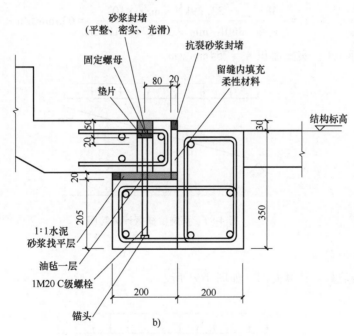

b)

图 4-89 预制楼梯构造详图

a) 预制楼梯板与梯梁锚固构造 1　b) 预制楼梯板与梯梁锚固构造 2

2. 使用阶段设计

（1）计算简图　按两端简支考虑，如图 4-90 所示。

（2）梯板厚度确定　$h = (1/25 \sim 1/30)l = (1/25 \sim 1/30) \times 3640\text{mm} = 145.6 \sim 121.3\text{mm}$，取 130mm。

（3）荷载计算　预制楼梯一次性成型，因此仅考虑楼梯自重和活荷载。

恒荷载标准值：

钢筋混凝土斜板自重	$0.14 \times 25 \mathrm{kN/m}^3 / 0.883 + 0.15909 \times 25 \mathrm{kN/m}^3 / 2 = 5.95 \mathrm{kN/m}^2$
栏杆自重	$1.2 \mathrm{kN/m} / 1.45 \mathrm{m} = 0.828 \mathrm{kN/m}^2$

$$\sum \qquad\qquad\qquad\qquad\qquad\qquad\qquad = 6.78 \mathrm{kN/m}^2$$

活荷载标准值: $\qquad\qquad\qquad\qquad\qquad\qquad\qquad 3.5 \mathrm{kN/m}^2$

荷载设计值: $\qquad\qquad 1.3 \times 6.78 \mathrm{kN/m}^2 + 1.5 \times 3.5 \mathrm{kN/m}^2 = 14.064 \mathrm{kN/m}^2$

（4）弯矩计算

$$M = \frac{1}{8} q l^2 = \frac{1}{8} \times 14.064 \mathrm{kN/m}^2 \times 3.64^2 \mathrm{m}^2 = 23.29 \mathrm{kN \cdot m/m}$$

（5）正截面承载力计算

$$\alpha_s = \frac{M}{\alpha_1 f_c b h_0^2} = \frac{23.29 \mathrm{kN \cdot m/m} \times 10^6}{1 \times 14.3 \mathrm{N/mm}^2 \times 1000 \mathrm{mm} \times 110^2 \mathrm{mm}^2} = 0.1346 < \alpha_{s,\mathrm{max}} = 0.384, 可以$$

$$\gamma_s = 0.5 \times (1 + \sqrt{1 - 2\alpha_s}) = 0.9274$$

$$A_s = \frac{M}{f_y \gamma_s h_0} = \frac{23.29 \mathrm{kN \cdot m/m} \times 10^6}{360 \mathrm{N/mm}^2 \times 0.9274 \times 110 \mathrm{mm}} = 633 \mathrm{mm}^2/\mathrm{m}$$

选配 $\Phi 12@150$，实配面积 $A_s = 754 \mathrm{mm}^2/\mathrm{m}$。

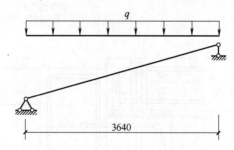

图 4-90　预制楼梯板计算简图

3. 施工阶段验算

（1）吊装验算　计算简图，如图 4-91 所示。

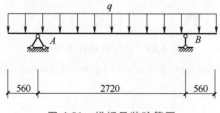

图 4-91　梯板吊装验算图

$$g_k = 5.95 \mathrm{kN/m}^2 \times 1.45 \mathrm{m} = 8.6 \mathrm{kN/m}$$

$$q = 1.5 g_k = 1.5 \times 8.6 \mathrm{kN/m} = 12.9 \mathrm{kN/m}$$

$$M_A = M_B = \frac{1}{2} q l_1^2 = \frac{1}{2} \times 12.9 \mathrm{kN/m} \times 0.56^2 \mathrm{m}^2 = 2.02 \mathrm{kN \cdot m}$$

$$M_{AB\max} = \frac{1}{8}q \times l_2^2 - M_A = \frac{1}{8} \times 12.9\text{kN/m} \times 2.72^2\text{m}^2 - 2.02\text{kN} \cdot \text{m} = 9.91\text{kN} \cdot \text{m}$$

吊钩设置位置尽量使正、负弯矩接近。本例设置在离端第一级踏步的中间。若设置在离端第二级踏步中间，则 $M_A = 4.77\text{kN} \cdot \text{m}$，$M_{AB\max} = 2.48\text{kN} \cdot \text{m}$。

弯矩远小于使用阶段，因此不需验算。

（2）抗裂强度验算

截面有效高度： $h_0 = 130\text{mm} - 15\text{mm} - 12\text{mm}/2 = 109\text{mm}$

受拉钢筋应力：

$$\sigma_s = \frac{M_{AB\max}}{0.87A_s h_0} = \frac{9.91\text{kN} \cdot \text{m} \times 10^6}{0.87 \times 754\text{mm}^2 \times 109\text{mm}} = 138.6\text{N/mm}^2 < 0.7f_{yk} = 0.7 \times 400\text{N/mm}^2 = 280\text{N/mm}^2$$

满足要求。

（3）抗弯强度验算

吊装安全系数：

$$K = \frac{f_{yk}A_s h_0}{M_{AB\max}} = \frac{400\text{N/mm}^2 \times 754\text{mm}^2 \times 109\text{mm}}{9.91\text{kN} \cdot \text{m} \times 10^6} = 3.317 > 1.4 \times 0.9 = 1.26，满足要求。$$

（4）吊装螺栓验算

1）螺栓设计承载力计算，吊装螺栓共四组，每组一个，采用 M20，Q235C 级螺栓，$L_0 = 120\text{mm}$。

吊装荷载总重量：$12.8\text{kN/m} \times 3.84\text{m} = 49.15\text{kN}$

Q235C 级螺栓抗拉强度设计值：$f_t^b = 170\text{N/mm}^2$

螺杆设计承载力计算：考虑三个螺杆承担全部荷载，单个螺栓设计承载力为

$$N_t^b = \frac{\pi d_e^2}{4}f_t^b = \frac{\pi \times 20^2\text{m}^2}{4} \times 170\text{N/mm}^2 = 53380\text{N} > 49150/3 = 16383\text{N}，满足要求。$$

2）埋件抗拔计算，局部荷载作用面积形状影响系数：

$$\eta = 0.4 + 1.2/\beta_h = 0.4 + 1.2/1 = 1.6$$

计算截面的周长： $\mu_m = \pi \times L_0 = \pi \times 120\text{mm} = 376.8\text{mm}$

单个埋件抗拔力：

$$P_u = 0.7\beta_h f_t \eta \mu_m L_0 = 0.7 \times 1.0 \times 0.7 \times 1.43\text{N/mm}^2 \times 376.8\text{mm} \times 120\text{mm} = 31683\text{N} > N_t^b = 16383\text{N}$$

故，满足要求。

（5）脱模埋件验算 脱模埋件采用 M20，Q235C 级螺栓，$L_0 = 150\text{mm}$，共 2 组，各组一个。

楼梯浇筑采用立式浇筑，构件与模板接触面积：$A = 0.8122\text{m}^2$

构件重力荷载标准值：$G_k = 3.84g_k = 3.84\text{m} \times 8.5\text{kN/m} = 32.64\text{kN}$

单个吊点荷载：

$$Q = \frac{\beta_d G_k + q_s A}{n} = \frac{1.5 \times 32.64\text{kN} + 1.5\text{kN/m}^2 \times 0.8122\text{m}^2}{2} = 25.09\text{kN} > 1.5/2 = 0.75\text{kN}$$

单个螺杆设计承载力 $N_{\mathrm{t}}^{\mathrm{b}} = 53380\mathrm{N} = 53.38\mathrm{kN} > Q = 25.09\mathrm{kN}$，满足要求。

埋件抗拔计算：

$$P_{\mathrm{u}} = 0.7\beta_{\mathrm{h}}f_{\mathrm{t}}\eta u_{\mathrm{m}}L_0 = 0.7 \times 1.0 \times 0.7 \times 1.43\mathrm{N/mm}^2 \times 1.6 \times \pi \times 150\mathrm{mm} \times 150\mathrm{mm}$$
$$= 79207N > Q/2 = 12.55\mathrm{kN}$$

故，满足要求。

（6）配筋图绘制　梯板配筋图，如图 4-92 所示。

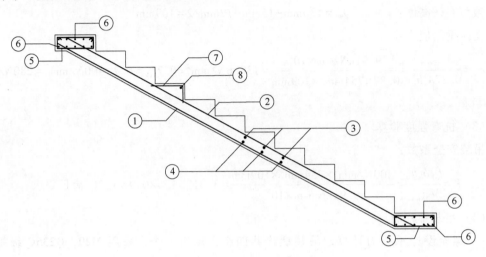

图 4-92　梯板 TB₁ 配筋图

配筋下料表，见表 4-16。

表 4-16　配筋下料表

钢筋编号	等级	尺寸	数量	样式形状
①	HRB400	12	11	3600 / 310
②	HRB400	12	11	150 / 3790 / 150
③	HPB300	6	18	1420
④	HPB300	6	18	1420
⑤	HPB300	10	9	115 / 45° / 115 / 380
⑥	HRB400	10	20	1420
⑦	HRB400	6	10	300 / 210
⑧	HRB400	8	10	1420

▶▶ 4.10 悬挑结构

4.10.1 概述

悬挑结构是工程结构中的常见结构形式之一，如雨篷、挑檐、外阳台、挑廊等。这种结构是从主体结构悬挑出梁或板，形成悬臂结构，其本质上仍是梁板结构。

悬挑结构一般由支承构件和悬挑构件组成。根据其悬挑长度，有以下两种结构布置方案：

（1）悬挑梁板结构 即从支承结构悬挑边梁，再在悬挑边梁悬臂端头设置封口梁，板与悬挑梁和封口梁整浇或搁置在悬挑梁上。当支承结构为柱子（可以是框架柱，也可以是单独设置的从基础至梁顶面的柱子）时，如图 4-93a 所示，悬挑梁可直接支承固接于柱上，悬挑梁产生的根部弯矩由柱子承担；当支承结构为梁时，如图 4-93b 所示，悬挑梁应从楼层内外伸，至少要有两个支座形成伸臂梁。这种结构布置方案同楼盖结构，因此板上的荷载传递与板的形式（单向板、双向板）有关。一般在悬挑长度较大时采用这种结构布置方案。

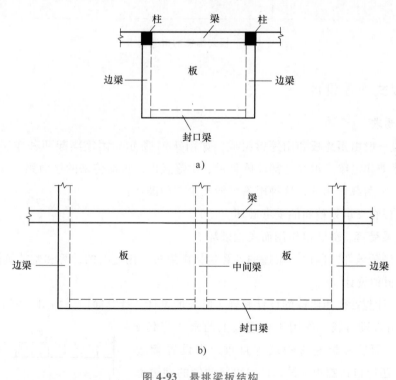

图 4-93 悬挑梁板结构

a）单块板 b）多块板

悬挑梁板结构的计算简图可按下列方式确定：封口梁根据悬挑边梁的数量按简支梁和连续梁计算，如图 4-93a 所示为简支梁，连续梁可以是两跨也可以是三跨及以上，如图 4-93b

所示为两跨连续梁。荷载包括板传来的恒荷载和活荷载、封口梁自重以及栏杆或栏板的重量（外阳台、挑廊）或钢筋混凝土翻边重量；悬挑边梁以及中间梁按悬臂梁或伸臂梁的悬挑部分计算，荷载分为线荷载和悬臂端集中荷载，线荷载包括梁自重、板传来的恒荷载和活荷载、栏板或栏杆重量和钢筋混凝土翻边重量。其中板传来的恒荷载和活荷载与板的形式有关，可能是均布荷载、三角形荷载或梯形荷载；悬臂端集中荷载由封口梁传来。

（2）悬挑板结构　即直接从支承梁悬挑出板，板上的荷载直接传给支承梁，如图 4-94 所示，称为板式雨篷。一般在悬挑长度较小时采用这种结构布置方案。

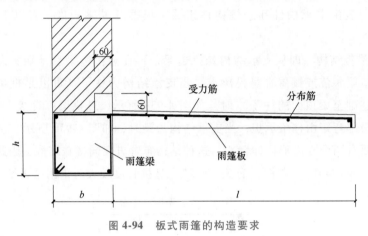

图 4-94　板式雨篷的构造要求

4.10.2　板式雨篷设计

1．一般要求

板式雨篷一般由雨篷板和雨篷梁组成，如图 4-94 所示。雨篷梁起两种作用：一是支承雨篷板，二是兼作过梁，承受上部墙体重量、雨篷板以及可能传来的楼面梁、板的荷载。

一般地，在荷载作用下，这种雨篷可能发生三种破坏：

1）雨篷板在支承处截面的受弯破坏。

2）雨篷梁受弯、剪、扭作用而发生破坏。

3）整体倾覆破坏。因此，雨篷的计算包括雨篷板、雨篷梁的计算和整体抗倾覆验算。

2．雨篷板的设计

雨篷板设计包括使用阶段的设计和施工阶段的设计，计算简图，如图 4-95 所示。

（1）使用阶段荷载　作用于雨篷板上的永久荷载 g 包括板自重、面层和板底粉刷层等自重，当设置翻边（凸沿）时，还应包括翻边重量，此时可将两侧的翻边重量均布到雨篷板上，端头翻边重量作为集中力 G 作用在板端部，即 $P=G$。可变荷载 q 取雪荷载与均布可变荷载（一般取为 $0.5\text{kN}/\text{m}^2$）和水荷载三者的较大值，考虑到出水管可能会被阻住，水荷载应考虑满载。

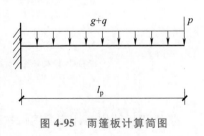

图 4-95　雨篷板计算简图

（2）施工阶段荷载　此阶段设计时，应考虑在板端部作用施工或检修集中荷载 Q（在板端部沿板宽每隔 1.0m 取一个 1.0kN 的集中荷载），即此时，端头集中力为 $P = G + Q$；永久荷载 g 和 G 的取值同使用阶段；可变荷载 q 不计。

分别计算使用阶段和施工阶段的内力，然后取两者的较大值进行截面设计，截面设计时的板厚取根部厚度。雨篷板受力钢筋按悬臂板计算确定，并不得少于 Φ8@200。受力钢筋需伸入雨篷梁中，并应有足够的锚固长度。此外，还必须按构造要求配置分布钢筋，一般不少于 Φ6@250。

3. 雨篷梁的设计

雨篷梁除承受自重及雨篷板传来的均布荷载和集中荷载外，还承受雨篷梁上的墙体重量及可能传来的上部楼层梁板的荷载，后者的取值按《砌体结构设计规范》GB 50003—2011 中过梁的规定取用。由于悬臂雨篷板上作用的均布荷载和集中荷载的作用点不在雨篷梁的竖向对称平面上，这些荷载将使雨篷梁产生扭矩。因此，雨篷梁应按弯、剪、扭构件进行设计。

如图 4-96 所示，雨篷板上均布荷载在雨篷梁上产生的单位长度上扭矩 t 为

$$t = (g+q) l_\mathrm{p} \frac{l_\mathrm{p}+b}{2} + (G+Q)\left(l_\mathrm{p} + \frac{b}{2}\right) \tag{4-56}$$

式中　l_p——雨篷梁的悬臂长度；

　　　b——雨篷梁的截面高度。

由 t 在雨篷梁端产生的最大扭矩 T_max 为

$$T_\mathrm{max} = \frac{1}{2} t l_\mathrm{n} \tag{4-57}$$

式中　l_n——门洞的净宽度，也即雨篷梁的净跨度。

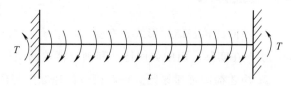

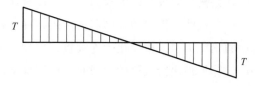

图 4-96　雨篷梁的扭矩计算简图

4. 抗倾覆验算

由于雨篷为悬挑构件，雨篷板上的荷载可能使整个雨篷绕墙体边缘旋转而倾覆，而雨篷梁自重及作用于雨篷梁上的墙体重量和梁板传来的荷载阻止雨篷的旋转，使其具有抵抗这种倾覆的能力，如图 4-97a 所示。为了保持雨篷的稳定，其抗倾覆验算应满足式（4-58）。

$$M_\mathrm{0v} \leqslant M_\mathrm{r} \tag{4-58}$$

式中　M_0v——按雨篷板上最不利荷载组合计算的绕 O 点的倾覆力矩，对恒荷载和活荷载均应分别乘以 1.3 和 1.5 的分项系数；

　　　M_r——按恒荷载计算的绕 O 点的抗倾覆力矩设计值，此时荷载分项系数按 0.8 采用，抗倾覆荷载 G_r 可按如图 4-97b 所示中阴影部分所示范围内的恒荷载标准值及雨篷梁自重进行计算。

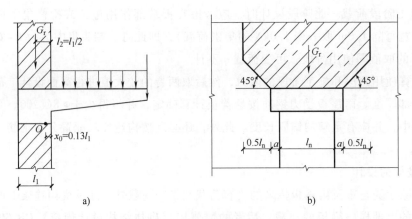

a)   b)

图 4-97   雨篷抗倾覆计算简图

a）倾覆转动点位置   b）抗倾覆荷载计算范围

当不满足式（4-58）的要求时，可适当增加雨篷梁的支承长度 a 或设拖梁以增大抗倾覆力矩 M_r。当所在结构为钢筋混凝土结构时，雨篷梁也可以与钢筋混凝土竖向构件（如框架柱）连接或与单独设置在门洞两侧的钢筋混凝土柱（由基础至雨篷梁顶面）连接，此时，雨篷板引起的抗倾覆弯矩可由钢筋混凝土柱承担，就可不进行上述的整体抗倾覆验算。

💡 思考题

1. 不同的楼盖结构形式，在受力上各有什么特点？楼面荷载是如何传递的？用一些实例说明，在实际应用中如何选择和确定楼盖的结构形式？

2. 简述荷载传递原则。理解荷载传递原则与建立结构计算简图有什么关系？

3. 什么是单向板？何为双向板？设计时如何区分？作用于板上的荷载是怎样传递的？

4. 单向板肋梁楼盖的柱网和梁格的布置原则是什么？简述肋梁楼盖布置的步骤。

5. 肋梁楼盖中，板简化为连续板，次梁、主梁简化为连续梁计算简图的条件是什么？

6. 计算板传递给次梁的荷载时，可按次梁的负荷范围确定，隐含着什么假定？

7. 钢筋混凝土连续梁按弹性理论和按塑性理论计算时，计算跨度的取法有何不同？

8. 何为活荷载不利布置？在结构设计中如何考虑活荷载不利布置？如何确定内力包络图？

9. 绘制内力包络图和正截面受弯承载力图（抵抗弯矩图）的作用是什么？如何绘制？

10. 什么是应力重分布？何为塑性内力重分布？试举例说明。

11. 什么是塑性铰？塑性铰与理想铰有何不同？影响塑性内力重分布的主要因数有哪些？如何保证塑性铰的转动能力？

12. 连续梁考虑塑性内力重分布进行设计有何优点？钢筋混凝土连续梁实现完全塑性内力重分布的条件是什么？

13. 什么是弯矩调幅法？简述弯矩调幅法的步骤。

14. 单向板中有哪些构造钢筋？各起什么作用？如何设置？

15. 主梁与次梁交接处的配筋构造有什么要求？你对"附加钢筋"中的"附加"两字如何理解？

16. 简述单向板肋梁楼盖中，板、次梁、主梁的设计要点。

17. 多跨多列双向板按弹性理论计算时，计算跨内最大正弯矩和支座最大负弯矩时活荷载如何布置？如何利用单跨双向板的计算表格进行计算？

18. 在均布荷载作用下，四边简支单跨矩形双向板的破坏如何？

19. 双向板肋梁楼盖支承梁的计算简图如何确定？又如何进行内力计算？

20. 简述双向板的构造要点。

21. 井式梁与双向板支承梁的计算有何区别？

22. 什么是叠合板、叠合梁？

23. 简述桁架钢筋的组成。桁架钢筋起什么作用？

24. 叠合板的预制底板布置有哪些形式？对结构设计有何影响？整体式接缝构造有哪几种？

25. 如何进行叠合梁板设计？预制楼梯板如何设计？

26. 常用的现浇楼梯有哪几种？

27. 板式楼梯与梁式楼梯的计算简图如何？其踏步板内力计算和配筋有何不同？

28. 悬挑结构的结构布置方案有哪些？板式雨篷有哪几种破坏形式？

29. 雨篷板上荷载有哪些？如何进行板式雨篷雨篷板的设计计算？

30. 作用在雨篷梁上的荷载有哪些？其受力特点如何？

31. 如何进行抗倾覆验算？雨篷抗倾覆不能满足时，可通过哪些措施解决？试举例说明。

习 题

1. 如图 4-98 所示，以三跨连续梁，支座中心的距离为 6m，承受均布活荷载标准值 $q_k = 6kN/m$ 和均布恒荷载标准值 $g_k = 12kN/m$（包括梁自重），试进行以下设计计算：

1）按弹性法计算，绘制该梁的弯矩包络图和剪力包络图。

2）若支座宽度均为 250mm，试按塑性内力重分布方法计算该梁的弯矩和剪力，并与按弹性法计算的结果进行比较。

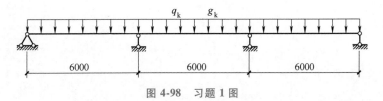

图 4-98 习题 1 图

2. 如图 4-99 所示，两跨连续梁，均布恒荷载设计值中已包括梁自重。

1）试按弹性法进行计算并绘制弯矩包络图和剪力包络图。

2）若对支座 B 的弯矩进行调幅，调幅系数取 0.2，试求调幅后 AB 跨和 BC 跨的跨中弯矩值。

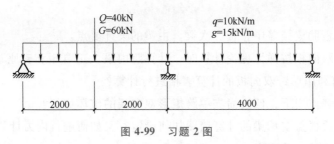

图 4-99　习题 2 图

3. 已知某现浇钢筋混凝土肋梁楼盖结构平面布置图，如图 4-100 所示，楼面面层采用 20mm 厚水泥砂浆抹面，上铺 20mm 厚花岗石，板底用 15mm 厚混合砂浆粉刷，楼面活荷载标准值 $q_k = 2.0 \text{kN/m}^2$。采用混凝土强度等级 C30，板中受力钢筋采用 HRB400 级钢筋。图 4-100 中梁宽度均为 250mm。

1）若楼盖平面尺寸 $l_1 = 1.8\text{m}$，$l_2 = 6\text{m}$，试按弹性法设计该板，并画出施工图。

2）若楼盖平面尺寸 $l_1 = 4\text{m}$，$l_2 = 6\text{m}$，试按弹性法设计该板，并画出施工图。

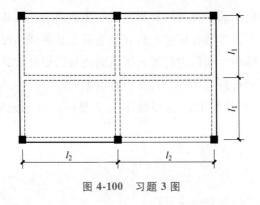

图 4-100　习题 3 图

4. 图 4-100 所示楼盖采用装配整体式楼盖，楼面面层做法和楼面活荷载标准值同第 4 章习题 3，楼盖平面尺寸同第 3 章习题 1），试进行：

1）结构平面布置。

2）预制板、叠合板的设计计算。

3）绘制叠合板现浇层配筋图。

第 5 章

多层框架结构

> **本章提要**：本章主要介绍工程中应用最为广泛的框架结构的设计计算方法，包括：框架概念设计、结构布置、内力分析简图的取法、竖向荷载与水平荷载作用下的内力分析、内力组合、框架梁和框架柱的设计、现浇与装配整体式框架结构梁、柱构件和节点的抗震措施、构造要求，以及防连续倒塌设计。

▶▶ 5.1 概述

5.1.1 框架结构的组成

框架结构是由梁和柱连接而成的双向梁柱抗侧力体系，以同时抵抗作用在结构上的竖向及水平荷载。梁柱交接处的框架节点应采用刚接，不宜采用铰接，而柱底应为固定支座。框架梁宜拉通、对直，框架柱宜纵横对齐、上下对中，梁柱轴线宜位于同一竖向平面内，如图 5-1 所示。有时由于使用功能或建筑造型上的要求，框架结构也可做成缺梁、内收或有斜梁等，如图 5-2 所示。

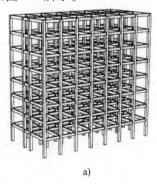
a)

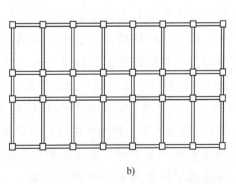
b)

图 5-1 框架结构

a）三维图　b）平面图

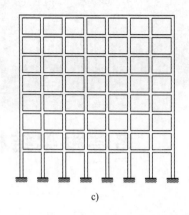 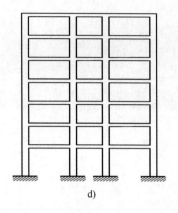

c) d)

图 5-1　框架结构（续）

c）纵向框架　d）横向框架

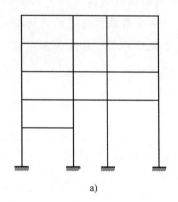 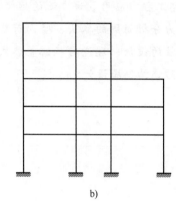 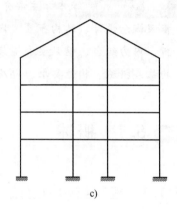

a) b) c)

图 5-2　框架结构示例

a）缺梁的框架　b）内收的框架　c）有斜梁的框架

　　一般情况下，计算时不考虑填充墙对框架抗侧的作用，因为填充墙的布置在建筑物的使用过程中具有不确定性，而且填充墙常常采用轻质材料，或在柱与墙之间留有缝隙仅通过钢筋柔性连接。但当填充墙采用砌体墙并与框架结构刚性连接时（砌体墙与框架梁柱紧塞）或采用先砌墙后浇梁柱的施工顺序时（一般工程不会这样做），则在水平荷载作用下，填充墙将起斜压杆的作用，如图 5-3 所示。震害表明，地震发生时，水平地震力将使嵌固在框架和梁中间的填充墙砌体顶推框架梁柱，易造成梁柱节点处的破坏。因此，有抗震设防要求时，应在填充墙与框架柱之间预留足够的间隙，隔离两者间的相互作用，同时填充墙

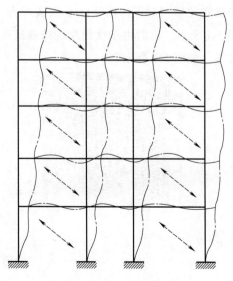

图 5-3　刚性填充墙的作用

内应设置水平钢筋或构造柱，防止填充墙平面外倒塌。另外，刚性填充墙对框架侧向刚度有较大贡献，但要注意尽量使结构的整体刚度对称，以免地震时产生过大的整体扭转。

5.1.2　框架结构的分类

混凝土框架结构按施工方法的不同可分为现浇式、装配式和装配整体式等。

1）现浇式框架的混凝土完全在现场浇筑而成，梁与柱之间形成刚接节点以承受弯矩和剪力，增强结构的整体性和抗侧刚度。这种框架的整体性强、抗震（振）性能好，其缺点是现场施工的工作量大、需要大量的模板。

2）装配式框架是指梁、柱、楼板均为预制，施工时进行现场吊装和节点连接。一般所有构件均为工厂预制，施工时要求机械化程度高，现场施工时间短，但由于在焊接接头处须预埋连接件，增加了用钢量。装配式框架结构的整体性较差，抗震能力弱，不宜在地震区应用。

3）装配整体式框架则是指将预制的框架构件在现场吊装就位后再通过部分现浇连成整体的框架结构。其中楼板采用叠合板，梁均为叠合梁，框架柱可预制也可现浇。装配整体式框架兼有现浇式框架和装配式框架的优点，具有较好的整体性和抗震能力，是我国大力推广的框架结构建造方式。

▶▶ 5.2　框架结构的布置

结构布置包括结构平面布置和竖向布置，称为结构体型。建筑体型和结构体型对结构的抗震性能有决定性影响。建筑体型由建筑师根据建筑的使用功能、建设场地、美学等确定；结构体型是指结构构件的布置，是结构工程师根据结构抵抗竖向荷载、抗风、抗震等的要求确定，注意具有结构作用的非结构构件（如具有刚度和承载力的填充墙）也属于结构体型的组成部分。结构布置是结构体型设计的主要工作，是结构设计的灵魂，应在尽量满足建筑设计的基础上，充分考虑结构抵抗竖向荷载、抗风、抗震等的要求，尤其应考虑结构抗震概念设计要求。

5.2.1　总体布置要求

钢筋混凝土框架结构的最大适用高度的要求，见表 5-1。平面和竖向均不规则的结构，适用的最大高度宜适当降低。与框架-剪力墙结构和剪力墙结构相比，框架结构的抗震能力相对较差，《高规》不建议 9 度抗震设防时采用框架结构。

表 5-1　钢筋混凝土框架结构房屋适用的最大适用高度　　　（单位：m）

结构类型	非抗震设计	设防烈度				
		6	**7**	**8（0.2g）**	**8（0.3g）**	**9**
现浇框架	70	60	50	40	35	—
装配整体式框架	70	60	50	40	30	—

框架结构的高宽比是对框架结构的整体刚度、稳定性、承载能力和经济合理性的宏观控

制指标。钢筋混凝土框架结构适用的最大高宽比，见表5-2。平面尺寸及凸出部位尺寸的比值限值，见表5-3，表中的参数 L、l、B、b、B_{max}，如图5-4所示。

表5-2　钢筋混凝土框架结构适用的最大高宽比

结构类型	非抗震设计	抗震设计		
		6度、7度	8度	9度
框架	5	4	3	—
装配整体式框架	5	4	3	—

表5-3　平面尺寸及凸出部位尺寸的比值限值

设防烈度	L/B	l/B_{max}	l/b
6度、7度	≤6.0	≤0.35	≤2.0
8度、9度	≤5.0	≤0.30	≤1.5

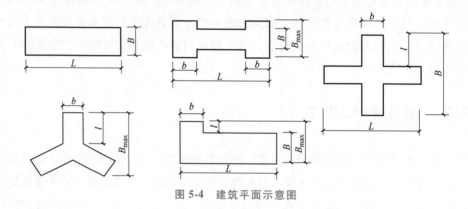

图5-4　建筑平面示意图

1. 建筑平面

建筑平面宜选用风荷载作用效应较小的平面形状，即简单规则的凸平面，如正多边形、圆形、椭圆形等简单几何平面。不宜采用有较多凹凸的复杂平面形状，如 V 形、Y 形、H 形平面等，也不宜采用长宽比过大的平面。简单、规则、对称结构的抗风抗震计算结果能较好地反映结构在水平力作用下的实际受力状态，能比较准确地计算确定其内力和侧移，且比较容易采取抗震构造措施和进行细部处理。当结构单元的平面长度过大时，易在结构中产生较大的温度应力，同时，在地震作用下，建筑物两端可能发生不同步振动，产生扭转等复杂振动形态而导致结构受损。因此，如图5-4所示，结构单元平面部分的尺寸宜满足表5-3的要求。如图5-5所示，角部重叠和细腰形的平面易引起应力集中，故不应采用。

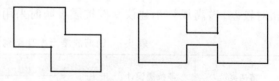

图5-5　易引起应力集中的建筑平面

由于水平地震作用的分布取决于结构的抗侧刚度和质量的分布。对于复杂的建筑平面，楼盖在平面内的刚度在多处发生变化，且水平地震作用合力中心与刚度中心偏离，在水平地震作用下易使结构产生扭转。同时，在平面变化转折处往往产生应力集中，增大了这些部位构件的内力。对于规则形状的平面布置，如果刚度分布不对称，结构也会产生扭转效应。所以在布置抗侧力结构时，应当使地震水平合力作用线通过结构的刚度中心，尤其是布置刚度较大的电梯间和楼梯间时，要注意保证其整个建筑的对称性。此外，具有一定刚度的非结构填充墙，其抗侧刚度也应在结构设计中予以考虑。建筑平面形状不对称时，可通过设置钢筋混凝土墙或翼墙改善结构平面的对称性，使结构的形心、刚度中心和质量中心尽量重合。

当建筑结构体型复杂、平立面不规则时，应根据不规则程度、地基基础条件设置变形缝，详见 5.2.2 节。

2. 建筑立面

对抗震有利的建筑立面应是规则的、均匀的，从上到下外形不变或变化不大，没有过大的外挑或内收。当结构上部楼层收进部位到室外地面的高度 H_1 与房屋高度 H 之比大于 0.2 时，上部楼层收进后的水平尺寸 B_1 不宜小于下部楼层水平尺寸 B 的 75%，如图 5-6a、b 所示；当上部结构楼层相对于下部楼层外挑时，上部楼层水平尺寸 B_1 不宜大于下部楼层水平尺寸 B 的 1.1 倍，且水平外挑尺寸 a 不宜大于 4m，如图 5-6c、d 所示。

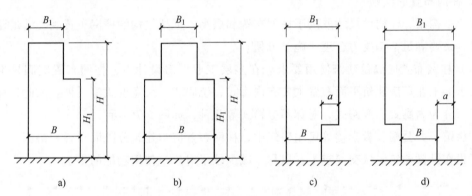

a)　　　　　　b)　　　　　　c)　　　　　　d)

图 5-6　建筑立面外挑或内收示意图

3. 结构不规则性控制

规则的建筑体型是规则结构体型的前提。但由于建筑内部空间的布置需要，有时规则的建筑体型也会存在不规则的结构体型。表 5-4 列出了《抗震规范》规定的三种平面不规则的结构类型，即扭转不规则、凹凸不规则和楼板局部不连续。表 5-5 列出了《抗震规范》规定的三种竖向不规则的结构类型，即侧向刚度不规则、竖向抗侧力构件不连续和楼层承载力突变。

建筑形体及其构件布置不规则时，应采用空间结构计算模型，并应对薄弱部位采取有效的抗震构造措施。当存在多项不规则或某项不规则超过规定的参考指标较多时，属于特别不规则的建筑，此时应进行专门研究和论证，采取特别的加强措施。

表 5-4　平面不规则的结构类型

不规则类型	定义和参考指标
扭转不规则	在规定的水平力作用下，楼层的最大弹性水平位移（或层间位移），大于该楼层两端弹性水平位移（或层间位移）平均值的 1.2 倍
凹凸不规则	平面凹进的尺寸，大于相应投影方向总尺寸的 30%

（续）

不规则类型	定义和参考指标
楼板局部不连续	楼板的尺寸和平面刚度急剧变化，例如，有效楼板宽度小于该层楼板典型宽度的50%，或开洞面积大于该层楼面面积的30%，或较大的楼层错层

表 5-5　竖向不规则的结构类型

不规则类型	定义和参考指标
侧向刚度不规则	该层的侧向刚度小于相邻上一层的70%，或小于其上相邻三个楼层侧向刚度平均值的80%；除顶层或出屋面小建筑外，局部收进的水平向尺寸大于相邻下一层的25%
竖向抗侧力构件不连续	竖向抗侧力构件（柱、抗震墙、抗震支撑）的内力由水平转换构件（梁、桁架等）向下传递
楼层承载力突变	抗侧力结构的层间受剪承载力小于相邻上一楼层的80%

5.2.2　柱网布置和承重方案

1. 柱网布置的原则

框架结构梁、柱构件尺寸取决于柱网布置和层高。框架结构的柱网布置既要满足建筑使用要求，又要满足结构受力合理，施工方便。

（1）柱网布置应满足建筑使用要求　在多层工业厂房设计中，柱网布置应满足生产工艺的要求。工业厂房建筑平面布置主要有内廊式、统间式、大宽度式等几种。因此，柱网布置方式可分为内廊式、等跨式、对称不等跨式等几种，如图 5-7 所示。

在旅馆、办公楼、教学楼等民用建筑中，柱网布置应与建筑分隔墙布置相协调，一般常将柱子设在纵横建筑隔墙交叉点上，以尽量减少柱子对建筑使用功能的影响。

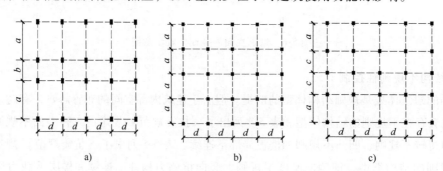

图 5-7　多层厂房柱网布置图

a）内廊式　b）等跨式　c）对称不等跨式

在旅馆建筑中，建筑平面一般布置成两边为客房，中间为走道。柱网布置可有两种方案：一种是布置成走道为一跨，客房与卫生间为一跨，如图 5-8a 所示；另一种是将走道与两侧的卫生间并为一跨，边跨仅布置客房，如图 5-8b 所示。以上两种结构布置方案都不会影响旅馆建筑的使用。

在办公楼建筑中，一般是两边为办公室，中间为走道，这时可将中柱布置在走道两侧，如图 5-9a 所示。也可取消一排柱子，布置成两跨框架，如图 5-9b 所示。

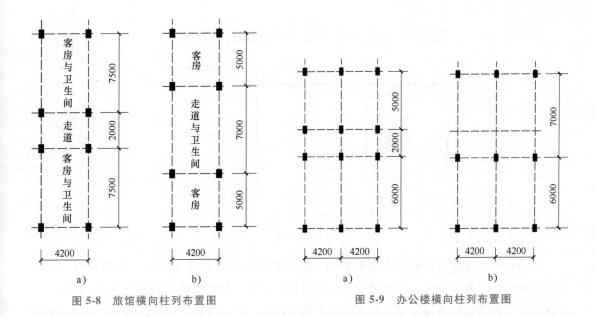

图 5-8 旅馆横向柱列布置图　　　　图 5-9 办公楼横向柱列布置图

（2）柱网布置满足结构受力合理　在满足建筑使用功能条件下，柱网布置时，应考虑到结构在荷载作用下内力分布均匀合理，使各构件材料强度均能充分利用。如图 5-10 所示，两榀总宽度、高度、和竖向荷载均相同的框架结构，很显然，框架 B 受力优于框架 A。如图 5-9 所示，两种结构布置，尽管由力学分析知：图 5-9b 框架的内力比图 5-9a 框架的内力大，但当结构跨度较小、层数较少时，图 5-9a 框架往往为按构造要求确定截面尺寸及配筋量，而图 5-9b 所示框架则在抽掉了一排柱子以后，其他构件的材料用量并无多大增加；但是，当结构跨度较大、层数较多时，由于图 5-9b 的刚度较图 5-9a 的刚度小，在水平荷载作用下，图 5-9b 框架柱的内力会比图 5-9a 的大许多，此时，图 5-9b 的布置就不一定优于图 5-9a。如图 5-8 所示中图 5-8b 的布置优于图 5-8a，因为图 5-8b 的抗侧刚度比图 5-8a 大得多，因此在相同条件下，图 5-8b 的内力小于图 5-8a 的内力（包括梁、柱的弯矩和柱的轴力），具体分析详见第 3 章第 3.1 节。

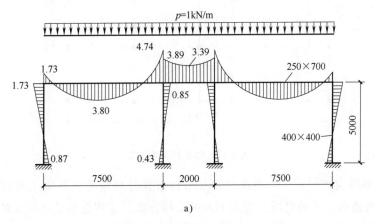

图 5-10 框架弯矩图（弯矩单位：kN·m）

a）框架 A

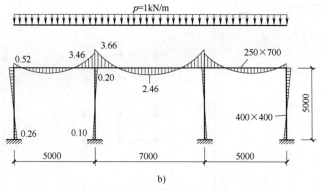

图 5-10 框架弯矩图（弯矩单位：kN·m）（续）

b）框架 B

纵向柱列的布置对结构受力也有影响，框架柱距一般可取建筑开间，如图 5-11a 所示。但当开间小、层数又少时，柱截面设计时常按构造配筋，材料强度不能充分利用。同时，由于纵向柱子较多，导致房屋纵向刚度远大于横向刚度，对结构抗震、抗风不利，且过小的柱距也使建筑平面难以灵活布置，为此可考虑柱距为两个开间，如图 5-11b 所示。

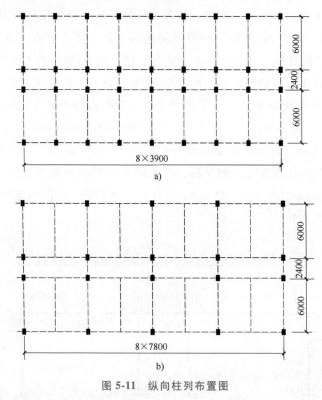

图 5-11 纵向柱列布置图

（3）柱网布置应方便施工　建筑设计及结构布置时均应考虑到施工方便，以加快施工进度，降低工程造价。一般情况，施工不便的结构方案，工程造价是比较高的。例如，对于装配整体式结构，既要考虑到构件的最大长度和最大重质量，使之满足吊装、运输设备的限制条件，又要考虑到构件尺寸的模数化、标准化，并尽量减少规格种类，以满足工业化生产的要求，提高生产效率。现浇框架结构虽不受建筑模数和构件标准的限制，但在结构布置时亦应尽量使梁板布置简单规则，以方便施工。

2. 承重框架的布置

对于具有正交轴线柱网的框架结构，通常可以分为纵、横两个方向框架，沿结构平面短向的称为横向框架，沿结构平面长向的称为纵向框架（非抗震设防时也可称为连系梁）。纵、横向框架分别承受各自方向上的水平力，而楼盖竖向荷载应依据楼盖结构布置方式的不同而按不同方式传递。由于地震作用及风荷载方向的不确定性，框架结构应设计成双向刚接的结构体系，使纵、横两个方向都具有相应的抗侧承载力和抗侧刚度，并使两个方向的抗侧刚度尽量接近，如图 5-11b 所示。

根据楼面结构布置和竖向荷载的传力途径，框架结构可分为横向承重、纵向承重和纵横双向承重三种结构布置方案，如图 5-12 所示。

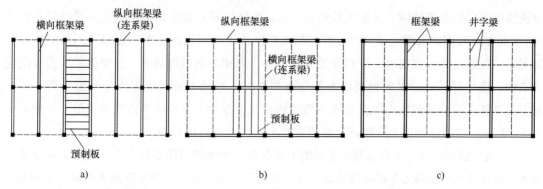

图 5-12　框架结构的布置方式

a）横向承重框架方案　b）纵向承重框架方案　c）纵横双向承重框架方案

（1）横向承重方案　横向承重方案是由横向主梁和柱组成主框架沿结构的横向布置，如图 5-12a 所示，横向框架承担了大部分楼（屋）面竖向荷载和横向风荷载及地震作用，而在纵向布置连系梁将各榀横向框架连接在一起。这些连系梁与柱则形成了纵向框架以承受房屋纵向的风荷载及地震作用以及部分竖向荷载。由于房屋纵向的迎风面积较小，风荷载相对横向框架较小，且纵向柱子较多，风荷载所产生的框架内力较小，因此在不考虑地震作用情况下，一般纵向框架不需要进行计算，纵向框架梁可按连系梁计算，但纵向地震作用所引起的框架内力仍需要进行验算。由于横向框架往往跨数少，主梁沿横向布置有利于提高建筑物的横向抗侧刚度，进而提高了整体建筑物的刚度。该方案整体性好，抗震、抗风性能好。

（2）纵向承重方案　纵向承重方案是由纵向主梁和柱组成主框架沿结构的纵向布置，纵向框架承担了大部分楼（屋）面竖向荷载和纵向的风荷载及地震作用，如图 5-12b 所示，而在横向布置连系梁将各榀纵向框架连接在一起。这些连系梁与柱则形成了横向框架以承受房屋横向的风荷载及地震作用以及部分竖向荷载。纵向承重方案的缺点是房屋的横向抗侧刚度较差，使得整体结构的刚度较差，抗震、抗风性能差，在抗震设防地区不应采用。

（3）纵横双向承重方案　纵横双向框架混合承重方案是在两个方向均需布置框架承重梁以承受楼面荷载。当楼面上作用有较大荷载，或楼面有较大开洞，或当柱网布置为正方形或接近正方形时，可采用这种承重方案，此时楼面常采用现浇双向板或井字形楼盖，如图 5-12c 所示。该方案具有较好的整体工作性能，对抗震有利。

3．变形缝的设置

伸缩缝、沉降缝、防震缝统称为变形缝。在结构设计中，应尽量少设缝或不设缝，这可简化构造、方便施工、降低造价、增强结构整体性和空间刚度，所以，在建筑设计时，应通过调整平面形状、尺寸、体型等措施；在结构设计时，应通过选择节点连接方式、配置构造钢筋、设置刚性层等措施；在施工方面，应通过分阶段施工、设置后浇带等措施，来防止由于混凝土收缩、不均匀沉降、地震作用等因素所引起的结构或非结构构件的损坏。当建筑物平面较狭长，或形状复杂、不对称，或各部分刚度、高度、质量相差悬殊，且上述措施都无法解决时，则应设置伸缩缝、沉降缝、防震缝也是必要的。

1）伸缩缝也称为温度缝，主要与结构的长度有关，是为了防止建筑物因温度变化和收缩使结构产生裂缝或破坏，而沿建筑物长、宽方向通常在长度方向适当部位设置的竖向构造缝。《混规》对钢筋混凝土结构伸缩缝的最大间距作了规定，详见本书附录 D。当结构的长度超过规范规定的允许值时，应验算温度应力并采取相应的构造措施。伸缩缝要求将建筑物的墙体、楼（屋）盖等基础顶面以上部分全部断开，基础部分因受温度变化影响较小，一般不需要断开。伸缩缝宽度以保证缝两侧结构在温度作用下伸长时不碰撞为目的，一般不应小于 20mm。在构造处理上应保证缝两侧在水平方向上能自由伸缩。

2）沉降缝的设置，主要与基础受到的上部荷载及场地的地质条件有关。当上部荷载差异较大，或地基土的物理力学指标相差较大时，则应设置沉降缝，以防止建筑各部分由于地基不均匀沉降引起房屋破坏。沉降缝可利用挑梁或搁置预制板、预制梁等办法做成，如图 5-13 所示。沉降缝宽度取决于基础的转动，按缝两侧较低部分高度确定，一般不宜小于 50mm。

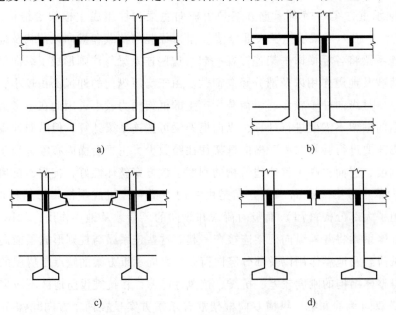

a) b) c) d)

图 5-13　沉降缝构造

a）简支板式　b）单悬挑式　c）简支梁式　d）双悬挑式

3）防震缝的设置主要与建筑平面形状、高差、刚度、质量分布等因素有关。防震缝的设置，应使各结构单元简单、规则，刚度和质量分布均匀，以避免地震作用下的扭转效应，如图 5-14 所示。为避免各单元之间的结构在地震发生时互相碰撞，防震缝的宽度不得小于 100mm，同时对于框架结构房屋，当高度超过 15m 时，设防烈度 6 度、7 度、8 度和 9 度分别每增加高度 5m、4m、3m 和 2m，防震缝宽度宜加宽 20mm。防震缝两侧的上部结构应完全分开，防震缝两侧结构类型不同时，宜按需要较宽防震缝的结构类型和较低房屋高度确定缝宽。

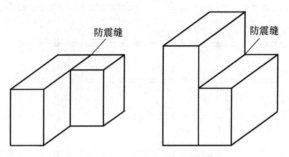

图 5-14　防震缝的设置

在非地震区的沉降缝，可兼作伸缩缝；在地震区的伸缩缝或沉降缝应符合防震缝的要求。当仅需设置防震缝时，则基础可不分开，但在防震缝处基础应加强构造和连接。

【例题 5-1】　试对本书附录 F 所示三层工业厂房三层平面进行框架结构平面布置。

【解】

为便于叙述，先给出三层结构平面布置图，如图 5-15 所示。

结构平面布置步骤如下：

1. 选择结构体系

结构体系一般可根据各类结构体系的受力特点、适用条件来选择。由于本工程只有三层，檐口标高仅 16.000m，可选择的结构体系有砌体结构、内框架（也称为半框架）结构以及框架结构。由于本工程内部空旷（无墙体），所以不能采用砌体结构，而内框架结构容易产生不均匀沉降对抗震不利，故也不采用。框架结构体系内部易形成大空间，对于一般的多高层房屋具有较好的抗风、抗震能力，故本工程抗侧力结构体系采用框架结构体系。如前所述，框架结构体系有横向承重方案、纵向承重方案和纵横双向承重方案，其中横向承重方案的房屋整体刚度、房屋整体性及抗风、抗震能力最好，故采用如图 5-15 所示的横向框架承重方案。

2. 结构布置

结构体系选择好后，就可以进行结构布置了。结构布置的顺序应遵循先整体后局部的原则，即应先进行竖向构件的布置，再进行梁板的布置，最后考虑一些构造要求。所以应按以下步骤进行：

（1）第一步　先进行框架梁、柱布置，形成双向抗侧力体系。如本例先在横向即①轴至⑦轴布置成横向框架 KJ1～KJ6，纵向用连系梁 LL1～LL5 连接（注意抗震设防时也要布置成纵向框架)。这样就形成了双向抗侧力结构。另外还应考虑是否需要设置变形缝,由于该房屋比较规则,长宽方向均未超过55m,假定地基土比较均匀或采用了桩基础,故未设变形缝。

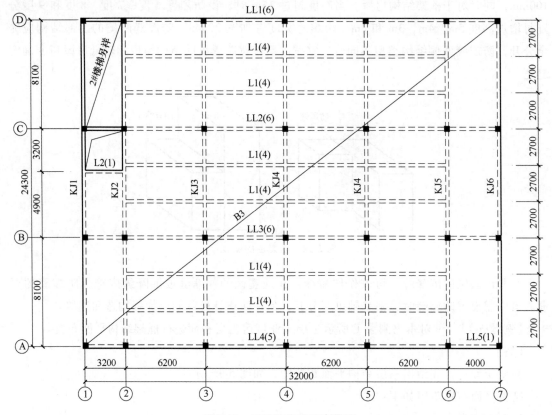

图 5-15　三层结构平面布置图

(2)第二步　结构体系布置完成后,就可进行楼面梁板布置了。本工程采用现浇肋梁楼盖,下面我们来进行梁板布置。

1)现浇板布置。由于同一温度区段在施工时现浇混凝土板为连续浇筑的,所以编一块板,如图5-15中B3,注意当楼层板有高差且在水平方向上不连续相接时才编不同板号,如图5-16所示。

2)梁布置。详见例题4-1。

3)其他构造要求。如①轴、②轴、⑥轴、⑦轴墙体长度大于5m,应在墙中设置构造柱将墙体长度分隔成小于5m;另外电梯间属于大洞口,其四角也应布置构造柱(本例图5-15中未标注构造柱,是不对的)。

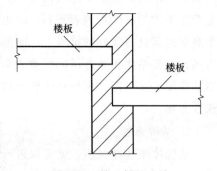

图 5-16　楼层板不连续

至此结构布置就完成了。图5-15中编号说明,由于④轴和⑤轴框架的计算模型和计算荷载即计算简图是一样的,所以共用一个编号KJ4,其余轴线由于计算荷载不同或计算模型不同，如①轴、②轴、③轴局部为四层（机房层）且计算荷载各不相同，⑥轴、⑦轴虽然计算模型与④轴和⑤轴相同，但计算荷载不同，所以编号不同；对于梁的编号也同样处理，如图中 L1。

▶▶ 5.3　框架结构内力与水平位移的近似计算方法

5.3.1　框架梁、柱的设计参数

框架梁的截面形状通常都设计成 T 形、矩形或工字形，如图 5-17a~c 所示，在装配式框架中还可以做成花篮形等形状，如图 5-17d 所示。框架柱的截面则一般为矩形或正方形，根据建筑需要有时也可做成圆形或其他形状，如图 5-17e、f 所示。

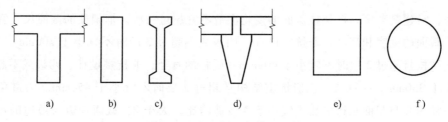

a)　　　b)　　　c)　　　d)　　　e)　　　f)

图 5-17　框架梁、柱截面形状

框架梁、柱的截面尺寸取决于建筑的使用功能、构件的承载力、刚度、延性以及经济性等多方面因素。但在初步设计阶段，往往先根据以往的设计经验估算，然后根据结构分析结果和有关设计控制要求进行必要的调整后确定。

1. 框架梁的截面尺寸

框架梁的截面尺寸主要根据梁的跨度、荷载条件和约束条件选择。截面尺寸首先要满足变形要求，对于框架梁，当取梁截面高度 $h = (1/8 \sim 1/12)l$ 时，l 为框架梁的计算跨长，可不做挠度验算，系数取值与梁跨度和荷载大小有关，仅从刚度条件（即竖向挠度）考虑的话，即当梁跨度大于 9m 时可取 1/8，小于 7m 时可取 1/12，在 7~9m 之间时可取 1/12~1/8。框架梁最小尺寸要求为：宽度不小于 200mm，截面高宽比不大于 4，净跨与截面高度之比不小于 4。此外，对矩形截面梁，其宽度一般取 $b = (1/3 \sim 1/2)h$，且至少比框架柱宽小 50mm；对于 T 形截面梁，一般取腹板肋宽 $b = (1/4 \sim 1/2.5)h$。

此外，为统一模板尺寸以便于施工，框架梁的截面宽度 b 或截面高度 h 在 200mm 以上时取 50mm 的倍数。有时为满足使用净空要求，也可将框架主梁设计成宽度较大的扁梁，此时在设计计算中需注意验算梁的挠度变形和裂缝宽度。

2. 框架柱的截面尺寸

框架柱的截面尺寸可以根据承受的竖向荷载及轴压比限值来估算。其中，框架柱的轴向力设计值 N_v 可根据支承面上的恒荷载及活荷载估算，估算方法详见 3.1.2 节。考虑弯矩的影响后，非抗震框架结构柱截面 A_c 估算公式为

$$A_c = \frac{N}{f_c} \quad [N = (1.05 \sim 1.1)N_v] \tag{5-1}$$

式中 f_c——柱混凝土轴心抗压强度设计值。

对于抗震结构框架柱，为保证其必要的延性，需控制柱的轴压比限值 n，此时柱截面面积 A_c 估算公式为

$$A_c = \frac{N}{nf_c} \quad [N = (1.1 \sim 1.2)N_v] \tag{5-2}$$

式中 n——框架柱的轴压比限值，按表 5-6 取值。

表 5-6 框架柱的轴压比限值

抗震等级	一	二	三	四
轴压比限值	0.65	0.75	0.85	0.90

此外，沿建筑高度，框架柱截面的变化次数不宜超过三次。框架柱的截面尺寸宜符合以下要求：截面的宽度和高度，非抗震设计、四级或不超过 2 层时不宜小于 300mm，一、二、三级抗震结构且超过 2 层时不宜小于 400mm；圆柱的直径，非抗震设计、四级或不超过 2 层时不宜小于 350mm，一、二、三级抗震结构且超过 2 层时不宜小于 450mm。为避免短柱剪切破坏，柱净高与截面长边之比不宜小于 4 或剪跨比宜大于 2；截面长边与短边的边长比不宜大于 3。

5.3.2 计算简图

框架结构是一个空间受力体系，如图 1-2a 所示。结构分析时有按空间结构分析和简化成平面结构分析两种方法。在计算机没有普及的年代，空间框架常被简化成平面框架并采用手算的方法进行分析。目前框架结构分析常根据结构力学位移法的基本原理编制电算程序，由计算机直接求出结构的变形、内力，以至各截面的配筋。由于目前计算机内存和运算速度都已有很大提高，因此在电算程序中可采用空间结构分析法。

但是在初步设计阶段，为确定结构布置方案或构件截面尺寸，还需要采用一些简单的近似计算方法进行估算，以求既快又省地解决问题。另外，近似的手算方法概念明确，能够直观地反映框架结构的受力特点，从而可判断电算结果的合理性。所以这里仍将重点介绍平面框架结构按弹性理论的近似手算方法，包括：竖向荷载作用下的分层法、水平荷载作用下的反弯点法和改进反弯点法即 D 值法。

1. 计算单元

为方便常忽略结构纵向和横向之间的空间联系，忽略各构件的抗扭作用，将横向框架和纵向框架分别按平面框架进行分析计算，如图 5-18 所示，其平面布置图，如图 1-2b 所示。通常框架上的荷载往往各不相同，故常有中列柱和边列柱的区别。中列柱框架的计算单元宽度可各取为两侧跨距的一半，边列柱框架的计算单元宽度可取为一侧跨距的一半。取出的平面框架所承受的竖向荷载与楼盖结构的布置情况有关，水平荷载则简化为节点集中力。

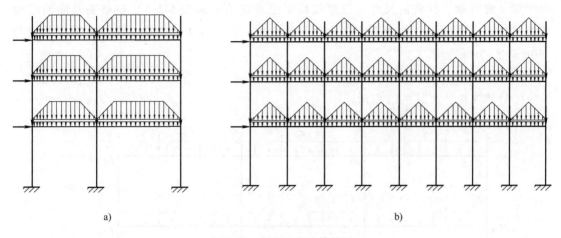

图 5-18　框架结构计算简图

a）横向框架计算简图　b）纵向框架计算简图

2. 节点

按平面框架结构分析时，节点简化为刚接节点，与基础连接处简化为固定支座。

3. 跨度与层高

在结构计算简图中，杆件用其轴线表示。框架梁的跨度可取柱子形心线之间的距离，当上下层柱截面尺寸变化时，一般以最小截面的形心线来确定。框架的层高即框架柱的长度可取相应的建筑层高，即取本层楼面至上层楼面的高度，但底层的层高则应取基础顶面到二层楼板顶面之间的距离。

4. 框架梁截面惯性矩

在计算框架梁截面惯性矩 I 时应考虑到楼板的影响。在框架梁两端节点附近，梁承受负弯矩，顶部的楼板受拉，楼板对梁的截面弯曲刚度影响较小；在框架梁的跨内，梁承受正弯矩，楼板处于受压区形成 T 形截面梁，楼板对梁的截面弯曲刚度影响较大。为方便设计，假定梁的截面惯性矩 I 沿轴线不变，对现浇楼盖，中框架取 $I = 2I_0$，边框架取 $I = 1.5I_0$；对装配整体式楼盖，中框架取 $I = 1.5I_0$，边框架取 $I = 1.2I_0$；对装配式楼盖，则按梁的实际截面计算 I_0；这里 I_0 为矩形截面梁的截面惯性矩。

当框架梁是有支托的加腋梁时，若 $\dfrac{I_m}{I} < 4$ 或 $\dfrac{h_m}{h} < 1.6$，则可以不考虑支托的影响，简化为无支托的等截面梁。其中，I_m、h_m 分别是支托端最高截面的惯性矩和高度，而 I、h 分别是跨中截面的惯性矩和高度。

5. 荷载计算

作用于框架结构上的荷载有竖向荷载和水平荷载两种。竖向荷载包括结构自重、墙体质量及楼（屋）面活荷载，一般为分布荷载，有时也有集中荷载。水平作用包括风荷载和水平地震作用，一般均简化成作用于框架节点的水平集中力。

【例题 5-2】　绘制本书附录 F 所示三层厂房④轴框架 KJ4 的计算简图。并对荷载进行计算，确定梁、柱截面尺寸。三层结构平面布置图见例题 5-1，二层楼面及屋面结构布置同三层，已知梁、柱混凝土强度等级为 C30，抗震等级为四级，纵向框架梁截面为 250mm×550mm。

【解】

1. 计算简图，如图 5-19 所示

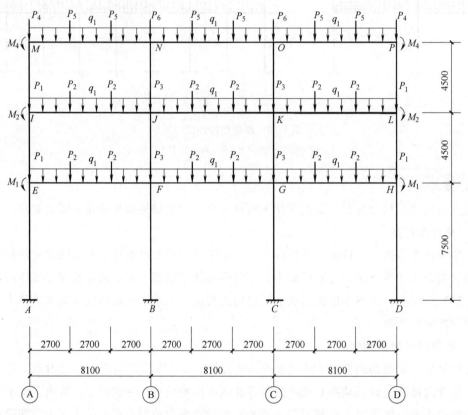

图 5-19　KJ4 计算简图

2. 荷载计算

活荷载标准值（不上人屋面）：$0.5kN/m^2$

檐沟：

檐沟计算简图，如图 5-20 所示。

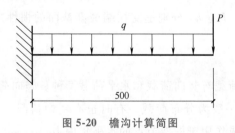

图 5-20　檐沟计算简图

均布荷载 q 计算。

恒荷载标准值：

3 厚改性沥青防水卷材自重	$0.05\mathrm{kN/m^2}$
15 厚水泥砂浆自重	$0.015\mathrm{m}\times20\mathrm{kN/m^3}=0.3\mathrm{kN/m^2}$
30 厚细石混凝土找坡 1% 自重	$[(0.03\mathrm{m}+6.2\mathrm{m}\times0.01)/2]\times24\mathrm{kN/m^3}=1.1\mathrm{kN/m^2}$
60 厚钢筋混凝土板自重	$0.06\mathrm{m}\times25\mathrm{kN/m^3}=1.5\mathrm{kN/m^2}$
板底抹灰自重	$0.02\mathrm{m}\times20\mathrm{kN/m^3}=0.4\mathrm{kN/m^2}$

$\sum$ $= 3.35\mathrm{kN/m^2}$

活荷载标准值：

考虑水满载，取雪荷载、水荷载和屋面活荷载的大值，所以取 $0.5\mathrm{kN/m^2}$。

集中荷载 P 计算

恒荷载标准值：

钢筋混凝土板自重	$0.06\mathrm{m}\times(1.2\mathrm{m}-0.06\mathrm{m})\times25\mathrm{kN/m^3}=1.71\mathrm{kN/m}$
粉刷自重	$1.2\mathrm{m}\times2\mathrm{m}\times0.02\mathrm{m}\times20\mathrm{kN/m^3}=0.96\mathrm{kN/m}$

$\sum$ $= 2.67\mathrm{kN/m}$

楼面荷载计算见例题 4-4。

P_1 计算　恒荷载标准值：

纵向框架梁（联系梁）自重	$0.25\mathrm{m}\times0.55\mathrm{m}\times25\mathrm{kN/m^3}\times6.2\mathrm{m}=21.31\mathrm{kN}$
纵向框架梁（联系梁）梁粉刷自重	$(0.25\mathrm{m}+0.55\mathrm{m}\times2)\times0.02\mathrm{m}\times17\mathrm{kN/m^3}\times6.2\mathrm{m}=2.85\mathrm{kN}$
墙自重	$(4.5\mathrm{m}-0.55\mathrm{m})\times0.24\mathrm{m}\times6\mathrm{kN/m^3}\times6.2\mathrm{m}=35.27\mathrm{kN}$
墙粉刷自重	$2\times0.02\mathrm{m}\times(4.5\mathrm{m}-0.55\mathrm{m})\times20\mathrm{kN/m^3}\times6.2\mathrm{m}=19.59\mathrm{kN}$
扣洞口自重	

$(-2\times0.02\mathrm{m}\times3.6\mathrm{m}\times2.4\mathrm{m}\times20\mathrm{kN/m^3}-3.6\mathrm{m}\times2.4\mathrm{m}\times0.24\mathrm{m}\times6\mathrm{kN/m^3})/6.2\mathrm{m}\times6.2\mathrm{m}=-19.35\mathrm{kN}$

窗自重	$3.6\mathrm{m}\times2.4\mathrm{m}\times0.45\mathrm{kN/m^2}/6.2\mathrm{m}\times6.2\mathrm{m}=3.89\mathrm{kN}$
楼板传递的恒荷载标准值	$3.31\mathrm{kN/m^2}\times(2.7\mathrm{m}/2)\times6.2\mathrm{m}=27.70\mathrm{kN}$

$\sum$ $= 91.26\mathrm{kN}$

活荷载标准值：

楼板传递的活荷载标准值	$4\mathrm{kN/m^2}\times(2.7\mathrm{m}/2)\times6.2\mathrm{m}=33.48\mathrm{kN}$

P_2 计算　恒荷载标准值：

楼面次梁 L1 传递的恒荷载标准值	$9.07\mathrm{kN/m}\times6.2\mathrm{m}=56.23\mathrm{kN}$

活荷载标准值：

楼面次梁 L1 传递的活荷载标准值	$10.8\mathrm{kN/m}\times6.2\mathrm{m}=66.96\mathrm{kN}$

L1 荷载计算见例题 4-3。

P_3 计算　恒荷载标准值：

纵向框架梁（连系梁）自重	$0.25\mathrm{m}\times0.55\mathrm{m}\times25\mathrm{kN/m^3}\times6.2\mathrm{m}=21.31\mathrm{kN}$

纵向框架梁（连系梁）粉刷自重

$$(0.25m+0.55m×2-2×0.09m)×0.02m×17kN/m^3×6.2m=2.47kN$$

楼板传递的恒荷载标准值

$$3.31kN/m^2×2.7m×6.2m=55.41kN$$

$$\sum \qquad\qquad\qquad\qquad\qquad\qquad\qquad\qquad =79.19kN$$

活荷载标准值：

楼板传递的活荷载标准值

$$4kN/m^2×2.7m×6.2m=66.96kN$$

q_1 计算恒荷载标准值：

框架梁自重

$$0.25m×0.7m×25kN/m^3=4.375kN/m$$

框架梁粉刷自重

$$(0.25m+0.7m×2-0.09m×2)×0.02m×17kN/m^3=0.5kN/m$$

$$\sum \qquad\qquad\qquad\qquad\qquad\qquad\qquad\qquad =4.88kN/m$$

P_4 计算　恒荷载标准值：

纵向框架梁（联系梁）自重

$$0.25m×0.55m×25kN/m^3×6.2m=21.31kN$$

纵向框架梁（联系梁）粉刷自重

$$(0.25m+0.55m×2)×0.02m×20kN/m^3×6.2m=3.35kN$$

檐沟传递的恒荷载标准值

$$3.35kN/m^2×0.5m×6.2m+2.67kN/m×6.2m=26.94kN$$

屋面板传递的恒荷载标准值

$$3.89kN/m^2×(2.7m/2)×6.2m=32.56kN$$

$$\sum \qquad\qquad\qquad\qquad\qquad\qquad\qquad\qquad =84.16kN$$

活荷载标准值：

檐沟传递的活荷载标准值

$$0.5kN/m^2×0.5m×6.2m=1.55kN$$

屋面板传递的活荷载标准值

$$0.5kN/m^2×(2.7m/2)×6.2m=4.19kN$$

$$\sum \qquad\qquad\qquad\qquad\qquad\qquad\qquad\qquad =5.74kN$$

P_5 计算　恒荷载标准值：

屋面梁自重

$$0.2m×(0.5m-0.09m)×25kN/m^3×6.2m=12.71kN$$

屋面梁粉刷自重

$$0.02m×[0.2m+(0.5m-0.09m)×2]×17kN/m^3×6.2m=2.15kN$$

屋面板传递的恒荷载标准值

$$3.89kN/m^2×2.7m×6.2m=65.12kN$$

$$\sum \qquad\qquad\qquad\qquad\qquad\qquad\qquad\qquad =79.98kN$$

活荷载标准值：

屋面板传递的活荷载标准值

$$0.5kN/m^2×2.7m×6.2m=8.37kN$$

P_6 计算　恒荷载标准值

纵向框架梁（联系梁）自重

$$0.25m×0.55m×25kN/m^3×6.2m=21.31kN$$

纵向框架梁（联系梁）粉刷自重

$$(0.25m+0.55m×2-2×0.09m)×0.02m×17kN/m^3×6.2m=2.47kN$$

屋面板传递的恒荷载标准值

$$3.89kN/m^2×2.7m×6.2m=65.12kN$$

$$\sum \qquad\qquad\qquad\qquad\qquad\qquad\qquad\qquad =88.90kN$$

活荷载标准值：

屋面板传递的活荷载标准值 $\qquad$ $0.5\text{kN/m}^2 \times 2.7\text{m} \times 6.2\text{m} = 8.37\text{kN}$

3. 框架柱截面尺寸确定

Ⓐ轴、Ⓓ轴柱底 N_v 计算：

q_1 传递的荷载设计值 $\qquad$ $4.88\text{kN/m} \times (8.1\text{m}/2) \times 3 \times 1.3 = 77.08\text{kN}$

P_2 传递的荷载设计值 $\qquad$ $(56.23\text{kN} \times 1.3 + 66.96\text{kN} \times 1.5) \times 2 = 347.08\text{kN}$

P_5 传递的荷载设计值 $\qquad$ $79.98\text{kN} \times 1.3 + 8.37\text{kN} \times 1.5 = 116.53\text{kN}$

P_1 传递的荷载设计值 $\qquad$ $(91.26\text{kN} \times 1.3 + 33.48\text{kN} \times 1.5) \times 2 = 337.72\text{kN}$

P_4 传递的荷载设计值 $\qquad$ $84.16\text{kN} \times 1.3 + 5.74\text{kN} \times 1.5 = 118.02\text{kN}$

$\sum$ $\qquad$ $= 996.43\text{kN}$

底层柱所需面积为

$$A_{c1} = \frac{1.1N_v}{nf_c} = \left(\frac{1.1 \times 996.43 \times 10^3}{0.9 \times 14.3}\right)\text{mm}^2 = 85165\text{mm}^2 \qquad \text{取 } b \times h = 300\text{mm} \times 350\text{mm}$$

Ⓑ轴、Ⓒ轴柱底 N_v 计算：

q_1 传递的荷载设计值 $\qquad$ $4.88\text{kN/m} \times 8.1\text{m} \times 3 \times 1.3 = 154.16\text{kN}$

P_2 传递的荷载设计值 $\qquad$ $(56.23\text{kN} \times 1.3 + 66.96\text{kN} \times 1.5) \times 2 \times 2 = 694.16\text{kN}$

P_5 传递的荷载设计值 $\qquad$ $(79.98\text{kN} \times 1.3 + 8.37\text{kN} \times 1.5) \times 2 = 233.06\text{kN}$

P_3 传递的荷载设计值 $\qquad$ $(79.57\text{kN} \times 1.3 + 66.96\text{kN} \times 1.5) \times 2 = 407.76\text{kN}$

P_6 传递的荷载设计值 $\qquad$ $89.28\text{kN} \times 1.3 + 8.37\text{kN} \times 1.5 = 128.62\text{kN}$

$\sum$ $\qquad$ $= 1617.76\text{kN}$

底层柱所需面积为

$$A_{c1} = \frac{1.1N_v}{nf_c} = \frac{1.1 \times 1617.76 \times 10^3\text{N}}{0.9 \times 14.3\text{N/mm}^2} = 138270\text{mm}^2 \quad \text{取 } b \times h = 300\text{mm} \times 450\text{mm}$$

由于底层柱较高，为了使二层与底层刚度尽量接近，二层及三层柱：

Ⓐ轴、Ⓓ轴分别取 $300\text{mm} \times 300\text{mm}$，Ⓑ轴、Ⓒ轴取 $300\text{mm} \times 400\text{mm}$。

4. 结点偏心弯矩计算

M_1，恒荷载作用下偏心弯矩为 $\qquad$ $p_1 e_1 = 91.26\text{kN} \times \left(\dfrac{0.35\text{m}}{2} - \dfrac{0.25\text{m}}{2}\right) = 4.56\text{kN} \cdot \text{m}$

活荷载作用下偏心弯矩为 $\qquad$ $p_1 e_1 = 33.48\text{kN} \times \left(\dfrac{0.35\text{m}}{2} - \dfrac{0.25\text{m}}{2}\right) = 1.67\text{kN} \cdot \text{m}$

同理

M_2，恒荷载作用下偏心弯矩为 $\qquad$ $p_1 e_2 = 2.28\text{kN} \cdot \text{m}$

活荷载作用下偏心弯矩为 $\qquad$ $p_1 e_2 = 0.84\text{kN} \cdot \text{m}$

M_4，恒荷载作用下偏心弯矩为

纵向框架梁（联系梁）引起弯矩为 　　　$p_4 e_4 = 84.16\text{kN} \times \left(\dfrac{0.30\text{m}}{2} - \dfrac{0.25\text{m}}{2} \right) = 2.1\text{kN} \cdot \text{m}$

檐口传来弯矩为 　　　$\left(\dfrac{1}{2} \times 3.35\text{kN/m}^2 \times 0.5^2\text{m}^2 + 2.67\text{kN/m} \times 0.5\text{m} \right) \times 6.2\text{m} = 10.9\text{kN} \cdot \text{m}$

$\sum$ 　　　　　　　　　　　　　　　　　　　　　　　　　　　$= 13.0\text{kN} \cdot \text{m}$

活荷载作用下偏心弯矩为

纵向框架梁（联系梁）引起弯矩为 　　　$p_4 e_4 = 5.74\text{kN} \times \left(\dfrac{0.35\text{m}}{2} - \dfrac{0.25\text{m}}{2} \right) = 0.287\text{kN} \cdot \text{m}$

檐沟传来弯矩为 　　　$\dfrac{1}{2} \times 0.5\text{kN/m}^2 \times 0.5^2\text{m}^2 \times 6.2\text{m} = 0.39\text{kN} \cdot \text{m}$

$\sum$ 　　　　　　　　　　　　　　　　　　　　　　　　　　　$= 0.68\text{kN} \cdot \text{m}$

5.3.3　竖向荷载作用下的内力近似计算——分层法

框架结构在竖向荷载作用下的内力计算可近似地采用分层法。其假定如下：

1）假定框架不发生水平位移，即不考虑框架侧移对结构内力的影响。

2）某楼层的竖向荷载只对本层框架梁及与其相连的楼层框架柱产生影响。

通常，多层多跨框架在竖向荷载作用下的水平位移是不大的，而当忽略水平位移后将使计算简化，因此假定1）既是近似的也是实用合理的。

某层框架梁承受竖向荷载后，将在本层框架梁以及与它相连的楼层柱产生较大的弯矩，而对其他楼层的梁、柱弯矩的影响必须通过框架节点处的楼层柱才能传递给相邻楼层。由弯矩分配法知，弯矩经过节点的分配，向其他楼层传递后，其值就很小了。因此。假定2）近似地忽略其他楼层梁和与本楼层不相连的其他楼层柱的弯矩是合理的。

竖向荷载作用下分层法的计算过程和要点如下：

1）框架在竖向荷载同时作用下的内力，可以看成是各层竖向荷载单独作用下的内力的叠加。把具有 n 个楼层的框架按楼层分解成 n 个开口框架，并以每层的全部框架梁以及与其相连的框架柱作为该层的计算单元，如图 5-21 所示。各构件的尺寸与原结构均相同，并将柱的远端假定为固端。对于现浇及装配整体式混凝土框架，梁的截面惯性矩计算时应考虑混凝土楼板的贡献。

2）根据各层梁上的竖向荷载，分别计算各梁的固端弯矩。

3）计算梁、柱线刚度和弯矩分配系数。各个节点的弯矩应根据相邻杆件的线刚度进行分配，底层的柱底可假定为固定支座，其余柱端在荷载作用下会产生一定的转角，约束作用应为介于铰支承与固定支承之间的弹性支承，因此，用调整后柱的线刚度来反映支座转动影响，对除底层外其他柱的线刚度均乘折减系数 0.9。

4）梁和底层柱的传递系数均按远端固定支座取为 1/2，其余柱由于将弹性支承简化成了固定端，因此传递系数改用 1/3。

5）求得各开口框架梁、柱杆件弯矩后，将相邻两个开口框架中同层同柱号的柱弯矩叠加，作为原框架柱的弯矩。而分层计算所得的框架梁的弯矩即为原框架结构中相应梁的弯矩。求出梁、柱的杆端弯矩后，根据各节点的静力平衡条件确定梁最大正弯矩（注意：梁最大正弯矩一般不在跨中）和剪力以及柱的剪力和轴力。

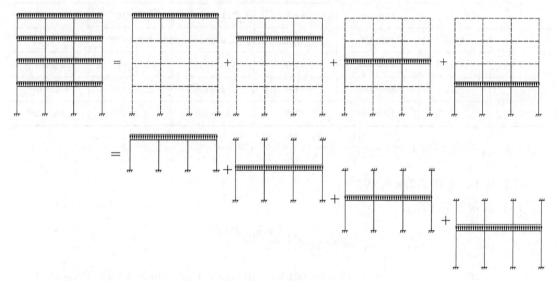

图 5-21　竖向荷载作用下分层法计算简图

由于分层计算的模型与实际结构有所不符，因此各层内力叠加后框架节点处可能存在弯矩不平衡。通常这种误差不大，可以满足工程需要。若欲提高精度，可对节点不平衡弯矩较大的节点，将该不平衡弯矩在该节点内再进行一次分配，予以修正，但不需要再传递。

【例题 5-3】　用弯矩分配法计算例题 5-1 中④轴 KJ4 框架在竖向荷载作用下的内力，计算简图、荷载计算值及构件尺寸见例题 5-2。

【解】

1. 恒荷载标准值作用下内力计算

（1）计算简图　利用对称性，恒荷载作用下计算简图，如图 5-22 所示。

（2）梁、柱线刚度计算　见表 5-7。

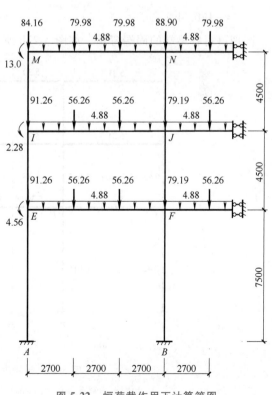

图 5-22　恒荷载作用下计算简图

表 5-7　梁、柱线刚度计算表

构件	位置		截面 $b \times h$ /（mm×mm）	计算跨度 l_0/mm	I_0 /（mm⁴）	$I_L(I_C)$ /（mm⁴）	$i_L(i_C)$ /N·mm
梁	边跨	二层	250×700	8050	7.146×10^9	1.43×10^{10}	5.33×10^{10}
		三层、屋面	250×700	8075	7.146×10^9	1.43×10^{10}	5.31×10^{10}
	中跨		250×700	8100	7.146×10^9	1.43×10^{10}	5.30×10^{10}
柱	边柱	底层	300×350	7500	1.072×10^9	1.072×10^9	4.29×10^9
		二、三层	300×300	4500	0.675×10^9	0.675×10^9	4.5×10^9
	中柱	底层	300×450	7500	2.278×10^9	2.278×10^9	9.11×10^9
		二、三层	300×400	4500	1.6×10^9	1.6×10^9	1.067×10^{10}

注：$I_0 = \dfrac{1}{12}bh^3$；$I_L = 2I_0$；$I_C = I_0$；$i_L = \dfrac{EI_L}{l_0}$；$i_C = \dfrac{EI_C}{l_0}$；$E = 3.0 \times 10^4 \text{N/mm}^2$。

计算结果，如图 5-23a 所示。

（3）固端弯矩计算

$$M = -\frac{1}{12}ql^2 - \frac{Pa_1b_1^2}{l^2} - \frac{Pa_2b_2^2}{l^2}$$

$$M_{MN} = -\frac{1}{12} \times 4.88\text{kN/m} \times 8.075^2\text{m}^2 - \frac{79.98\text{kN} \times 2.675\text{m} \times 5.4^2\text{m}^2}{8.075^2\text{m}^2} - \frac{79.98\text{kN} \times 5.375\text{m} \times 2.7^2\text{m}^2}{8.075^2\text{m}^2}$$

$$= -170.3\text{kN·m}$$

同理可得各梁端的固端弯矩，如图 5-23b 所示。

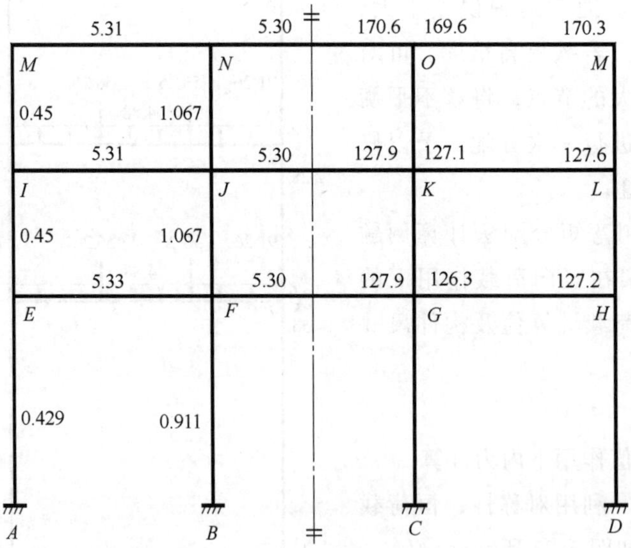

图 5-23　线刚度与固端弯矩

a）线刚度（单位：×10¹⁰ N·mm）　b）固端弯矩（单位：kN·m）

（4）分配系数计算　下列计算中，二层柱、三层柱线刚度都乘以系数 0.9。

杆件 MN 分配系数计算：

$$\mu_{MN}=\frac{5.31\times10^{10}\text{N}\cdot\text{mm}}{(5.31+0.9\times0.45)\times10^{10}\text{N}\cdot\text{mm}}=0.93$$

同理可得各杆端弯矩分配系数，如图 5-24 所示。

（5）弯矩计算　弯矩计算采用分配法，如图 5-24 所示。

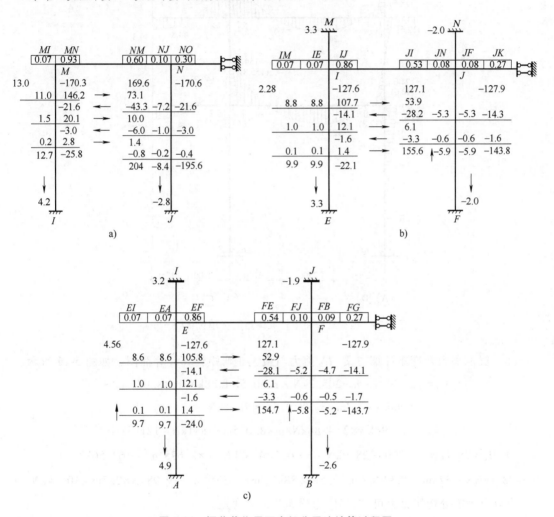

图 5-24　恒荷载作用下弯矩分层法计算过程图

a）顶层弯矩分配计算过程　b）中间层弯矩分配计算过程　c）底层弯矩分配计算过程

将分层法计算结果绘制成恒荷载作用下弯矩图，如图 5-25 所示，其中梁弯矩为如图 5-24 所示的相同位置梁的弯矩，柱弯矩为同层同柱号弯矩叠加。图中括号内数据为节点不平衡弯矩在该节点内按各杆件线刚度进行分配后的弯矩。例如，节点 M 不平衡弯矩为 3.2kN·m，在杆件 MN 和 MI 内按线刚度进行分配，分配后弯矩不再传递，然后据此算得跨内最大正弯矩。

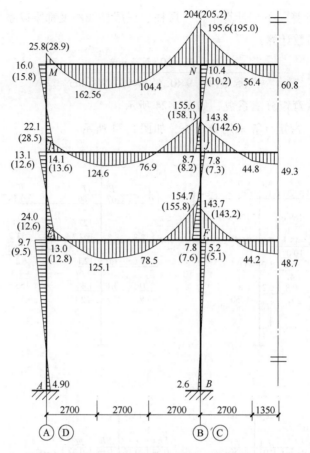

图 5-25　恒荷载作用下框架弯矩图（单位：kN·m）

（6）梁的剪力及弯矩计算　梁 MN 剪力与最大正弯矩计算计算简图，如图 5-26 所示。

$$V_M = (28.9\text{kN}\cdot\text{m} - 205.2\text{kN}\cdot\text{m} + 0.5\times4.88\text{kN/m}\times8.075^2\text{m}^2 +$$
$$79.98\text{kN}\times2.7\text{m}\times3)/8.075\text{m} = 78.1\text{kN}$$

$$V_{N\text{左}} = 79.98\text{kN}\times2 + 4.88\text{kN/m}\times8.075\text{m} - 78.1\text{kN} = 121.3\text{kN}$$

$$M_1 = 78.1\text{kN}\times2.675\text{m} - 28.9\text{kN}\cdot\text{m} - 0.5\times4.88\text{kN/m}\times2.675^2\text{m}^2 = 162.56\text{kN}\cdot\text{m}$$

$$M_2 = 78.1\text{kN}\times5.375\text{m} - 28.9\text{kN}\cdot\text{m} - 0.5\times4.88\text{kN/m}\times5.375^2\text{m}^2 - 79.98\text{kN}\times2.7\text{m} = 104.4\text{kN}\cdot\text{m}$$

由剪力为零处弯矩最大可知，M_1 为梁 MN 最大弯矩。

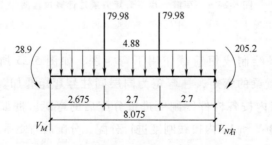

图 5-26　梁 MN 剪力和最大弯矩计算图

同理可求得梁 *NO* 的剪力和弯矩：

$$V_{N右} = -V_{O左} = 99.7\text{kN}; M_1 = M_2 = 56.4\text{kN} \cdot \text{m};$$

最大弯矩在跨中，即 $M_{\max} = M_{中} = 60.8\text{kN} \cdot \text{m}$

其余各梁计算过程略。以上计算中 M_1、M_2 分别为离梁左端第一、第二集中力处的弯矩。

（7）柱剪力计算　柱两端剪力为柱两端弯矩之和除以柱高，以柱 *IM* 为例计算如下：

$$V_{MI} = V_{IM} = \frac{15.8\text{kN} \cdot \text{m} + 13.6\text{kN} \cdot \text{m}}{4.5\text{m}} = 6.5\text{kN}$$

其他各柱计算过程略，计算结果，如图 5-27a 所示。

（8）柱轴力计算　柱的轴力根据梁端剪力、纵向框架梁（连系梁）和柱自重计算。计算结果，如图 5-27b 所示。

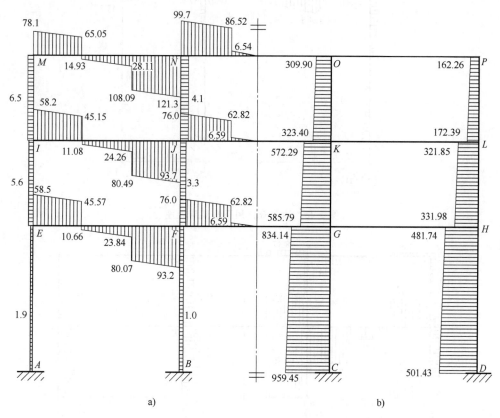

a)　　　　　　　　　　　　　　　b)

图 5-27　恒荷载作用下剪力图和轴力图

a）剪力图　b）轴力图

2. 活荷载标准值作用下内力计算

活荷载作用下的内力计算方法、计算步骤同恒荷载作用下内力计算。弯矩计算结果，如图 5-28 所示，图中括号内数值为对节点不平衡弯矩在该节点内按线刚度分配后的弯矩。剪力计算结果，如图 5-29a 所示，柱轴力计算结果，如图 5-29b 所示。

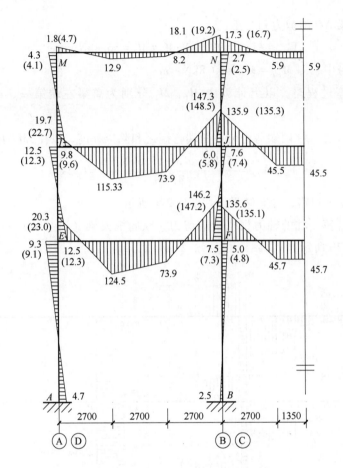

图 5-28　活荷载作用下框架弯矩图

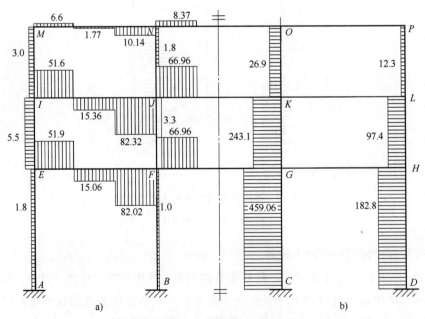

图 5-29　活荷载作用下剪力图和轴力图

a）剪力图　b）轴力图

5.3.4　水平荷载作用下的内力近似计算法

1. 反弯点法

对于多、高层框架结构，风荷载或水平地震作用通常可简化为作用于节点处的水平集中力。根据位移法等精确法分析结果，忽略梁轴向变形后框架在水平力作用下的变形图和弯矩图，如图 5-30 所示。同一楼层内的各节点具有相同的侧向位移，即同一层的柱具有相同的相对层间位移，底层柱相对层间位移最大，且从下至上相对层间位移逐渐变小。框架中所有梁、柱的弯矩图都是直线，且通常都有一个反弯点。反弯点处的弯矩为零，剪力不为零。如能确定各柱内的剪力及反弯点的位置，便可求得各柱的柱端弯矩，并进而由节点平衡条件求得梁端弯矩及整个框架结构的其他内力。作以下假定：

1) 求各个柱的剪力时，假定各柱上、下端都不发生角位移，即认为梁的线刚度与柱的线刚度之比为无限大。

2) 在确定柱的反弯点位置时，假定除底层柱以外，其余各层柱的上、下端节点转角均相同，即除底层柱外，其余各层框架柱的反弯点位于层高的中点；对于底层柱，由于柱下端与基础固接（在不考虑基础转动的情况下），转角为零，而柱上端实际为弹性约束，转角不为零，反弯点位置向上偏移。因此一般可假定底层柱的反弯点位于距下端（支座）2/3 层高处。

3) 忽略梁的轴线变形，同一楼层各节点的水平位移相等。

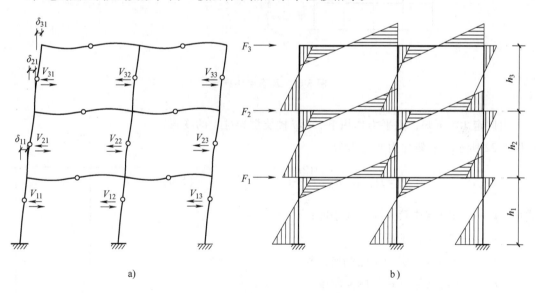

图 5-30　框架的变形及弯矩分布

a) 变形图　b) 弯矩分布

对于层数较少的多层框架结构，由于柱承担的竖向荷载较小，因而柱截面也较小，柱的刚度较小，而框架梁受楼面的控制，刚度相对较大，这时与假定 1) 较为符合。一般认为，当梁的线刚度 i_b 比柱的线刚度 i_c 大很多时（$i_b/i_c \geqslant 3$），采用反弯点法计算框架结构的内力能够满足工程设计的精度要求。

设框架结构共有 n 层，每层内有 m 个柱子，如图 5-31a 所示，将框架沿第 j 层各柱的反弯点处切开代以剪力和轴力，如图 5-31b 所示，按水平力的平衡条件，即

$$V_j = \sum_{i=j}^{n} F_i$$

$$V_j = V_{j1} + \cdots + V_{jk} + \cdots + V_{jm} = \sum_{k=1}^{m} V_{jk} \qquad (5-3)$$

式中 F_i——作用在第 i 层的水平力；

V_j——第 j 层所有柱所承受的层间水平总剪力；

V_{jk}——第 j 层中第 k 根柱所承受的水平剪力；

m——第 j 层内的柱子数；

n——楼层数。

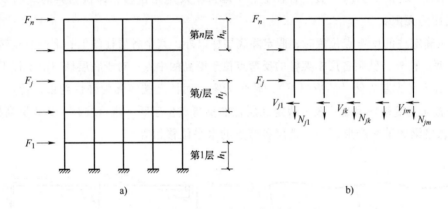

图 5-31 反弯点法推导

由假定 1）可知，水平力作用下，第 j 楼层框架柱 k 的变形，如图 5-32 所示。框架柱内的剪力为

$$V_{jk} = D'_{jk} \Delta u_j, D'_{jk} = \frac{12i_{jk}}{h_j^2} \qquad (5-4)$$

式中 i_{jk}——第 j 层中第 k 柱的线刚度；

h_j——第 j 层柱子高度；

Δu_j——框架第 j 层的层间侧向位移；

D'_{jk}——第 j 层第 k 柱的侧向刚度。

如图 5-32 所示，柱侧向刚度 $D'_{jk} = \frac{12i_{jk}}{h_j^2}$ 称为两端固定柱的侧向刚度。它表示要使两端固定的等截面柱的上、下端产生单位相对水平位移（$\Delta u_j = 1$）时，需要在柱顶施加的水平力。并注意到如忽略梁的轴向变形，则第 j 层的各柱具有相同的层间侧向位移 Δu_j 为

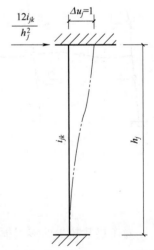

图 5-32 两端固定等截面柱的侧向刚度

$$\Delta u_j = \frac{V_j}{\sum\limits_{k=1}^{m} D'_{jk}} = \frac{V_j}{\sum\limits_{k=1}^{m} \frac{12i_{jk}}{h_j^2}} \tag{5-5}$$

将式（5-5）代入式（5-4），并考虑到同一楼层中，柱高相同，则得 j 楼层中任一柱 k 在层间剪力 V_j 中分配到的剪力为

$$V_{jk} = \frac{i_{jk}}{\sum\limits_{i=1}^{m} i_{jk}} V_j \tag{5-6}$$

式（5-6）表明，某一楼层的各柱剪力按该柱侧移刚度在总侧移刚度中所占的比例进行分配。

求得各柱所承受的剪力 V_{jk} 以后，由假定 2）所确定的反弯点位置便可求得各柱的两端弯矩，对于底层柱，有

$$\begin{cases} M_{c1k}^{t} = V_{1k} \cdot \dfrac{h_1}{3} \\[3mm] M_{c1k}^{b} = V_{1k} \cdot \dfrac{2h_1}{3} \end{cases} \tag{5-7a}$$

对于上部各层柱，有

$$M_{cjk}^{t} = M_{cjk}^{b} = V_{jk} \frac{h_j}{2} \tag{5-7b}$$

式（5-7a）和式（5-7b）中的下标 $1k$ 表示底层 k 号柱，jk 表示第 j 层第 k 号柱，上标 t、b 分别表示柱的顶端和底端。

在求得所有柱的柱端弯矩以后，根据节点弯矩平衡条件，按照梁的线刚度将弯矩在节点两侧梁间进行分配，即可求得梁端弯矩为

$$\begin{cases} M_{b}^{l} = \dfrac{i_{b}^{l}}{i_{b}^{l}+i_{b}^{r}} (M_{cjk}^{b}+M_{c(j-1)k}^{t}) \\[3mm] M_{b}^{r} = \dfrac{i_{b}^{r}}{i_{b}^{l}+i_{b}^{r}} (M_{cjk}^{b}+M_{c(j-1)k}^{t}) \end{cases} \tag{5-8}$$

式中　　M_{b}^{l}、M_{b}^{r}——节点处左、右的梁端弯矩；

　　M_{cjk}^{b}、$M_{c(j-1)k}^{t}$——节点处上、下柱端弯矩；

　　i_{b}^{l}、i_{b}^{r}——节点左、右的梁的线刚度。

以各根梁为隔离体，将梁的左、右两端弯矩之和除以该梁的跨长，便可求得梁端剪力。自上而下逐层叠加节点左、右的梁端剪力，即可求得柱的轴向力。

【例题 5-4】　用反弯点法求例题 5-1 中钢筋混凝土框架结构三层厂房④轴框架 KJ4 在左风荷载作用下的内力。场地粗糙度类别按 B 类，基本风压取 $w_0 = 0.5\text{kN/m}^2$。

【解】

1. 计算简图

左风作用下的计算简图如图 5-33 所示。

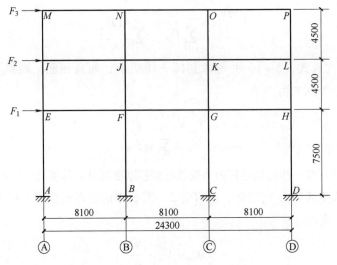

图 5-33　左风作用下计算简图

2. 左风风荷载标准值计算

查《建筑结构荷载规范》GB 50009—2012 可得：风载体型系数 $\mu_s = 1.3$，风振系数 $\beta_z = 1.0$，风载高度变化系数 μ_z，见表 5-8。

表 5-8　风荷载计算参数

层次	檐口顶	3	2	1
Z/m	17.05	16.15	11.65	7.15
μ_z	1.171	1.153	1.043	1.000

风载标准值：

$$W_k = \beta_z \mu_s \mu_z W_0 = 1 \times 1.3 \times 0.5 \mu_z = 0.65 \mu_z$$

则

$$F_3 = 0.65 \times (1.153 \times 4.5/2 + 1.171 \times 0.9) \times 6.2 \text{kN} = 14.7 \text{kN}$$
$$F_2 = 0.65 \times (1.043 \times 4.5/2 + 1.153 \times 4.5/2) \times 6.2 \text{kN} = 19.9 \text{kN}$$
$$F_1 = 0.65 \times (1 \times 7.5/2 + 1.043 \times 4.5/2) \times 6.2 \text{kN} = 24.6 \text{kN}$$

3. 求各柱的剪力

经计算，各柱的剪力，见表 5-9。

表 5-9　各柱的剪力

楼层	V_j /kN	$i_{边柱}$ /(N·mm)	$i_{中柱}$ /(N·mm)	$\sum i$ /(N·mm)	$V_{边柱}$ /kN	$V_{中柱}$ /kN
3	14.7	4.50×10^9	1.067×10^{10}	30.34×10^9	2.18	5.16
2	34.6	4.50×10^9	1.067×10^{10}	30.34×10^9	5.13	12.17
1	59.2	4.29×10^9	9.11×10^9	26.80×10^9	9.47	20.13

4. 梁、柱弯矩计算

2~5 层柱的反弯点取为柱高的中点，1 层柱取为柱高度的 2/3 处。根据各柱的剪力和反弯点位置计算柱端弯矩，再由节点平衡条件和梁的线刚度比求出梁端弯矩。计算结果如图 5-34 所示。

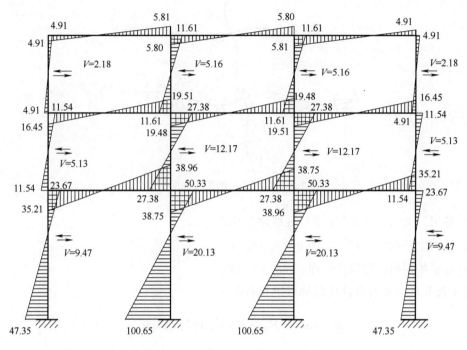

图 5-34　弯矩图（单位：kN·m）

据此可求得梁的剪力和柱的轴力。

2. D 值法

反弯点法首先假定梁柱之间的线刚度之比为无穷大，其次又假定柱的反弯点高度为一定值，从而使框架结构在侧向荷载作用下的内力计算大为简化。但这样做同时也带来了一定的误差，首先是当梁柱线刚度较为接近时，特别是在高层框架结构或抗震设计时，梁的线刚度还可能小于柱的线刚度，框架节点对柱的约束应为弹性支承，即框架柱的侧向刚度不能由图 5-32 求得，柱的侧向刚度不仅与柱的线刚度和层高有关，而且还与梁的线刚度等因素有关。其次，柱的反弯点高度也与梁柱线刚度比、上下层横梁的线刚度比、上下层层高的变化等因素有关。日本武藤清教授在分析了上述影响因素的基础上，对反弯点法中柱的侧向刚度和反弯点高度的计算方法作了改进，称为改进反弯点法。改进反弯点法中，柱的抗侧移刚度以 D 表示，故此法又称为"D 值法"。

（1）改进后的柱抗侧移刚度　D 值法是以杆端无转角的模型计算柱的抗侧移刚度。当柱端有转角时，如图 5-35 所示，根据转角位移方程，高度为 h 的 AB 柱的剪力 V 可表示为

$$V=\frac{12i_c}{h^2}\delta-\frac{3i_c}{h}(\theta_A+\theta_B) \tag{5-9}$$

如图 5-35 所示，以框架中间柱为例，导出 D 的计算公式。假设：

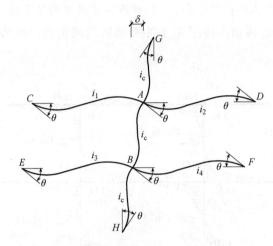

图 5-35 反弯点法的剪力分配模型

1）各层层高均等于 h，上下柱的线刚度均为 i_c。

2）柱的上下端转角相等，即 $\theta_A = \theta_B = \theta_G = \theta$。

3）各层的层间位移相等，即 $\delta_A = \delta_B = \delta_G = \delta$。

则节点 A 和节点 B 处各杆件的杆端弯矩分别为

$$M_{AB} = M_{AG} = M_{BA} = M_{BH} = (4+2)\,i_c\theta - 6i_c\frac{\delta}{h}$$

$$M_{AC} = 6i_1\theta, M_{AD} = 6i_2\theta, M_{BE} = 6i_3\theta, M_{BF} = 6i_4\theta$$

根据节点 B 的静力平衡条件为

$$12i_c\theta - 12i_c\frac{\delta}{h} + 6i_1\theta + 6i_2\theta = 0$$

$$12i_c\theta - 12i_c\frac{\delta}{h} + 6i_3\theta + 6i_4\theta = 0$$

将以上两式相加后得

$$\theta = \frac{2}{2 + \dfrac{i_1 + i_2 + i_3 + i_4}{2i_c}}\frac{\delta}{h} = \frac{2}{2+K}\frac{\delta}{h}$$

式中，$K = \dfrac{i_1 + i_2 + i_3 + i_4}{2i_c}$，$K$ 为梁柱的线刚度比值。

将上式代入式（5-9）有

$$V = \frac{12i_c}{h^2}\frac{K}{2+K}\delta \tag{5-10}$$

令

$$\alpha_c = \frac{K}{2+K} \tag{5-11}$$

则柱的抗侧移刚度为

$$D = \alpha_c \frac{12i_c}{h^2} \qquad (5\text{-}12)$$

式中　α_c——柱刚度修正系数，表示梁柱的线刚度比对柱侧移刚度的影响。

当梁的刚度越大，即对节点转动的约束能力越强时，节点的转角越小，α_c 越接近 1。当 $\alpha_c = 1$ 时，D 值法与反弯点法中的抗侧移刚度相等。

对于框架结构的底层柱，由于底端与基础固接无转角，因此 α_c 值与其他层有所不同，其推导与上述过程相似。柱刚度修正系数 α_c 和梁柱的线刚度比值 K 的计算公式，见表 5-10。

与反弯点法相似，求得各柱的抗侧移刚度 D_{jk} 后，由同一楼层中各柱上下端相对位移相等的条件，楼层的总剪力即可以根据各柱抗侧移刚度在总抗侧移刚度中所占的比例进行分配，即层间剪力 V_j 可按下式分配给该层的各柱：

$$V_{jk} = \frac{D_{jk}}{\sum\limits_{k=1}^{m} D_{jk}} V_j \qquad (5\text{-}13)$$

式中　V_{jk}——第 j 层第 k 号柱所分配到的剪力；

　　　D_{jk}——第 j 层第 k 号柱的侧向刚度 D 值，按式（5-12）计算；

　　　m——第 j 层框架柱数；

　　　V_j——第 j 层框架柱所承受的层间总剪力。

表 5-10　α_c 值和 K 值的计算式

楼层	简图	K	α_c
一般层	（图：一般层简图，梁 i_2、i_1、i_2，柱 i_c、i_c，梁 i_4、i_3、i_4）	$K = \dfrac{i_1+i_2+i_3+i_4}{2i_c}$	$\alpha_c = \dfrac{K}{2+K}$
底层	（图：底层简图，梁 i_2、i_1、i_2，柱 i_c、i_c，固接基础）	$K = \dfrac{i_1+i_2}{i_c}$	$\alpha_c = \dfrac{0.5+K}{2+K}$

（2）修正后的柱反弯点高度　柱的反弯点位置与该柱上、下端的转角，即与柱的上、下端约束条件有关。如果柱上、下端转角相同，反弯点就在柱高的中央；如果柱上、下端转角不同，则反弯点偏向转角较大的一端，亦即偏向约束刚度较小的一端。影响柱两端转角大

小的因素包括：水平荷载的形式、梁柱线刚度比、结构总层数及该柱所在的层次、柱上下横梁线刚度比和上下层层高的变化等。为分析上述因素对反弯点高度的影响，可假定框架在节点水平力作用下，同层各节点的转角相等，即假定同层各横梁的反弯点均在各横梁跨度的中央而该点又无竖向位移。一个多层多跨的框架可简化成计算简图，如图 5-36 所示。当上述影响因素逐一发生变化时，分别求出柱底端至柱反弯点的距离（反弯点高度），并制成相应的表格，以供查用。

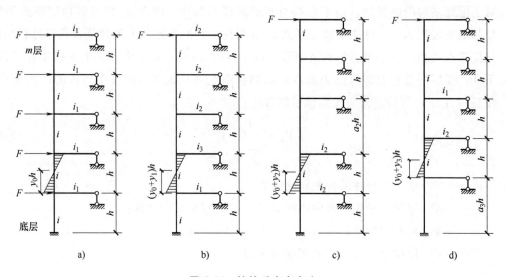

图 5-36　柱的反弯点高度

1）梁柱线刚度比及层数、层次对反弯点高度的影响。假定框架横梁的线刚度、框架柱的线刚度和层高沿框架高度保持不变，则按如图 5-36a 所示，可求出各层柱的反弯点高度 $y_0 h$；y_0 称为标准反弯点高度比，其值与结构总层数 n、该柱所在的楼层 j、框架梁柱线刚度比 K 及侧向荷载的形式等因素有关，可由本书附录 E 附表 E-1、附表 E-2 查得，其中 K 值可按表 5-10 计算。

2）上、下横梁线刚度比对反弯点的高度影响。若某层柱的上下横梁线刚度不同，则该层柱的反弯点位置将向横梁刚度较小的一侧偏移，因而必须对标准反弯点进行修正，该修正值是反弯点高度的上移增量 $y_1 h$，如图 5-36b 所示。y_1 可根据上下横梁的线刚度比 I 和 K 由本书附表 E-3 查得。当 $(i_1 + i_2) < (i_3 + i_4)$ 时，反弯点上移，由 $I = \dfrac{i_1 + i_2}{i_3 + i_4}$ 查本书附表 E-3 可得 y_1 值。当 $(i_1 + i_2) > (i_3 + i_4)$ 时，反弯点下移，查表时应取 $I = \dfrac{i_3 + i_4}{i_1 + i_2}$，查得的 y_1 应冠以负号。对于底层柱，不考虑修正值 y_1，即取 $y_1 = 0$。

3）层高变化对反弯点的影响。若某柱所在层的层高与相邻上层或下层的层高不同，该柱的反弯点位置不同于标准反弯点位置而需要修正。当上层层高减小或增大时，即上层柱刚度增加或减小，则反弯点高度将下移或上移，其增量为 $y_2 h$，如图 5-36c 所示；当下层层高减小或增大时，即下层柱刚度增加或减小，反弯点高度将上移或下移，其增量为 y_3h，如图 5-36d 所示。y_2 和 y_3 可由本书附录 E 附表 E-4 查得。对于顶层柱，不考虑修正值 y_2，即取 $y_2 = 0$；对于底层柱，不考虑修正值 y_3，即取 $y_3 = 0$。

综上所述，经过各项修正后，各层柱反弯点的高度 yh 计算公式为

$$yh = (y_0 + y_1 + y_2 + y_3)h \qquad (5\text{-}14)$$

在按式（5-12）求得框架柱的侧向刚度 D、按式（5-13）求得各柱的剪力、按式（5-14）求得各柱的反弯点高度 yh 后，与反弯点法一样，就可求出各柱上、下两端的弯矩。然后，即可根据节点平衡条件求得梁端弯矩，并进而求出各梁的剪力和各柱的轴力。

【例题 5-5】 用 D 值法计算例题 5-1 中钢筋混凝土框架结构三层厂房④轴框架 KJ4 在风荷载作用下的内力。场地粗糙度类别按 B 类，基本风压取 $w_0 = 0.5\text{kN/m}^2$。

【解】

1. 左风作用下内力计算

（1）计算简图　左风作用下的计算简图，如图 5-33 所示。

（2）侧向刚度计算　侧向刚度 D_{jk} 值计算，见表 5-11。

表 5-11　侧向刚度 D_{jk} 值计算表

楼层	位置	K	α_c	$D_{jk}/(\text{N/mm})$
3	边柱	11.80	0.86	2293
	中柱	9.94	0.83	5248
2	边柱	11.82	0.86	2293
	中柱	9.95	0.83	5248
1	边柱	12.42	0.90	824
	中柱	11.67	0.89	1730

（3）各柱剪力 V 计算　各柱剪力 V 计算，见表 5-12。

表 5-12　各柱剪力 V 计算表

楼层	位置	各柱刚度 D_{jk} /(N/mm)	层总刚度 D_j /(N/mm)	$\dfrac{D_{jk}}{D_j}$	层总剪力 V_j /kN	$V = \dfrac{D_{jk}}{D_j}V_j/\text{kN}$
3	边柱	2293	15082	0.1520	14.7	2.23
	中柱	5248		0.3480		5.12
2	边柱	2293	15082	0.1520	34.65	5.27
	中柱	5248		0.3480		12.06
1	边柱	824	5108	0.1613	59.25	9.56
	中柱	1730		0.3387		20.07

（4）反弯点高度系数 y 计算　反弯点高度系数查本书附表 E，计算过程及结果，见表 5-13。

表 5-13 反弯点高度系数计算表

楼层	位置	K	I	a_2	a_3	y_0	y_1	y_2	y_3	y
3	边柱	11.80	1	—	1	0.45	0	0	0	0.45
	中柱	9.94	1	—	1	0.45	0	0	0	0.45
2	边柱	11.82	1	1	1.67	0.5	0	0	0	0.5
	中柱	9.95	1	1	1.67	0.5	0	0	0	0.5
1	边柱	12.42	—	0.6	—	0.55	0	0	0	0.55
	中柱	11.67	—	0.6	—	0.55	0	0	0	0.55

（5）弯矩计算 根据各柱剪力和反弯点高度，计算柱上、下两端弯矩，柱上端弯矩为 $M_c^b = V(1-y)h$，柱下端弯矩为 $M_c^t = Vyh$，然后由式（5-8）求得梁弯矩。计算过程和结果，见表 5-14。其中，梁端剪力根据梁的弯矩计算（梁两端的弯矩之和除以该梁的跨度即为该梁的剪力），梁的剪力反向作用于柱即可求得柱的轴力。框架的内力计算结果，如图 5-37 所示。

表 5-14 柱端弯矩和梁端弯矩计算表

楼层	柱位置	层高 h	y	柱剪力 V	M_c^t	M_c^b	i_b^l	i_b^r	M_{bl}	M_{br}
3	边	4.5	0.45	2.23	4.50	5.50	—	—	5.50	6.40
	中	4.5	0.45	5.12	10.40	12.70	5.31	5.30	6.40	6.40
2	边	4.5	0.50	5.27	11.90	11.90	—	—	16.40	18.80
	中	4.5	0.50	12.06	27.10	27.10	5.31	5.30	18.80	18.80
1	边	7.5	0.55	9.56	39.40	32.30	—	—	44.20	47.50
	中	7.5	0.55	20.07	82.80	67.70	5.33	5.30	47.40	47.30

注：层高的单位为 m，柱剪力的单位为 kN，弯矩的单位为 kN·m。

2. 右风作用下内力计算

右风作用下风荷载计算及内力计算同左风，右风作用下框架的内力计算结果，如图 5-38 所示。

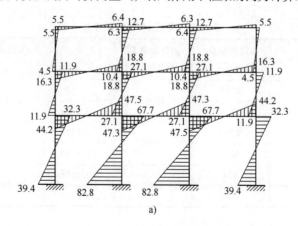

a)

图 5-37 左风作用下框架内力图

a）弯矩图（单位：kN·m）

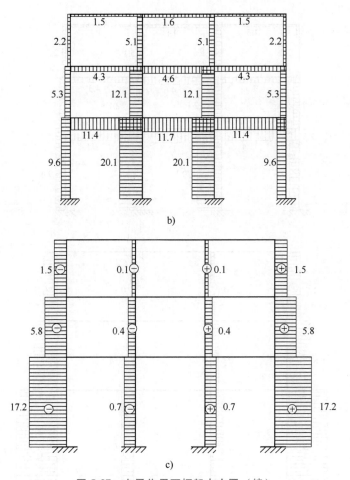

b)

c)

图 5-37 左风作用下框架内力图（续）

b）剪力图（单位：kN）　c）轴力图（单位：kN）

注：⊕表示受压，⊖表示受拉。

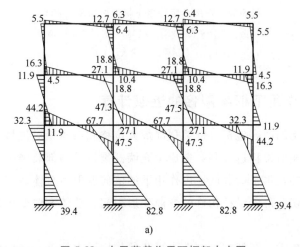

a)

图 5-38 右风荷载作用下框架内力图

a）弯矩图（单位：kN·m）

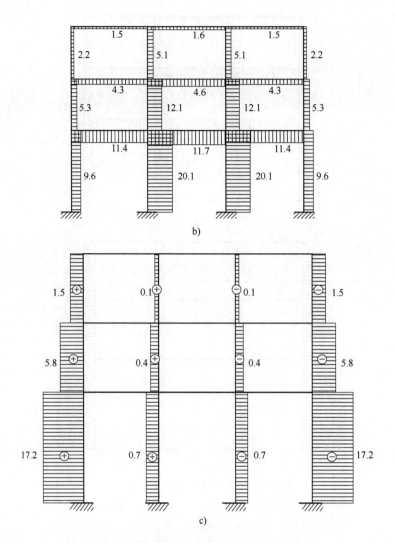

图 5-38　右风荷载作用下框架内力图（续）

b）剪力图（单位：kN）　c）轴力图（单位：kN）

注：⊕表示受压，⊖表示受拉。

5.3.5　水平荷载作用下框架侧移的近似计算

框架侧移需要控制的内容包括：框架顶部最大位移和层间相对位移。框架顶部位移过大会影响使用，而层间相对位移过大则会造成填充墙开裂以及内部装修破坏。

多、高层框架结构在水平荷载或地震作用下的侧向变形由总体剪切变形和总体弯曲变形两部分组成。总体剪切变形由梁柱构件的弯曲变形引起，总体弯曲变形是由柱轴向变形引起的，如图 5-39 所示。

高层建筑的高度越大，宽度越小则在水平荷载作用下由柱轴向变形引起的侧移越大，当总高度 $H>50\text{m}$ 或高宽比 $H/B>4$ 时，必须考虑由柱轴向变形引起的侧移，否则引起的计算误差过大。对于一般多、高层建筑的高宽比通常比较小，其侧移一般以总体剪切变形为主，只需考虑梁柱弯曲变形引起的侧移。本节只介绍梁柱弯曲变形引起侧移的计算，关于柱轴向变形引起的侧移的计算请参考相关文献。

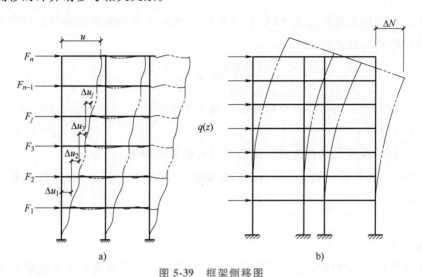

图 5-39　框架侧移图

a）梁柱弯曲变形引起的侧移——剪切型　b）柱轴向变形引起的侧移——弯曲型

1. 侧移的近似计算

我们知道，柱的侧向刚度是当柱上下端产生单位相对水平位移时，柱所承受的剪力，即对于框架结构中第 j 层第 k 柱的侧向刚度为

$$D_{jk} = \frac{V_{jk}}{\Delta u_j} \tag{5-15}$$

将式（5-13）代入式（5-15）可得第 j 层框架层间水平位移 Δu_j 与层间剪力 V_j 之间的关系，即

$$\Delta u_j = \frac{V_j}{\sum\limits_{k=1}^{m} D_{jk}} \tag{5-16}$$

式中　m——框架第 j 层的总柱数。

综上，可逐层求得各层层间水平位移。框架顶点的总水平位移 u 应为各层层间位移之和，即

$$u = \sum_{j=1}^{n} \Delta u_j \tag{5-17}$$

式中　n——框架结构的总层数。

由式（5-17）可以看出，框架层间位移 Δu_j 与水平荷载在该层所产生的层间剪力 V_j 成正比。由于框架柱的侧向刚度沿高度变化不大，而层间剪力 V_j 是自顶层向下逐层累加的，所以层间水平位移 Δu_j 是自顶层向下逐层递增的，框架的位移曲线如图 5-39a 所示，这种位移曲线称为剪切型，因为它与均布水平荷载作用下的悬臂柱由截面内的剪力所引起的剪切变形曲

线相似。

2. 弹性层间位移角限值

按弹性方法计算得到的框架层间水平位移 Δu 除以层高 h，得弹性层间位移角 θ_e 的正切。由于 θ_e 较小，故可近似地认为 $\theta_e = \Delta u/h$。《高规》规定了框架的最大弹性层间位移 Δu 与层高之比不能超过其限值，即

$$\frac{\Delta u}{h} \leqslant [\theta_e] \tag{5-18}$$

式中 Δu——按弹性方法计算所得的楼层层间水平位移；

h——层高；

$[\theta_e]$——弹性层间位移角限值，钢筋混凝土框架结构为 1/550。

【例题 5-6】 试核算例题 5-1 所示钢筋混凝土框架结构三层厂房④轴框架 KJ4 侧移是否符合要求。

【解】

1. 侧移计算

KJ4 层总剪力 V_j 和侧向刚度 D 见例题 5-5，层间水平位移和顶点水平位移计算结果，见表 5-15。

表 5-15 框架层间水平位移 Δu_j 和框架顶点水平位移 u 计算表

楼层	层高 h_j/m	层剪力 V_j/kN	$\sum D$/(kN/m)	Δu_j/mm	u/mm
3	4.5	14.7	15.082	0.975	
2	4.5	34.65	15.082	2.297	14.871
1	7.5	59.25	5.108	11.599	

2. 弹性层间位移角复核

3 层：

$$\Delta u_3/h = 0.975/4500 = 1/4615 < 1/550$$

2 层：

$$\Delta u_2/h = 2.297/4500 = 1/1959 < 1/550$$

1 层：

$$\Delta u_1/h = 11.599/7500 = 1/646.61 < 1/550$$

故，满足要求。

5.3.6 框架结构考虑 $P\text{-}\Delta$ 效应的增大系数法

框架结构在水平力作用下产生的侧向位移与重力荷载共同作用会在结构内产生附加内力，即所谓的 $P\text{-}\Delta$ 效应，亦称重力二阶效应或侧移二阶效应。《混规》和《高规》都对其计算进行了阐述，以下仅介绍《混规》建议的增大系数法。对未考虑 $P\text{-}\Delta$ 效应的一阶弹性分析所得的框架柱端弯矩和梁端弯矩以及层间水平位移分别予以增大，计算公式为

$$M = M_{ns} + \eta_s M_s \tag{5-19}$$

$$\Delta = \eta_s \Delta_1 \qquad\qquad (5\text{-}20)$$

式中　M——考虑 $P\text{-}\Delta$ 效应后的柱端、梁端弯矩设计值;

M_s——引起框架侧移的荷载或作用所产生的一阶弹性分析得到的柱端、梁端弯矩设计值;

M_{ns}——由不引起框架侧移的荷载产生的一阶弹性分析得到的柱端、梁端弯矩设计值;

Δ_1——一阶弹性分析的楼层层间水平位移值;

Δ——考虑 $P\text{-}\Delta$ 效应后楼层层间水平位移值;

η_s——$P\text{-}\Delta$ 效应增大系数,按式(5-21)确定,其中,梁端 η_s 取为相应节点处上、下柱端平均值。

在框架结构中,所计算楼层各柱的 η_s 计算公式为

$$\eta_s = \cfrac{1}{1 - \cfrac{\sum N_j}{DH_0}} \qquad\qquad (5\text{-}21)$$

式中　D——所计算楼层的侧向刚度。在计算结构构件弯矩增大系数与计算结构位移增大系数时,宜对构件的弹性抗弯刚度 $E_c I$ 乘以折减系数;对梁,取 0.4;对柱,取 0.6;当计算各结构中位移的增大系数 η_s 时,不对刚度进行折减;

N_j——所计算楼层第 j 列柱轴力设计值;

H_0——所计算楼层的层高。

▶▶ 5.4　框架结构设计要求

对于多、高层钢筋混凝土房屋,应保证结构按照最不利效应组合后,在承载能力极限状态和正常使用极限状态下均能满足设计要求,即结构需要有足够的承载能力、刚度以及正常使用的性能,并在地震作用下具有一定的延性并安全可靠。

5.4.1　承载力设计要求

对于承载能力极限状态,无地震作用组合时应按照式(2-32)进行结构构件设计。当有地震作用组合时,结构构件的截面抗震验算公式为

$$S_d \leqslant R_d / \gamma_{RE} \qquad\qquad (5\text{-}22)$$

式中　γ_{RE}——承载力抗震调整系数,按表 5-16 取用。

表 5-16　钢筋混凝土结构承载力抗震调整系数 γ_{RE}

结构构件	受力状态	γ_{RE}
梁	受弯	0.75
轴压比小于 0.15 的柱	偏压	0.75
轴压比不小于 0.15 的柱	偏压	0.80
各类构件	受剪、偏拉	0.85

在设防烈度下结构通常都进入弹塑性工作阶段，此时的材料性能、计算模型均与静力分析的结果不同。为了减少验算工作量并符合设计习惯，引入了承载力抗震调整系数 γ_{RE} 来反映结构在地震作用下的这种变化。

5.4.2　侧移变形设计要求

在正常作用条件下，多、高层房屋结构应处于弹性状态，并且具有足够的侧移刚度，避免产生过大的位移而影响结构的承载力、稳定性和使用要求。侧移过大可能使结构开裂、破坏或倾覆；引起次要结构和装修出现裂缝，使电梯轨道发生变形，使居住者产生不适感。此外，侧移过大时竖向荷载可能会产生显著的附加弯矩（P-Δ 效应），使结构内力增大。除了提高结构的刚度来减少侧移外，通过对结构体系的合理选择也可以起到很显著的作用。例如，对以抗风为主的高层建筑，减少受风面的面积可以有效地降低结构的侧移。

正常使用条件下的结构在风荷载或多遇地震作用下的水平位移应按照弹性方法进行计算，详见 5.3.5 节。

5.4.3　抗震设计要求

地震是一种短暂而偶然作用，因此在抗震设计中应当允许某些结构构件进入塑性，此时，结构刚度会有所降低、变形加大，通过塑性变形能够吸收和耗散地震能量，而地震引起的惯性力则相应减小。此外，较好的延性还有利于实现对结构内力的调整。只要能够保证结构在这一阶段的承载力和良好的延性，总体上是对抗震有利的。因此抗震设计时要求结构构件满足一定的延性要求，具有这种性能的结构称为延性结构。

所谓延性是指结构或构件屈服后强度或承载力没有明显降低时的塑性变形能力，当达到屈服强度以后，在荷载不增或稍有增加的条件下，仍能维持相当的变形能力。延性可以用延性比来表示。延性比的定义为结构或构件的极限变形 Δu 与屈服变形 Δy 的比值，如图 5-40 所示。其中，变形可以用应变、曲率、转角、位移等来表示。显然，对于一个结构或构件来说，延性比越大则延性越好。

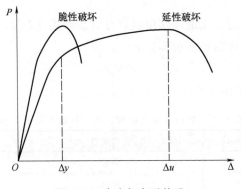

图 5-40　内力与变形关系

但是，由于影响结构延性比的因素很多，以及地震作用的不确定性，在设计中很难通过计算直接控制结构的延性比。因此，《建筑与市政工程抗震通用规范》GB 55002—2021 根据钢筋混凝土多层及高层房屋的抗震设防类别、设防烈度、结构类型和房屋高度将其划分为四个抗震等级，并分别采用不同的抗震措施。这样既可以通过满足一定的构造措施来保证结构在地震作用下的延性，又利于做到设计简便和经济合理。一般来讲，设防烈度越高、房屋高度越大，则抗震等级愈高。对于丙类建筑的抗震等级按表 5-17 确定，其中一级抗震要求最高，四级抗震要求最低。

表 5-17　钢筋混凝土房屋的抗震等级

结构类型		设防烈度						
		6		7		8		9
现浇框架结构	高度/m	≤24	25~60	≤24	25~50	≤24	25~40	≤24
	框架	四	三	三	二	二	一	一
	大跨度框架	三		二		一		一
装配整体式框架结构	高度/m	≤24	25~60	≤24	25~50	≤24	25~40	≤24
	框架	四	三	三	二	二	一	一
	大跨度框架	三		二		一		一

注：1. 接近或等于高度分界时，应允许结合房屋不规则程度及场地、地基条件确定抗震等级。
　　2. 大跨度框架指跨度不小于 18m 的框架。

▶▶ 5.5　框架内力组合

5.5.1　控制截面及最不利内力

在竖向荷载作用下，框架梁的两个端部截面是负弯矩和剪力最大的部位，跨内通常在某一截面会产生最大正弯矩，也有可能出现负弯矩，注意最大正弯矩产生在跨中的情况很少。在水平荷载作用下，框架梁端部会产生弯矩，这一弯矩可能是正弯矩，也可能是负弯矩。框架梁的控制截面是梁的两端截面和跨间最大正弯矩的截面。框架梁两端的最不利的内力包括梁端截面的最大负弯矩绝对值和最大剪力，以及可能出现的最大正弯矩；对于跨间截面则包括最大正弯矩，以及可能出现的最大负弯矩绝对值。

框架柱的弯矩、轴力和剪力沿柱高是线性变化的，因此可取各层柱的上、下端截面作为控制截面。在不同的内力组合中，同一柱截面有可能出现正弯矩或负弯矩。但考虑到框架柱均采用对称配筋，因此只需要选择正、负弯矩中绝对值最大的弯矩进行组合，框架柱最不利的内力组合包括以下几种：

1）$|M|_{max}$ 及相应的轴力 N 和剪力 V。

2）最大轴力 N_{max} 及相应的 M 和 V。

3）最小轴力 N_{min} 及相应的 M 和 V。

框架柱属于偏压构件，可能出现大偏心受压破坏，也可能出现小偏心受压破坏。对于大偏心受压构件，偏心距 $e_0 = M/N$ 越大，截面需要的配筋越多。因此有时弯矩虽然不大，但相应的轴力较小，此时 e_0 较大，也可能成为最不利内力。对于小偏心受压构件，轴力并不是最大但相应的弯矩较大时，需要的截面配筋反而最多，从而成为最不利的内力组合。因此，在内力组合时需要考虑上述的几种情况。

还应指出的是，在截面配筋计算时应采用构件端部截面的内力，而不是轴线处的内力，如图 5-41 所示，梁端柱边的剪力和弯矩计算公式为

$$V_b = V - (g+q)\frac{b}{2}$$

$$M_b = M - V_b \frac{b}{2}$$

$$(5\text{-}23)$$

式中　V_b、M_b——梁端柱边截面的剪力和弯矩；

　　　V、M——内力计算得到的柱轴线处的梁端剪力和弯矩；

　　　g、q——作用在梁上的竖向分布恒荷载和活荷载；

　　　b——支座宽度。

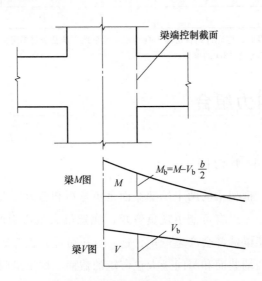

图 5-41　梁端控制截面弯矩与剪力

5.5.2　竖向活荷载最不利位置

考虑活荷载最不利布置有分跨计算组合法、最不利荷载位置法、分层组合法和满布荷载法等方法。

1. 分跨计算组合法

这个方法是将活荷载逐层逐跨单独地作用在结构上，分别计算出整个结构的内力，根据不同的构件、不同的截面、不同的内力种类，组合出最不利内力。因此，对于一个多层多跨框架，共有跨数×层数种不同的活荷载布置方式，亦即需要计算跨数×层数次结构的内力，其计算工作量是很大的。但求得了这些内力以后，即可求得任意截面上的最大内力，其过程

较为简单。在运用电脑进行内力组合时，常采用这一方法。

2. 最不利荷载位置法

为求某一指定截面的最不利内力，可以根据影响线方法，直接确定产生此最不利内力的活荷载布置。如图 5-42a 所示，以四层四跨框架为例，欲求某跨梁 AB 的跨中 C 截面最大正弯矩 M_C 的活荷载最不利布置，可先作 M_C 的影响线，即解除 M_C 相应的约束，将 C 点改为铰，代之以正向约束力，使结构沿约束力的正向产生单位虚位移 $\theta_C = 1$，由此可得到整个结构的虚位移图，如图 5-42b 所示。

根据虚位移原理，为求梁 AB 跨中最大正弯矩，则须在如图 5-42b 所示中凡是产生正向虚位移的跨间均布置活荷载，亦即除该跨必须布置活荷载外，其他各跨应相间布置，同时在竖向亦相间布置，形成棋盘形间隔布置，如图 5-42c 所示。可以看出，当 AB 跨达到跨中弯矩最大时的活荷载最不利布置，也正好使其他布置活荷载跨的跨中弯矩达到最大值。因此，只要进行二次棋盘形活荷载布置，便可求得整个框架中所有梁的跨中最大正弯矩。

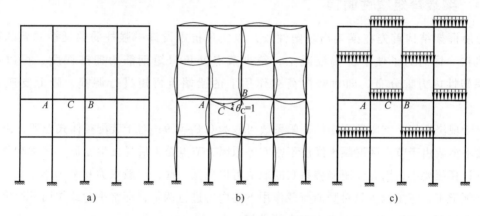

图 5-42　最不利荷载的布置

梁端最大负弯矩或柱端最大弯矩的活荷载最不利布置，也可用上述方法得到。但对于各跨各层梁柱线刚度均不一致的多层多跨框架结构，准确作出其影响线是十分困难的。对于远离计算截面的框架节点往往难以准确地判断其虚位移（转角）的方向，好在远离计算截面处的荷载，对于计算截面的内力影响很小，在实际中往往可以忽略不计。显然，柱最大轴向力的活荷载最不利布置，是在该柱以上的各层中，与该柱相邻的梁跨内都布满活荷载。

3. 分层组合法

不论用分跨计算组合法还是用最不利荷载位置法求活荷载最不利布置时的结构内力，都是非常复杂的。分层组合法是以分层法为依据，比较简单，对活荷载的最不利布置作以下简化：

1）对于梁，只考虑本层活荷载的不利布置，而不考虑其他层活荷载的影响。

2）对于柱端弯矩，只考虑柱相邻上、下层的活荷载的影响，而不考虑其他层活荷载的影响。

3）对于柱最大轴力，则考虑在该层以上所有层中与该柱相邻的梁上满布活荷载的情况，但对于与柱不相邻的上层活荷载，仅考虑其轴向力的传递而不考虑其弯矩的作用。

4. 满布荷载法

考虑到活荷载产生的内力与恒荷载及水平作用所产生的内力相比，其产生的内力所占的比例较小，因此，在实际设计中可不考虑活荷载的不利布置，而把活荷载同时作用于所有的框架梁上，这样求得的内力在支座处与按最不利荷载位置法求得的内力极为相近，可直接进行内力组合。但求得的梁的跨中弯矩却比最不利荷载位置法的计算结果要小，因此对梁跨中弯矩应乘以 1.1~1.2 的系数予以增大。计算表明，对活荷载标准值不超过 $5kN/mm^2$ 的一般框架，满布荷载法的精度和安全度可以满足设计要求。

对于水平风荷载和地震作用，应当考虑正、反两个方向分别在结构中产生的内力，并在组合时取不利的值。如果结构对称，正、反两个方向的作用也相同，则只需要做一次内力计算，对反向作用的内力只要改变符号即可。

5.5.3 梁端弯矩塑性调幅

为使框架结构首先在梁端出现塑性铰，以实现抗震设计中强柱弱梁延性框架的梁铰破坏机构，同时为了便于浇捣混凝土，减少节点处负弯矩钢筋的拥挤程度，可以在梁中考虑塑性内力重分布；即对竖向荷载作用下的梁端负弯矩进行调幅，降低支座处的弯矩。

对于现浇框架，支座负弯矩的调幅系数可取为 0.8~0.9；对于装配整体式框架，由于接头焊接不牢或由于节点区混凝土灌注不密实等原因，节点受力后易发生变形，使梁端负弯矩比弹性计算值要小，因此弯矩调幅系数的取值可以更低一些，一般取为 0.7~0.8。

必须指出，弯矩调幅只对竖向荷载作用下的内力进行调幅，即水平荷载作用下产生的弯矩不参加调幅，弯矩调幅应在内力组合前进行。

梁端弯矩调幅后，在相应荷载作用下的跨内正弯矩必将增加，如图 5-43 所示。这时校核该梁的静力平衡条件为

$$\begin{cases} \dfrac{1}{2}(M_b^l + M_b^r) + M_b^c \geqslant M_0 \\ M_b^c \geqslant \dfrac{1}{2}M_0 \end{cases} \tag{5-24}$$

式中 M_b^l、M_b^r、M_b^c——分别为调整后梁的左端、右端和跨中的弯矩；

M_0——在竖向荷载作用下，本跨按简支梁计算的跨中弯矩。

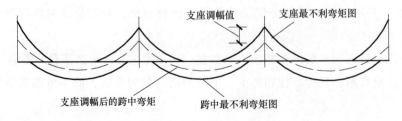

图 5-43   支座弯矩调幅

5.5.4　内力组合

内力组合应根据 2.3.4 节的原则进行。当进行抗震设计时，通常内力组合的设计值要大于无地震作用时的设计值，但当考虑承载力抗震调整系数的影响后，此时构件配筋仍可能少于后者，因此也需要对这两种情况下的内力组合分别进行计算和比较。

【例题 5-7】　对例题 5-1 厂房的④轴框架 KJ4 的框架梁和框架柱进行内力组合（不考虑地震作用），请求出截面控制内力，并进行截面计算。

【解】

1. 内力组合

在例题 5-3 和例题 5-5 中计算了④轴框架 KJ4 在竖向荷载和风荷载作用下的内力，以下计算中直接引用了计算结果。框架梁支座边缘内力标准值，见表 5-18，框架梁内力标准值计算结果，见表 5-19，框架柱的内力标准值，见表 5-20，框架梁内力组合，见表 5-21，框架柱的内力组合，见表 5-22。

表 5-18　梁支座边缘内力标准值

荷载类型	梁号	q /(kN/m)	h_c /m	V_{b0}^l /kN	V_b^l /kN	M_{b0}^l /kN·m	M_b^l /kN·m	V_{b0}^r /kN	V_b^r /kN	M_{b0}^r /kN·m	M_b^r /kN·m
恒荷载	MN	4.88	0.3/0.4	−78.1	−77.4	−28.9	−17.3	121.3	120.3	−205.2	−181.1
	NO	4.88	0.4/0.4	−99.7	−98.7	−195.0	−175.3	99.7	98.7	−195.0	−175.3
	IJ	4.88	0.3/0.4	−58.2	−57.5	−28.5	−19.9	93.7	92.7	−158.1	−139.6
	JK	4.88	0.4/0.4	−76.0	−75.0	−142.6	−127.6	76.0	75.0	−142.6	−127.6
	EF	4.88	0.35/0.45	−58.5	−57.6	−26.9	−16.8	93.2	92.1	−155.8	−135.1
	FG	4.88	0.45/0.45	−76.0	−74.9	−143.2	−126.3	76.0	74.9	−143.2	−126.3
活荷载	MN	—	0.3/0.4	−6.6	−6.6	−4.7	−3.7	10.14	10.14	−19.2	−17.2
	NO	—	0.4/0.4	−8.4	−8.4	−16.7	−15.0	8.4	8.4	−16.7	−15.0
	IJ	—	0.3/0.4	−51.6	−51.6	−22.7	−15.0	82.3	82.3	−148.5	−132.0
	JK	—	0.4/0.4	−67.0	−67.0	−135.3	−121.9	67.0	67.0	−135.3	−121.9
	EF	—	0.35/0.45	−51.9	−51.9	−23.0	−13.9	82.3	82.3	−147.2	−128.7
	FG	—	0.45/0.45	−67.0	−67.0	−135.1	−120.0	67.0	67.0	−135.1	−120.0
左风/右风	MN	—	0.3/0.4	±1.5	±1.5	±5.5	±5.3	±1.5	±1.5	±6.4	±6.1
	NO	—	0.4/0.4	±1.6	±1.6	±6.3	±6.0	±1.6	±1.6	±6.3	±6.0
	IJ	—	0.3/0.4	±4.3	±4.3	±16.3	±15.7	±4.3	±4.3	±18.8	±17.9
	JK	—	0.4/0.4	±4.6	±4.6	±18.8	±17.9	±4.6	±4.6	±18.8	±17.9
	EF	—	0.35/0.45	±11.4	±11.4	±44.2	±42.2	±11.4	±11.4	±47.5	±44.9
	FG	—	0.45/0.45	±11.7	±11.7	±47.3	±44.7	±11.7	±11.7	±47.3	±44.7

注：弯矩以梁上皮受拉为"−"，下皮受拉"+"；剪力以使隔离体逆时针转动为正，V_{b0}^l、V_{b0}^r 为内力分析得到的柱轴线处的梁左、右端剪力，V_b^l、V_b^r 为梁支座边缘处左、右端剪力；M_{b0}^l、M_{b0}^r 为内力分析得到的柱轴线处的梁左、右端弯矩；M_b^l、M_b^r 为梁支座边缘处左、右端弯矩。

表 5-19　框架梁内力标准值计算结果

荷载类型	梁号	V_b^l /kN	V_b^r /kN	M_b^l /kN·m	M_b^r /kN·m	(M_b^l) /kN·m	(M_b^r) /kN·m	M_{b0}^c /kN·m	(M_{b0}^c) /kN·m	M_0 /kN·m	M_b^c /kN·m
恒荷载①	MN	−77.4	120.3	−17.3	−181.1	−13.8	−144.9	162.6	197.0	255.7	176.4
	NO	−98.7	98.7	−175.3	−175.3	−140.2	−140.2	60.8	128.0	256.0	128.0
	IJ	−57.5	92.7	−19.9	−139.6	−15.9	−111.7	124.6	140.8	190.2	127.1
	JK	−75.0	75.0	−127.6	−127.6	−102.1	−102.1	49.3	98.8	191.8	98.8
	EF	−57.6	92.1	−16.8	−135.1	−13.4	−108.1	125.1	141.0	188.5	127.7
	FG	−74.9	74.9	−126.3	−126.3	−101.0	−101.0	48.7	95.9	191.8	95.9
活荷载②	MN	−6.6	10.14	−3.7	−17.2	−3.0	−13.8	12.9	19.2	22.4	16.8
	NO	−8.4	8.4	−15.0	−15.0	−12.0	−12.0	5.9	14.3	22.6	14.3
	IJ	−51.6	82.3	−15.0	−132.0	−12.0	−105.6	115.3	165.7	179.1	144.4
	JK	−67.0	67.0	−121.9	−121.9	−97.5	−97.5	45.5	108.5	180.8	108.5
	EF	−51.9	82.3	−13.9	−128.7	−11.1	−103.0	114.5	166.0	177.4	144.4
	FG	−67.0	67.0	−120.0	−120.0	−96.0	−96.0	45.7	108.5	180.8	108.5
左风③	MN	1.5	1.5	5.3	−6.1	5.3	−6.1	1.5	1.5	—	—
	NO	1.6	1.6	6.0	−6.0	6.0	−6.0	0	0	—	—
	IJ	4.3	4.3	15.7	−17.9	15.7	−17.9	4.8	4.8	—	—
	JK	4.6	4.6	17.9	−17.9	17.9	−17.9	0	0	—	—
	EF	11.4	11.4	42.2	−44.9	42.2	−44.9	14.0	14.0	—	—
	FG	11.7	11.7	44.7	−44.7	44.7	−44.7	0	0	—	—
右风④	MN	−1.5	−1.5	−5.3	6.1	−5.3	6.1	−1.5	−1.5	—	—
	NO	−1.6	−1.6	−6.0	6.0	−6.0	6.0	0	0	—	—
	IJ	−4.3	−4.3	−15.7	17.9	−15.7	17.9	−4.8	−4.8	—	—
	JK	−4.6	−4.6	−17.9	17.9	−17.9	17.9	0	0	—	—
	EF	−11.4	−11.4	−42.2	44.9	−42.2	44.9	−14.0	−14.0	—	—
	FG	−11.7	−11.7	−44.7	44.7	−44.7	44.7	0	0	—	—

注：1. 恒荷载、活荷载作用下梁左端、右端弯矩（M_b^l）、（M_b^r）和跨内最大正弯矩（M_{b0}^c）为调幅后弯矩，调幅系数 0.8，其中（M_{b0}^c）为已通过乘 1.2 的扩大系数并考虑活荷载的不利组合后的跨内最大正弯矩，M_{b0}^c 为计算所得的跨内最大正弯矩，M_b^c 为已通过乘 1.2 的扩大系数并考虑活荷载的不利组合后的跨中正弯矩，M_0 为按简支梁计算的跨中弯矩。

2. M_b^c 必须满足 $[(M_b^l)+(M_b^r)]/2+M_b^c \geqslant M_0$ 且 $M_b^c \geqslant M_0/2$，当不满足时，M_b^c 取 $\frac{1}{2}M_0$ 和 $M_0-[(M_b^l)+(M_b^r)]/2$ 的较大值；且 M_b^c 若取 $\frac{1}{2}M_0$ 和 $M_0-[(M_b^l)+(M_b^r)]/2$ 的较大值，则跨内最大正弯矩 M_{b0}^c 也进行了等比例调整。

3. 风荷载作用下 M_b^c 为对应恒荷载、活荷载作用下最大正弯矩处截面弯矩，风荷载作用下弯矩不调幅。

4. 剪力单位为 kN，弯矩单位为 kN·m。

表 5-20　框架柱内力标准值

荷载类型	柱编号	M_c^b/kN·m	M_c^t/kN·m	V_c/kN	N_c/kN
恒荷载①	MI	15.8	13.6	6.5	172.4
	IE	12.6	12.8	5.6	332.0
	EA	9.5	4.9	1.9	501.4
	NJ	-10.2	-8.2	-4.1	323.4
	JF	-7.3	-7.6	-3.3	585.8
	FB	-5.0	-2.6	-1.0	959.5
活荷载②	MI	4.1	9.6	3.0	12.3
	IE	12.3	12.3	5.5	97.4
	EA	9.1	4.7	1.8	182.8
	NJ	-2.5	-5.8	-1.8	26.9
	JF	-7.4	-7.3	-3.3	243.1
	FB	-4.8	-2.5	-1.0	459.1
左风③	MI	-5.5	-4.5	-2.2	-1.5
	IE	-11.9	-11.9	-5.3	-5.8
	EA	-32.2	-39.4	-9.6	-17.2
	NJ	-12.7	-10.4	-5.1	-0.1
	JF	-27.1	-27.1	-12.1	-0.4
	FB	-67.7	-82.7	-20.1	-0.7
右风④	MI	5.5	4.5	2.2	1.5
	IE	11.9	11.9	5.3	5.8
	EA	32.3	39.4	9.6	17.2
	NJ	12.7	10.4	5.1	0.1
	JF	27.1	27.1	12.1	0.4
	FB	67.7	82.7	20.1	0.7

注：1. 弯矩以顺时针转动为正，剪力以使杆件逆时针转动为正，轴力以压为正。

2. M_c^b、M_c^t分别为上、下端弯矩。

表 5-21 框架梁内力组合表

梁号	截面	1.3×①+1.5×② M/kN·m	1.3×①+1.5×② V/kN	1.3×①+1.5×③ M/kN·m	1.3×①+1.5×③ V/kN	1.3×①+1.5×④ M/kN·m	1.3×①+1.5×④ V/kN	1.3×①+1.5×②+0.6×1.5×③ M/kN·m	1.3×①+1.5×②+0.6×1.5×③ V/kN	1.3×①+1.5×②+0.6×1.5×④ M/kN·m	1.3×①+1.5×②+0.6×1.5×④ V/kN	1.3×①+1.5×③+0.7×1.5×② M/kN·m	1.3×①+1.5×③+0.7×1.5×② V/kN	1.3×①+1.5×④+0.7×1.5×② M/kN·m	1.3×①+1.5×④+0.7×1.5×② V/kN
MN	左	-22.4	-110.5	-10.0	-98.4	-25.9	-102.9	-17.7	-109.2	-27.2	-111.9	-13.1	-105.3	-29.0	-109.8
	右	-209.1	171.6	-197.5	158.6	-179.2	154.1	-214.6	173.0	-203.6	170.3	-212.0	169.3	-193.7	164.8
	跨内	284.9	—	258.5	—	253.7	—	286.3	—	283.5	—	278.7	—	273.9	—
NO	左	-200.3	-140.9	-173.3	-125.9	-191.3	-130.7	-194.9	-139.5	-205.7	-142.4	-185.9	-134.7	-203.9	-139.5
	右	-200.3	140.9	-191.3	130.7	-173.3	125.9	-205.7	142.4	-194.9	139.5	-203.9	139.5	-185.9	134.7
	跨内	187.9	—	166.4	—	166.4	—	187.9	—	187.9	—	181.4	—	181.4	—
IJ	左	-38.7	-152.2	2.9	-68.3	-44.2	-81.2	-24.5	-148.3	-52.8	-156.0	-9.7	-122.5	-56.8	-135.4
	右	-303.6	244.0	-172.1	127.0	-118.4	114.1	-319.7	247.8	-287.5	240.1	-282.9	213.4	-229.2	200.5
	跨内	431.6	—	190.1	—	176.0	—	435.8	—	427.4	—	364.1	—	350.0	—
JK	左	-279.0	-198.0	-105.9	-90.6	-159.6	-104.4	-262.9	-193.9	-295.1	-202.1	-208.3	-161.0	-262.0	-174.8
	右	-279.0	198.0	-159.6	104.4	-105.9	90.6	-295.1	202.1	-262.9	193.9	-262.0	174.8	-208.3	161.0
	跨内	291.2	—	128.4	—	128.4	—	291.2	—	291.2	—	242.4	—	242.4	—
EF	左	-34.1	-152.7	45.9	-57.8	-80.7	-92.0	3.9	-142.5	-72.1	-163.0	34.2	-112.3	-92.4	-146.5
	右	-295.0	243.2	-207.9	136.8	-73.2	102.6	-335.4	253.4	-254.6	232.9	-316.0	223.2	-181.3	189.0
	跨内	432.3	—	204.3	—	204.3	—	444.9	—	444.9	—	378.6	—	378.6	—
FG	左	-275.3	-197.9	-64.3	-79.8	-198.4	-114.9	-235.1	-187.3	-315.5	-208.4	-165.1	-150.2	-299.2	-185.3
	右	-275.3	197.9	-198.4	114.9	-64.3	79.8	-315.5	208.4	-235.1	187.3	-299.2	185.3	-165.1	150.2
	跨内	287.4	—	124.7	—	124.7	—	287.4	—	287.4	—	238.6	—	238.6	—

表 5-22　框架柱内力组合表

柱号	截面	内力组合种类（内力设计值）	1.3×①+1.5×②	1.3×①+1.5×③	1.3×①+1.5×④	1.3×①+1.5×②+0.6×1.5×③	1.3×①+1.5×②+0.6×1.5×④	1.3×①+1.5×③+0.7×1.5×②	1.3×①+1.5×④+0.7×1.5×②
MI	上端	M_c^b/kN·m	26.7	12.3	28.8	21.7	31.6	16.6	33.1
	下端	M_c^t/kN·m	32.1	10.9	24.4	28.0	36.1	21.0	34.5
	下端	N/kN	242.6	221.9	226.4	241.2	243.9	234.8	239.3
		V/kN	13.0	5.2	11.8	11.0	14.9	8.3	14.9
IE	上端	M_c^b/kN·m	34.8	-1.5	34.2	24.1	45.5	11.4	47.1
	下端	M_c^t/kN·m	35.1	-1.2	34.5	24.4	45.8	11.7	47.4
	下端	N/kN	577.7	422.9	440.3	572.5	582.9	525.2	542.6
		V/kN	15.5	-0.7	15.2	10.8	20.3	5.1	21.0
EA	上端	M_c^b/kN·m	26.0	-36.1	60.8	-3.1	55.1	-26.5	70.4
	下端	M_c^t/kN·m	13.4	-52.7	65.5	-22.0	48.9	-47.8	70.4
	下端	N/kN	926.0	626.0	677.6	910.5	941.5	818.0	869.6
		V/kN	5.2	-11.9	16.9	-3.5	13.8	-10.0	18.8
NJ	上端	M_c^b/kN·m	-17.0	-32.3	5.8	-28.4	-5.6	-34.9	3.2
	下端	M_c^t/kN·m	-19.4	-26.3	4.9	-28.7	-10.0	-32.4	-1.2
	下端	N/kN	460.8	420.3	420.6	460.7	460.9	448.5	448.8
		V/kN	-8.0	-13.0	2.3	-12.6	-3.4	-14.9	0.4
JF	上端	M_c^b/kN·m	-20.6	-50.1	31.2	-45.0	3.8	-57.9	23.4
	下端	M_c^t/kN·m	-20.8	-50.5	30.8	-45.2	3.6	-58.2	23.1
	下端	N/kN	1226.2	760.9	762.1	1126.6	1126.2	1016.2	1017.4
		V/kN	-9.2	-22.4	13.9	-20.1	1.7	-25.9	10.4
FB	上端	M_c^b/kN·m	-13.7	-108.1	95.1	-74.6	47.2	-113.1	90.0
	下端	M_c^t/kN·m	-7.1	-127.4	120.7	-81.6	67.3	-130.1	118.0
	下端	N/kN	1935.9	1246.2	1248.3	1935.3	1936.5	1728.3	1730.4
		V/kN	-2.8	-31.5	28.9	-20.9	15.3	-32.5	27.8

2. 框架梁截面设计

以一层框架梁为例说明如何进行框架梁截面设计。

（1）材料选用　梁内纵向钢筋选用 HRB400 级钢筋（$f_y = 360\text{N}/\text{mm}^2$），箍筋选用 HPB300 级钢筋（$f_y = 270\text{N}/\text{mm}^2$）；梁混凝土强度等级为 C30（$f_c = 14.3\text{N}/\text{mm}^2$，$f_t = 1.43\text{N}/\text{mm}^2$）；

（2）正截面承载力计算

1）边跨 EF 左端 E 支座截面，按矩形截面设计。由恒荷载+右风荷载+0.7 活荷载组合控制，弯矩值为 $M = -92.4\text{kN} \cdot \text{m}$

$$h_0 = h - \alpha_s = 700\text{mm} - 40\text{mm} = 660\text{mm}$$

$$\alpha_s = \frac{M}{\alpha_1 f_c b h_0^2} = \frac{92.4 \times 10^6 \text{N} \cdot \text{mm}}{1 \times 14.3\text{N}/\text{mm}^2 \times 250\text{mm} \times 660^2 \text{mm}^2} = 0.059 < \alpha_{s,\max} = 0.384$$

不超筋，可以。

$$\gamma_s = (1 + \sqrt{1 - 2\alpha_s})/2 = (1 + \sqrt{1 - 2 \times 0.059})/2 = 0.970$$

则

$$A_s = \frac{M}{f_y \gamma_s h_0} = \frac{92.4 \times 10^6 \text{N} \cdot \text{mm}}{360\text{N}/\text{mm}^2 \times 0.970 \times 660\text{mm}} = 400.9\text{mm}^2$$

考虑到边跨右端 F 支座弯矩较大，取 $2 \Phi 20$，$A_s = 628\text{mm}^2$。

$$\rho = \frac{A_s}{b h_0} = \frac{628\text{mm}^2}{250\text{mm} \times 660\text{mm}} = 0.38\% > \rho_{\min} \frac{h}{h_0}$$

$$= \max\left(0.2\%, 45 \frac{f_t}{f_y} \cdot \frac{h}{h_0}\right) = \max\left(0.2\%, 45 \times \frac{1.43\text{N}/\text{mm}^2}{360\text{N}/\text{mm}^2} \times \frac{700\text{mm}}{660\text{mm}}\right) = 0.2\%$$

满足要求。

2）边跨 EF 跨内正弯矩截面，按 T 形截面设计。由恒荷载+活荷载+0.6 左风荷载组合控制，弯矩值为 $M = 444.9\text{kN} \cdot \text{m}$。

根据《混规》规定，肋形梁的翼缘计算宽度 b_f' 的确定应取下列三者的小值：

$$l_0/3 = 8050\text{mm}/3 = 2683\text{mm}, \quad b + S_n = 6200\text{mm}, \quad b + 12h_f' = 250\text{mm} + 12 \times 90\text{mm} = 1330\text{mm}$$

因此，取 $b_f' = 1330\text{mm}$。

截面有效高度，按两排钢筋考虑：$h_0 = h - a_s = 700\text{mm} - 65\text{mm} = 635\text{mm}$

$$\alpha_1 f_c b_f' h_f' (h_0 - h_f'/2) = 1.0 \times 14.3\text{N}/\text{mm}^2 \times 1330\text{mm} \times 90\text{mm} \times (635\text{mm} - 90\text{mm}/2)$$

$$= 1009.9\text{kN} \cdot \text{m} > M = 444.9\text{kN} \cdot \text{m}$$

属于第一类 T 形截面。

$$\alpha_s = \frac{M}{\alpha_1 f_c b_f' h_0^2} = \frac{444.9 \times 10^6 \text{N} \cdot \text{mm}}{1 \times 14.3\text{N}/\text{mm}^2 \times 1330\text{mm} \times 635^2 \text{mm}^2} = 0.058 < \alpha_{s,\max} = 0.384$$

不超筋，可以。

$$\gamma_s = (1 + \sqrt{1 - 2\alpha_s})/2 = (1 + \sqrt{1 - 2 \times 0.058})/2 = 0.970$$

则

$$A_s = \frac{M}{f_y \gamma_s h_0} = \frac{444.9 \times 10^6 \text{N} \cdot \text{mm}}{360\text{N}/\text{mm}^2 \times 0.970 \times 635\text{mm}} = 2006.4\text{mm}^2$$

取 $4 \Phi 22 + 2 \Phi 25$，实配 $A_s = 2502\text{mm}^2$。

$$\rho = \frac{A_s}{bh_0} = \frac{2502\mathrm{mm}^2}{250\mathrm{mm}\times635\mathrm{mm}} = 1.58\% > \rho_{\min}\frac{h}{h_0} = 0.2\%,\text{满足要求。}$$

其余各梁的计算，见表 5-23。

表 5-23 框架梁正截面承载力计算

梁号	截面	弯矩设计值 $M/\mathrm{kN\cdot m}$	α_s	γ_s	A_s/mm^2	选配钢筋/mm^2
MN	左	−29.0	0.019	0.990	123.4	2 Φ 20 实配 $A_s = 628\mathrm{mm}^2$
	右	−214.6	0.138	0.925	976.4	2 Φ 20+2 Φ 18 实配 $A_s = 1137\mathrm{mm}^2$
	中	286.3	0.035	0.982	1227.1	4 Φ 22 实配 $A_s = 1520\mathrm{mm}^2$
NO	左	−205.7	0.132	0.929	931.9	2 Φ 20+2 Φ 18 实配 $A_s = 1137\mathrm{mm}^2$
	右	−205.7	0.132	0.929	931.9	2 Φ 20+2 Φ 18 实配 $A_s = 1137\mathrm{mm}^2$
	中	187.9	0.023	0.988	800.4	2 Φ 22+1 Φ 25 实配 $A_s = 1250.9\mathrm{mm}^2$
IJ	左	−56.8	0.036	0.982	243.4	2 Φ 20 实配 $A_s = 628\mathrm{mm}^2$
	右	−319.7	0.222	0.873	1541.0	3 Φ 20+2 Φ 25 实配 $A_s = 1924\mathrm{mm}^2$
	中	435.8	0.057	0.971	1963.3	5 Φ 25 实配 $A_s = 2454\mathrm{mm}^2$
JK	左	−295.1	0.205	0.884	1405.0	3 Φ 20+2 Φ 25 实配 $A_s = 1924\mathrm{mm}^2$
	右	−295.1	0.205	0.884	1405.0	3 Φ 20+2 Φ 25 实配 $A_s = 1924\mathrm{mm}^2$
	中	291.2	0.035	0.982	1248	2 Φ 22+2 Φ 25 实配 $A_s = 1742\mathrm{mm}^2$
EF	左	−92.4	0.059	0.970	400.9	2 Φ 20 实配 $A_s = 628\mathrm{mm}^2$
	右	−335.4	0.233	0.865	1631.9	2 Φ 20+3 Φ 25 实配 $A_s = 2101\mathrm{mm}^2$
	中	444.9	0.058	0.970	2006.4	4 Φ 22+2 Φ 25 实配 $A_s = 1520\mathrm{mm}^2$
FG	左	−315.5	0.219	0.875	1517.6	2 Φ 20+3 Φ 25 实配 $A_s = 2101\mathrm{mm}^2$
	右	−315.5	0.219	0.875	1517.6	2 Φ 20+3 Φ 25 实配 $A_s = 2101\mathrm{mm}^2$
	中	287.4	0.035	0.982	1231.8	2 Φ 20+2 Φ 25 实配 $A_s = 1742\mathrm{mm}^2$

表 5-23 中框架梁 MN、IJ 梁左端弯矩较小，按最小配筋面积 $400\mathrm{mm}^2$ 配筋；各梁正弯矩配筋按 T 形截面计算，经验算均为一类 T 形截面，各截面 α_s 均小于 $\alpha_{s,\max}$，配筋率均大于最小配筋率。在进行支座配筋面积选择时，同一层梁应保证有两根钢筋相同以便通长配置。

（3）斜截面承载力计算

一层梁边跨 EF：左端 $V_\text{左} = -163.0\mathrm{kN}$，右端 $V_\text{右} = 253.4\mathrm{kN}$，取 $V = V_\text{右} = 253.4\mathrm{kN}$

$h_w/b = 635\mathrm{mm}/250\mathrm{mm} = 2.54 < 4$ 属于厚腹梁。

$$0.25\beta_c f_c bh_0 = 0.25\times1.0\times14.3\mathrm{N/mm}^2\times250\mathrm{mm}\times635\mathrm{mm} = 567.5\mathrm{kN} > V$$

截面尺寸符合要求。

$\lambda = 2650\mathrm{mm}/635\mathrm{mm} = 4.17 > 3$，取 $\lambda = 3$。

$$\frac{1.75}{\lambda+1}f_t bh_0 = \frac{1.75}{1+3}\times1.43\mathrm{N/mm}^2\times250\mathrm{mm}\times635\mathrm{mm} = 99318\mathrm{N} < V$$

故，需计算配筋

$$\frac{A_{sv1}}{s} = \frac{V-\dfrac{1.75}{\lambda+1}f_t bh_0}{2f_{yv}h_0} = \frac{253.4\times10^3\mathrm{N}-99318\mathrm{N}}{2\times270\mathrm{N/mm}^2\times635\mathrm{mm}} = 0.45\mathrm{mm}$$

选用 Φ 10，$A_{sv1} = 78.5\mathrm{mm}^2$，则 $s = 174\mathrm{mm}$，取 Φ 10@ 150

$$\rho_{sv} = \frac{A_{sv}}{bs} = \frac{2\times78.5\mathrm{mm}^2}{250\mathrm{mm}\times150\mathrm{mm}} = 0.00419 > \rho_{sv,\min} = 0.26\frac{f_t}{f_{yv}} = 0.26\times\frac{1.43\mathrm{N/mm}^2}{270\mathrm{N/mm}^2} = 0.00138 \quad \text{可以。}$$

其余各梁计算结果，见表 5-24。

表 5-24　梁斜截面承载力计算表

梁号	剪力设计值 V/kN	λ	h_0/mm	$0.25\beta_c f_c bh_0$/N	$\dfrac{1.75}{\lambda+1}f_t bh_0$/N	$\dfrac{A_{sv1}}{s}$/mm	箍筋选用, $\dfrac{A_{sv1}}{s}$/mm
MN	173.0	3	660	589875	103228	0.203	$\phi8@200$, 0.252
NO	142.4	3	660	589875	103228	0.114	$\phi8@200$, 0.252
IJ	247.8	3	635	567531	99318	0.433	$\phi10@150$, 0.523
JK	202.1	3	635	567531	99318	0.300	$\phi10@200$, 0.393
FG	208.4	3	635	567531	99318	0.318	$\phi10@200$, 0.393

经验算，截面尺寸满足要求，最小配筋率满足要求。

（4）集中力下附加横向钢筋计算

二、三层集中力设计值：$F = (1.3\times56.23+1.5\times66.96)\text{kN} = 173.54\text{kN}$

$$m \geqslant \frac{F}{nf_{yv}A_{sv1}} = \frac{173.54\times10^3\text{N}}{2\times270\text{N/mm}^2\times78.5\text{mm}^2} = 4.1$$

每侧取 $3\phi10$，布置在次梁两侧各 450mm 范围内。

顶层集中力设计值：$F = (1.3\times79.98+1.5\times8.37)\text{kN} = 116.5\text{kN}$

$$m \geqslant \frac{F}{nf_{yv}A_{sv1}} = \frac{116.5\times10^3\text{N}}{2\times270\text{N/mm}^2\times50.3\text{mm}^2} = 4.3$$

每侧取 $3\phi8$，布置在次梁两侧各 450mm 范围内。

3. 框架柱截面设计

（1）Ⓐ轴柱截面设计　Ⓐ轴柱不利内力组合见表 5-25。

表 5-25　Ⓐ轴柱不利内力组合表

柱号			EA	IE	MI
不利内力组合	M_{max} 及对应 V、N	M_c^b/kN·m	70.4	47.1	33.1
		M_c^t/kN·m	70.4	47.4	34.5
		V/kN	18.8	21.0	14.9
		N/kN	869.6	542.6	239.3
	N_{max} 及对应 M、V	M_c^b/kN·m	55.1	45.5	31.6
		M_c^t/kN·m	48.9	45.8	36.1
		V/kN	13.8	20.3	14.9
		N/kN	941.5	582.9	243.9
	N_{min} 及对应 M、V	M_c^b/kN·m	−36.0	−1.5	12.3
		M_c^t/kN·m	−52.7	−1.2	10.9
		V/kN	−11.9	−0.7	5.2
		N/kN	626.0	422.9	221.9

已知：C30 混凝土（$f_c = 14.3\text{MPa}$），钢筋 HRB400 级（$f_y = 360\text{MPa}$），$\xi_b = 0.518$，$a_s = a_s' = $

40mm，一层柱 $h_0 = (350-40)\text{mm} = 310\text{mm}$，二、三层柱 $h_0 = 260\text{mm}$。

1）一层柱 EA 截面设计应按以下三种情况分别进行计算，然后取较大值作为计算结果。

情况一：$|M_{\max}|$

$M_1 = 70.4\text{kN}\cdot\text{m}$，$M_2 = 70.4\text{kN}\cdot\text{m}$，$N = 869.6\text{kN}$，两端弯矩 M_2、M_1 使杆件产生双曲率弯曲，故不需要考虑附加弯矩影响，取 $M = M_2 = 70.4\text{kN}\cdot\text{m}$。

采用对称配筋，假定为大偏心受压构件，则

$$x = \frac{N}{\alpha_1 f_c b} = \frac{869.6\times10^3\text{N}}{1.0\times14.3\text{N/mm}^2\times300\text{mm}} = 202.7\text{mm} > \xi_b h_0 = 0.518\times310\text{mm} = 160.6\text{mm}$$

属于小偏心受压构件。

$$e_a = \max(20\text{mm}, h/30) = \max(20\text{mm}, 350\text{mm}/30) = 20\text{mm}$$

$$e_0 = M/N = 70.4\times10^6\text{N}\cdot\text{mm}/(869.6\times10^3\text{N}) = 81.0\text{mm}$$

$$e_i = e_0 + e_a = 81.0\text{mm} + 20\text{mm} = 101.0\text{mm}$$

$$e = e_i + h/2 - a_s = 101.0\text{mm} + 350\text{mm}/2 - 40\text{mm} = 236.0\text{mm}$$

$$\xi = \frac{N - \xi_b \alpha_1 f_c b h_0}{\dfrac{Ne - 0.43\alpha_1 f_c b h_0^2}{(\beta_1 - \xi_b)(h_0 - a_s')} + \alpha_1 f_c b h_0} + \xi_b$$

$$= \frac{869.6\times10^3\text{N} - 0.518\times1\times(14.3\times300\times310)\text{N}}{\dfrac{869.6\times10^3\text{N}\times236\text{mm} - 0.43\times1\times(14.3\times300\times310^2)\text{N}\cdot\text{mm}}{(0.8-0.518)\times(310-40)\text{mm}} + 1\times(14.3\times300\times310)\text{N}} + 0.518$$

$$= 0.6245$$

$$x = \xi h_0 = 0.6245\times310\text{mm} = 193.6\text{mm}$$

$$A_s = A_s' = \frac{Ne - \alpha_1 f_c b x(h_0 - 0.5x)}{f_y'(h_0 - a_s')}$$

$$= \frac{869.6\times10^3\text{N}\times236\text{mm} - 1\times14.3\text{N/mm}^2\times300\text{mm}\times193.6\text{mm}\times(310-193.6/2)\text{mm}}{360\text{N/mm}^2\times(310-40)\text{mm}}$$

$$= 289.6\text{mm}^2$$

情况二：$N_{\max}$

$M_1 = 48.9\text{kN}\cdot\text{m}$，$M_2 = 55.1\text{kN}\cdot\text{m}$，$N = 941.5\text{kN}$，两端弯矩 M_2、M_1 使杆件产生双曲率弯曲，故不需要考虑附加弯曲影响。取 $M = M_2 = 55.1\text{kN}\cdot\text{m}$

同理可知，属于小偏心受压构件。

$$e = M/N + e_a + h/2 - a_s = 55.1\times10^6\text{N}\cdot\text{mm}/(941.5\times10^3\text{N}) + 20\text{mm} + 350\text{mm}/2 - 40\text{mm} = 213.5\text{mm}$$

以下计算同①，计算略，计算结果为

$$\xi = 0.672,\ A_s = A_s' = 175.9\text{mm}^2$$

情况三：$N_{\min}$

$M_1 = -36.0\text{kN}\cdot\text{m}$，$M_2 = -52.7\text{kN}\cdot\text{m}$，$N = 626.0\text{N}$，两端弯矩 M_2、M_1 使杆件产生双曲率弯曲，故不需要考虑附加弯曲的影响。

取 $M = M_2 = 52.7 \text{kN} \cdot \text{m}$。

采用对称配筋，假定为大偏心受压构件，则

$$x = \frac{N}{\alpha_1 f_c b} = \frac{626.0 \times 10^3 \text{N}}{1.0 \times 14.3 \text{N/mm}^2 \times 300 \text{mm}} = 145.9 \text{mm}$$

$$2a_s' = 80 \text{mm} < x < \xi_b h_0 = 0.518 \times 310 \text{mm} = 160.6 \text{mm}$$

属于大偏心受压构件。

$$e = \frac{M}{N} + e_a + \frac{h}{2} - a_s = \frac{52.7 \times 10^6 \text{N} \cdot \text{mm}}{626.0 \times 10^3 \text{N}} + 20 \text{mm} + \frac{350 \text{mm}}{2} - 40 \text{mm} = 239.2 \text{mm}$$

$$A_s = A_s' = \frac{Ne - \alpha_1 f_c bx (h_0 - x/2)}{f_y' (h_0 - a_s')}$$

$$= \frac{626.0 \times 10^3 \text{N} \times 239.2 \text{mm} - 1 \times 14.3 \text{N/mm}^2 \times 300 \text{mm} \times 145.9 \text{mm} \times (310 - 145.9/2) \text{mm}}{360 \text{N/mm}^2 \times (310 - 40) \text{mm}}$$

$$= 14.1 \text{mm}^2$$

综合上述三种情况，所需计算配筋面积为 $A_s = A_s' = 289.6 \text{mm}^2$。

单侧最小配筋面积需满足 $0.2\% bh = 240 \text{mm}^2$，且全部纵向钢筋最小配筋面积需满足 $0.65\% bh = 682.5 \text{mm}^2$，故选用 3$\Phi$14，实配钢筋面积为 $A_s = A_s' = 461 \text{mm}^2$。

平面外验算：

由 $l_0/b = 7500 \text{mm}/300 \text{mm} = 25$，查得 $\varphi = 0.625$。

本例题未进行抗震计算，如果按抗震设计进行配筋，则纵向也应按框架设计，此时截面的另一方向也应进行配筋，因此全部配筋面积按 8Φ14 计算，所以全部受压钢筋面积为 $A_s' = 1231 \text{mm}^2$。

$$N = 0.9\varphi(f_c bh + f_y' A_s') = 0.9 \times 0.625 \times [14.3 \times 300 \times 350 + 360 \times 1231] \text{N} = 1093.9 \text{kN} > N_u$$

验算结果安全。

2）二、三层柱计算。均为异号弯矩，不需考虑附加弯曲的影响。柱截面 300mm × 300mm，弯矩 M 取上、下端弯矩的较大值。

$$h_0 = h - a_s = 300 \text{mm} - 40 \text{mm} = 260 \text{mm}, \quad \xi_b h_0 = 0.518 \times 260 \text{mm} = 134.68 \text{mm}$$

各柱正截面承载力计算，见表 5-26。

表 5-26　Ⓐ轴二、三层柱配筋计算表

柱号	内力组合	M /kN·m	N /kN	e_i /mm	e /mm	$x = \dfrac{N}{\alpha_1 f_c b}$/mm	偏心类型	$\xi = x/h_0$	$A_s = A_s'$ /mm²
二层 IE	$\lvert M \rvert_{\max}$	47.1	542.6	106.9	216.8	$2a_s' < x =$ 126.5mm $< \xi_b h_0$	大偏压	0.486	137.3
	$N_{\max}$	45.8	582.9	98.6	208.6	135.8mm $> \xi_b h_0$	小偏压	0.523	121.1
	$N_{\min}$	1.5	422.9	23.5	133.5	$2a_s' < x =$ 98.9mm $< \xi_b h_0$	大偏压	0.379	<0

（续）

柱号	内力组合	M /kN·m	N /kN	e_i /mm	e /mm	$x = \dfrac{N}{\alpha_1 f_c b}$ /mm	偏心类型	$\xi = x/h_0$	$A_s = A_s'$ /mm²
三层 *MI*	$\lvert M \rvert_{max}$	34.5	239.3	164.2	274.2	$x = 55.8$mm $<2a_s' = 80$mm	大偏压	0.308	163.7
	N_{max}	36.1	243.9	168.0	278.0	$x = 56.9$mm $<2a_s' = 80$mm	大偏压	0.308	178.6
	N_{min}	12.3	221.9	75.4	185.4	$x = 51.7$mm $<2a_s' = 80$mm	大偏压	0.308	<0

表 5-26 中，对于大偏心受压情况，当 $x<2a_s' = 80$mm 时，取 $x=80$mm，对受压钢筋合力

点取矩，得到公式 $A_s = \dfrac{N\left(e_i - \dfrac{h}{2} + a_s'\right)}{f_y(h_0 - a_s')}$，进而求得 A_s。

二、三层柱配筋计算结果均小于最小配筋面积，应按最小配筋率配筋，按全部纵向钢筋最小配筋率计算可得，$0.65\% bh = 0.65\% \times 300\text{mm} \times 300\text{mm} = 585\text{mm}^2$，选用 3$\Phi$14，实配钢筋面积为 $A_s = A_s' = 461\text{mm}^2$。

平面外验算：

由 $l_0/b = 1.25 \times 4500\text{mm}/300\text{mm} = 18.75$，查得 $\varphi = 0.7875$

$N = 0.9\varphi(f_c bh + f_y' A_s') = 0.9 \times 0.7875 \times (14.3 \times 300 \times 300 + 360 \times 1231)\text{N} = 1226.3\text{kN} > N_u$
验算结果安全。

（2）Ⓑ轴柱截面设计　Ⓑ轴柱不利内力组合见表 5-27。

表 5-27　Ⓑ轴柱不利内力组合表

柱号			FB	JF	NJ
不利内力组合	M_{max} 及对应 V、N	M_c^b/kN·m	−113.1	−57.9	−34.9
		M_c^t/kN·m	−130.1	−58.2	−32.4
		V/kN	−32.5	−25.9	−14.9
		N/kN	1728.3	1016.2	448.5
	N_{max} 及对应 M、V	M_c^b/kN·m	−74.6	−45.0	−28.4
		M_c^t/kN·m	−81.6	−45.2	−28.7
		V/kN	−20.9	−20.1	−12.6
		N/kN	1935.3	1125.8	460.7
	N_{min} 及对应 M、V	M_c^b/kN·m	−108.1	−50.1	−32.3
		M_c^t/kN·m	−127.4	−50.5	−26.3
		V/kN	−31.5	−22.4	−13.0
		N/kN	1246.2	760.9	420.3

注：在 N_{max} 及对应 M、V 选用时，考虑到 N 相差不大，M 大的不利。如柱 FB，最大轴力为 1936.5kN，其对应的弯矩为 B 端 47.2kN·m，F 端 67.3kN·m，由于最大轴力与表中所示轴力相差不大，而表中所示轴力对应的弯矩较大，所以选用表中数值。

由于各柱上、下端弯矩均为异号弯矩，故不需要考虑附加弯曲影响。弯矩 M 取上、下端弯矩的较大值，见表 5-28。

柱截面：底层 300mm×450mm，二、三层 300mm×400mm。混凝土强度等级采用 C30($f_c=14.3$MPa，$f_t=1.43$MPa)，纵向钢筋采用 HRB400 级 ($f_y=360$MPa)，$\xi_b=0.518$。

底层 $\xi_b h_0=0.518×410$mm$=212.4$mm，二、三层 $\xi_b h_0=0.518×360$mm$=186.5$mm

$a_s=a_s'=40$mm，截面有效高度：底层 $h_0=410$mm，二、三层 $h_0=360$mm

$e_a=\max(20\text{mm}, h/30)=20$mm

各柱正截面承载力计算，见表 5-28。

表 5-28 Ⓑ轴柱配筋计算表

柱号	内力组合	M /kN·m	N /kN	e_i /mm	e /mm	$x=\dfrac{N}{\alpha_1 f_c b}$ /mm	偏心类型	$\xi=x/h_0$	$A_s=A_s'$ /mm²
底层柱 FB	$\lvert M\rvert_{max}$	130.1	1728.3	95.3	280.3	$x=402.9$mm $>\xi_b h_0$	小偏压	0.756	1089.8
	N_{max}	81.6	1935.3	62.2	247.2	$x=451.1$mm $>\xi_b h_0$	小偏压	0.822	970.4
	N_{min}	127.4	1246.2	122.2	307.2	$x=290.5$mm $>\xi_b h_0$	小偏压	0.654	491.2
二层柱 JF	$\lvert M\rvert_{max}$	58.2	1016.2	77.3	237.3	$x=236.9$mm $>\xi_b h_0$	小偏压	0.656	<0
	N_{max}	45.2	1125.8	60.1	220.1	$x=262.4$mm $>\xi_b h_0$	小偏压	0.717	<0
	N_{min}	50.5	760.9	86.4	246.4	$2a_s'<x$ $=177.4$mm$<\xi_b h_0$	大偏压	0.493	<0
三层柱 NJ	$\lvert M\rvert_{max}$	34.9	448.5	97.8	257.8	$2a_s'<x$ $=104.5$mm$<\xi_b h_0$	大偏压	0.290	<0
	N_{max}	28.7	460.7	82.3	242.3	$2a_s'<x$ $=107.4$mm$<\xi_b h_0$	大偏压	0.298	<0
	N_{min}	32.3	420.3	96.8	256.8	$2a_s'<x$ $=98.0$mm$<\xi_b h_0$	大偏压	0.272	<0

底层柱配筋选用 3 Φ22，实配 $A_s=A_s'=1140$mm²，二、三层按最小配筋率配置，根据《混规》四级抗震等级（中柱、边柱）全部纵向钢筋最小配筋面积需满足 $0.65\% bh=780$mm²，每侧选用：3 Φ14，实配钢筋面积 $A_s=A_s'=461$mm²。

平面外经过验算满足要求。

至此，通过例题 5-1 至例题 5-7 以及第 4 章中例题的介绍，对框架结构设计计算步骤作以下总结：第一步，进行结构平面布置；第二步，板、梁设计计算；第三步，楼梯、雨篷、阳台、檐沟等设计计算；第四步，框架设计计算，第五步，绘制施工图。

框架设计计算过程总结如下：

1．竖向荷载作用下内力计算

1）绘制框架在竖向荷载作用下的计算简图。

2）确定框架梁截面尺寸。

3）荷载标准值计算，注意荷载符号应与框架计算简图中的符号相一致，以便于设计过程中设计人员本人、校对人员、审核及审定人员进行检查。如果以后房屋需要加层、改建、扩建、加固以及房屋在使用过程中一旦发生一些问题（如开裂等）需要查找原因和责任时都需要计算书和图纸等相关设计文件。

4）框架柱截面尺寸确定。

5）计算偏心弯矩（有偏心时）。

6）竖向荷载作用下内力计算，荷载采用标准值，恒荷载、活荷载作用下内力分别计算。

7）绘制恒荷载标准值、活荷载标准值作用下的内力图（弯矩图、剪力图、轴力图）。

2．风荷载作用下内力计算

1）绘制风荷载作用下计算简图。

2）风荷载标准值计算，注意左风、右风风荷载标准值在数值上不一定相等。

3）风荷载作用下内力计算，包括左风和右风。

4）分别绘制左风、右风作用下内力图（弯矩图、剪力图、轴力图）。

3．地震作用下内力计算

包括重力荷载代表值作用下内力计算、水平地震作用下内力计算和竖向地震作用下内力计算，后者在有必要情况下才需要计算。具体计算方法、计算步骤在学了"建筑结构抗震设计"课程后，同学们就会明白了。

4．内力组合

包括不考虑地震作用情况下的内力组合和地震作用情况下的内力组合。

5．截面设计

包括框架梁、框架柱截面设计。

▶▶ 5.6 框架结构抗震概念设计

5.6.1 框架结构震害

虽然目前地震及建筑结构所受地震作用还有许多规律未被认识，但在总结历次大地震时，从工程结构的震害经验中认识到：一个合理的结构抗震设计很大程度上取决于良好的"抗震概念设计"。"抗震概念设计"是根据地震灾害和工程经验等所形成的基本设计原则和设计思想，进行建筑和结构总体布置并确定细部构造的过程。

框架结构同时承受竖向荷载和水平地震作用。尽管框架结构的形式简单，可较好地满足使用要求，但其整体抗侧刚度较小，抗震能力储备较小，震害重于框架-剪力墙结构和剪力墙结构。地震中框架结构的主要震害特征如下：

1）填充墙开裂、破坏、倒塌。

2）填充墙造成短柱剪切破坏。

3）错层和楼梯造成同层柱长短不一，较短柱发生破坏。

4）填充墙沿高度不连续造成结构实际层刚度突变，导致薄弱楼层破坏或倒塌。

5）填充墙平面布置不均匀造成结构实际楼层刚度偏心，导致结构扭转产生震害。

6）同层框架柱抗侧刚度不等造成的破坏。

7）柱端形成塑性铰，未实现"强柱弱梁"屈服机制。

8）框架柱剪切破坏。

9）梁柱节点破坏。

10）楼梯破坏。

如图 5-44 所示，什邡某 3 层框架结构，2007 年竣工。在 2008 年汶川 8.0 级大地震中，主体结构基本未损坏，但外围护填充墙和内部填充墙破坏较严重。

图 5-44 什邡 2007 年竣工的某 3 层框架结构填充墙破坏

在汉旺重灾区，有一栋框架结构的房屋因考虑通风、透光等因素使底层的填充墙没有完全砌满，导致框架柱在两道填充墙之间形成延性很差的短柱（剪跨比≤2），成为整个结构的抗震薄弱部位，短柱被剪坏后压碎，导致结构严重破坏，如图 5-45 所示。

图 5-45　填充墙之间的短柱破坏现象

如图 5-46 所示，某小区一栋在建的类似错层建筑。错层造成同一层框架柱剪跨比不同，其中的短柱均发生严重破坏；错层造成结构传力路径复杂，使得填充墙和楼梯也发生严重破坏。

a)　　　　　　　　　　　　b)

图 5-46　错层建筑的震害

a）外立面　b）错层造成长短柱破坏

在框架结构的受力分析和设计中，一般不考虑填充墙的结构受力作用，仅作为荷载考虑。但（空心）砖砌体（砌块）填充墙本身具有较大的刚度，会影响主体框架结构实际平面刚度分布和竖向刚度分布，造成结构实际地震力分布与框架结构计算地震力分布的较大差异。同时，填充墙具有一定的承载力，其结构作用还将改变框架结构的层承载力分布，即结构的实际层承载力分布与框架结构的层承载力分布存在很大差异。这两方面的差异使得填充墙布置较少的楼层成为薄弱层，在地震作用下薄弱层产生很大的集中变形，从而改变框架结构的侧移变形模式；并会因薄弱层的承载力不足而引起严重破坏，甚至倒塌。这种情况多数出现在底商住宅的框架结构中，或底部有大空间需要的框架结构中。

如图 5-47 所示，都江堰某住宅区三期底层为车库的一栋住宅，底层局部坍塌后倾斜。

"强柱弱梁"屈服破坏机制是框架结构抗震设计所希望的，然而，汶川地震中框架结构很少见到框架梁端出现塑性，而是大量出现柱端塑性铰。如图 5-48 所示为某多层框架结构柱铰震害情况。

图 5-47　都江堰某住宅区三期底层为车库的建筑底层坍塌后倾斜

a)　　　　　　　　　　　　　　　　b)

图 5-48　某多层框架结构柱铰震害情况

a）某框架柱子两端塑性铰　b）某框架柱上端出现塑性铰

都江堰市区内临街房屋多为 5、6 层的砖混结构，通常 1 层为底部框架，楼板和屋面板大多采用预制板，内外墙厚一般为 240mm。汶川地震中此类房屋很多处于中等或严重破坏，甚至有部分是倒塌状态。一般 1、2 层破坏最重，随层数的增加破坏程度递减。1 层柱子多出现柱顶或柱底塑性铰破坏，如图 5-49 所示。

图 5-49　房屋柱顶与柱底破坏震害现象

"强剪弱弯"是框架梁柱构件抗震设计的原则，对于框架柱尤为重要。由于《抗震规范》对框架柱"强剪弱弯"设计有明确的规定，汶川地震中因箍筋配置不足而发生框架柱剪切破坏的情况并不多。图 5-50 所示，绵竹某框架结构底层框架柱配箍较少，箍筋弯钩锚固构造不符合要求，造成柱端剪切破坏。此外，地震区大量采用的底框砖混结构，底框柱配箍往往不足，箍筋弯钩锚固构造不符合要求，框架柱剪切破坏的情况也较多。

图 5-50　绵竹某框架结构底层框架柱破坏

　　"强节点弱构件"也是框架结构设计的一个基本原则，目的是避免因节点破坏而使相关联的梁柱构件失去整体作用，充分保证梁柱构件的承载力和延性能够充分发挥，以实现预期的整体结构抗震能力，但是，由于框架梁柱节点是梁柱纵筋交汇锚固区域，同时又是梁柱端受力最大部位，规范要求的配筋构造措施有时难以落实，施工难度大，梁柱节点区箍筋配置不足，甚至偷工减料不配置箍筋的情况时有发生，造成节点区破坏。如图 5-51 所示，框架结构梁柱节点未配置箍筋，或箍筋配置不足所造成的节点破坏。

图 5-51　梁柱节点未配置箍筋或箍筋配置不足所造成的节点破坏

a）某框架结构节点区箍筋破坏　b）某框架结构梁柱节点配箍不足　c）某 3 层框架结构节点区无箍筋破坏
d）某错层框架结构节点区无箍筋，上部短柱剪切破坏后连带节点区破坏

　　汶川地震造成大量楼梯破坏，其中框架结构的楼梯破坏最为严重，甚至楼梯板断裂而使得逃生通道被切断。框架结构楼梯震害严重的原因：框架抗侧刚度小，而楼梯板类似斜撑，使楼梯间抗侧刚度大，地震剪力也大；楼梯结构复杂，传力路径也复杂。楼梯震害主要有以

下几个方面：

（1）上、下梯段板交叉处梯梁和梯梁支座剪扭破坏　如图 5-52a 所示，当剪扭力很大时，梯梁剪扭破坏会延伸到休息平台板内，如楼梯无梯梁，则休息平台板在剪扭作用下也会被撕坏。

（2）梯板受拉破坏或拉断　在水平地震作用下，斜向梯板具有斜撑受力特点，即受反复拉压力作用，在梯板施工缝薄弱位置和梯板与框架梁相交的不利受力位置易产生拉裂破坏，甚至拉断，失去逃生通道功能。拉力传递至休息平台，也会使梯梁与休息平台板之间拉裂，如图 5-52b 所示。

（3）休息平台处短柱破坏　楼梯休息平台处的框架柱和梯柱的剪跨比通常小于其他部位的框架柱，成为整个结构中的短柱，地震剪力相对较大，容易发生破坏，如图 5-52c 所示。

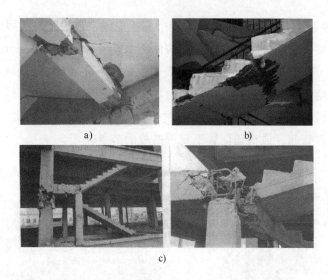

a)　　　　　　　　　　b)

c)

图 5-52　楼梯震害

a）都江堰某 7 层办公楼框架结构楼梯的梯梁剪扭破坏　b）楼梯间踏步板开裂震害梯板拉断

c）某在建办公楼休息平台处短柱破坏和梯梁端部剪扭破坏

为避免楼梯板的斜撑作用对整体结构地震作用分布的不利影响，可采用如图 5-53 所示楼梯一端滑动，使楼梯不参与整体结构受力。这种措施还可减小因楼梯在结构平面布置不规则导致复杂地震作用的情况。这在装配整体式结构中较易做到，详见第 4 章 4.9.5 节预制楼梯连接构造。

地震作用的大小及其在结构中的分布还取决于结构体型。结构体型是指建筑平面形状和立面、竖向剖面的变化，不仅包括结构的外形尺寸与形状，还包括结构构件和非结构构件的布置、尺寸和性质。结构外形尺寸相同而结构布置不同，其地震作用也会不同。结构体型应尽量符合规则、均匀的要求。显然，建筑的几何外形不规则，则很难做到结构体型规则。如图 5-54a 所示，L 形平面建筑，地震作用下其两边的振动方向不同，导致拐角处受力复杂，易造成震害，如图 5-54b 所示。如在拐角处设置抗震缝，如图 5-54c 所示，将 L 形平面建筑分为两个独立的简单体型的规则结构，各自的地震作用互不影响。

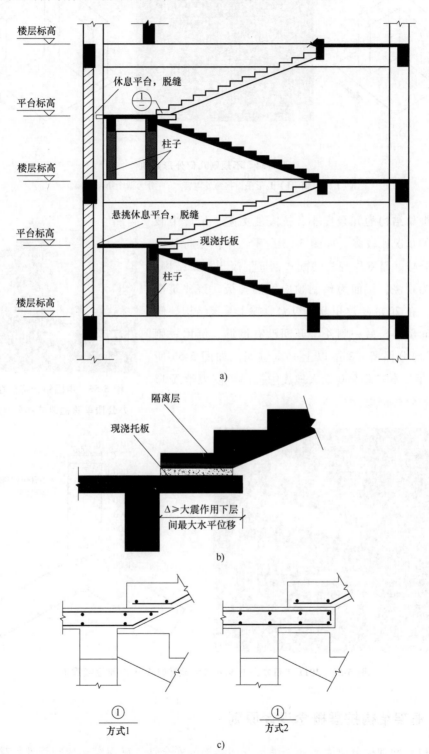

a)

b)

c)

图 5-53　楼梯与主体结构脱开的构造

a）楼梯剖面图　b）隔离层滑动要求　c）隔离层配筋构造

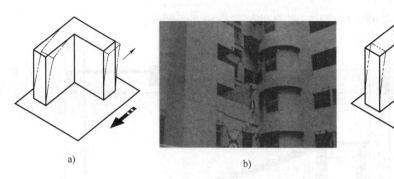

图 5-54 不规则几何外形建筑

a）L形平面 b）L形平面拐角处震害 c）分为两个矩形平面

单跨框架结构的冗余度小，抗震能力差，地震中破坏和倒塌的情况比较多。如图 5-55 所示，中国银行都江堰支行办公楼，是 6 层现浇装配式钢筋混凝土框架结构，框架梁柱为现浇，楼面为预制预应力圆孔板，该建筑横向仅 1 跨，在 2008 年汶川 8.0 级大地震中，该结构一侧的 4 个开间倒塌，另一侧 4 个开间没有倒塌，倒塌一侧的 1、2 层部分保留，3 层以上完全倒塌。如图 5-56 所示，2011 年日本东北 9.0 级大地震中福岛学院大学 Y 形单跨框架教学楼倒塌。

图 5-55 中国银行都江堰支行办公楼单跨框架的部分倒塌震害

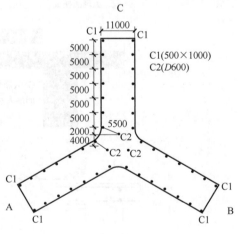

图 5-56 2011 年日本东北 9.0 级大地震时 Y 形单跨框架震害

5.6.2 框架结构抗震概念设计原则

试验研究和理论分析表明，为满足框架结构的安全性，确保结构成为延性框架，应遵循"强柱弱梁""强剪弱弯"和"强节点、强锚固"等基本原则。

（1）"强柱弱梁"设计原则 在地震作用下，框架结构的梁、柱中都可能出现塑性铰。当梁端首先形成塑性铰时，在形成破坏机构之前成铰的数量较多，耗能部位分散。如图 5-57a 所示，只要柱脚处不出现塑性铰，结构就不会形成机构而倒塌。如果柱端首先形成塑性铰，结构中就会出现，如图 5-57b 所示的软弱层。此时塑性铰的数量虽然不多，但该层已经形成机构，结构处于不安全的状态。对于框架结构，框架柱的轴向压力通常较大，难以在柱端实现很高的延性。因此，延性框架应设计成强柱弱梁，即在较强地震时，使框架在梁端先形成塑性铰，减少或推迟柱中塑性铰的出现甚至不出现，并使各层柱的屈服顺序错开，避免在同一层各柱的两端都出现塑性铰形成软弱层。

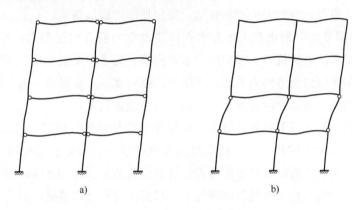

图 5-57 框架中塑性铰部位

a）梁端塑性铰 b）柱端塑性铰

（2）"强剪弱弯"设计原则 延性框架必须保证形成塑性铰的构件在满足承载力要求的前提下具有足够的延性，防止过早出现剪切破坏。可以通过配筋等构造措施，使构件的抗剪承载力大于其抗弯承载力，在地震作用下发生延性较好的弯曲破坏，避免构件发生脆性的剪切破坏。

（3）"强节点、强锚固"设计原则 延性框架中除了要求梁、柱构件具有足够的承载力和延性外，还要保证节点不过早发生破坏以充分发挥塑性铰的耗能作用。提高节点强度除了通过抗剪验算配置足够的箍筋外，还应保证节点区混凝土的强度和密实度，以及处理好框架梁纵筋在节点区的锚固构造。

根据历次地震震害的经验总结，我国《抗震规范》为保证结构具有足够的抗震可靠性，对建筑工程结构的概念设计给出以下规定：

1）选择对建筑抗震有利的场地，不应在危险地段建造甲、乙、丙类建筑。

2）建筑设计应采用形体规则的平面、立面和竖向剖面，抗侧力构件的平面布置宜规则对称，侧向刚度沿高度宜均匀变化，竖向抗侧力构件的截面尺寸和材料强度宜自下而上逐渐减小，避免侧向刚度和承载力突变。

3）尽可能设置多道抗震防线。对于框架结构，采用"强柱弱梁"型延性框架，在水平地震作用下，梁先于柱屈服，利用梁端塑性铰的塑性变形耗散地震能量，而使框架柱作为第二道防线。如果设置少量支撑或剪力墙，通过支撑或剪力墙控制结构的侧向变形并作为第一道抗震防线，使框架结构作为第二道防线，可以提高框架结构的抗震能力。

4）确保结构的整体性。各构件之间的连接必须可靠，构件节点的承载力不应低于其连接构件的承载力；预埋件的锚固承载力不应低于连接件的承载力；装配式的连接应保证结构的整体性，各抗侧力构件必须有可靠的措施以确保整体结构的空间协同工作。

5）框架结构采用砌体墙作为填充墙时，应特别注意墙体的布置，避免和减少填充墙对建筑平面刚度不规则和竖向刚度不规则的影响，减小填充墙平面不对称布置造成的扭转和填充墙竖向不连续布置造成的薄弱层。还应避免与柱相邻的窗间墙的约束使框架柱形成短柱，宜将砌体墙与框架柱之间留一条 30mm 左右宽的缝，缝内填充软体材料。同时，填充墙宜设置拉结筋、水平系梁等，与框架柱可靠拉结，避免地震中墙体倒塌。

6）不应采用部分由框架承重、部分由砌体墙承重的混合承重形式；框架结构中的楼、电梯间及局部出屋顶的电梯机房、楼梯间、水箱间等，应采用框架承重，不应采用砌体墙承重。因为框架和砌体墙的受力性能不同，框架的抗侧刚度小、变形能力大，而砌体墙的抗侧刚度大、变形能力小，地震中两者变形不协调，容易造成震害。

对于体型复杂、平立面不规则的建筑，应根据不规则程度、地基基础条件设置防震缝，形成多个较规则的抗侧力结构单元。防震缝应根据抗震设防烈度、结构材料种类、结构类型、结构单元的高度和高差以及可能的地震扭转效应的情况，留有足够的宽度，其两侧的上部结构应完全分开。当设置伸缩缝和沉降缝时，其宽度应符合防震缝的要求。

当结构体型不规则时，应按规定采取加强措施；特别不规则时应进行专门研究和论证，采取特别的加强措施；不应采用严重不规则的建筑。

5.6.3　框架结构的抗震等级

抗震等级是抗震设计的重要参数。《抗震规范》规定，钢筋混凝土房屋应根据建筑抗震设防类别、抗震设防烈度、结构类型和房屋高度采用不同的抗震等级。抗震等级的划分及其相应的抗震措施，体现了对不同抗震设防类别、不同结构类型、不同烈度、同一烈度但不同高度钢筋混凝土房屋结构延性要求的不同，以及同一种构件在不同结构类型中延性要求的不同。与抗震等级相应的抗震措施包括抗震设计时构件截面内力调整措施和抗震构造措施。丙类建筑现浇钢筋混凝土框架结构的抗震等级分为四级，按表 5-17 确定。乙类建筑框架结构应按提高一度查表 5-17 确定其抗震等级。

▶▶ 5.7　框架结构构造要求

1. 材料

（1）混凝土　现浇框架，一、二级抗震等级的框架梁、柱及节点，不应低于 C30；三、四级抗震等级及非抗震设计，不应低于 C30；当采用强度等级 500MPa 及以上钢筋时，不应低于 C30；设防烈度为 9 度时，不宜超过 C60，设防烈度为 8 度时，不宜超过 C70。

（2）钢筋　结构构件中纵向受力钢筋的变形性能直接影响结构构件在地震作用下的延

性。考虑地震作用的框架梁、柱的纵向受力钢筋宜采用 HRB400、HRB500 牌号热轧带肋钢筋；箍筋宜选用 HRB400、HRB500、HPB300 牌号热轧钢筋。对一、二、三级抗震等级设计的框架和斜撑构件，其抗震延性要求较高，其纵向受力钢筋应采用 HRB400E、HRB500E、HRBF400E、HRBF500E 的钢筋。这些带 "E" 牌号钢筋的强度指标及弹性模量的取值与不带 "E" 的同牌号热轧带肋钢筋相同，其强屈比和极限应变（延伸率）应符合以下规定：

1）钢筋的抗拉强度实测值与屈服强度实测值的比值不应小于 1.25。

2）钢筋的屈服强度实测值与屈服强度标准值的比值不应大于 1.30。

3）钢筋最大拉力下的纵伸长率实测值不应小于 9%。

应注意，在实际工程中，通过检测符合上述条件的非带 "E" 牌号钢筋不能代替带 "E" 牌号钢筋使用，因为它们的延性不同，而检测只是一般的抽样，不能以 "点" 代 "面"。

在施工中，用强度高的钢筋代替较低钢筋时，应按钢筋受拉承载力相等的原则，并应满足正常使用极限状态及抗震构造要求。

2. 框架梁构造要求

（1）框架梁配筋构造要求　在竖向及侧向荷载的共同作用下，框架梁梁端的弯矩、剪力都较大。在地震作用下，梁端反复受弯，在靠近柱边的梁顶面和底面出现可能贯通的竖向裂缝和交叉的斜裂缝，并形成梁端塑性铰，如图 5-58 所示。此时，混凝土的抗剪能力逐渐降低，塑性铰区主要依靠箍筋和纵筋的销栓作用传递剪力。当箍筋数量较多时，梁端可能因竖向裂缝的开展而导致弯曲破坏；当箍筋数量不足时，则可能由于斜裂缝的迅速发展而导致剪切破坏。为做到强剪弱弯的延性框架，需在梁端塑性铰区配置加密的封闭式箍筋。加密区的箍筋能够防止纵筋的压屈，增加对梁端混凝土的约束以提高极限压应变，并阻止混凝土的开裂，从而提高了塑性铰区的转动能力和耗能能力。

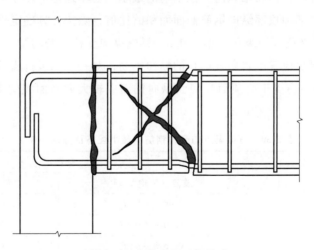

图 5-58　塑性铰区破坏模式

框架梁加密区配筋应满足以下条件：

1）由于地震作用方向的不确定性，不能采用弯起钢筋抗剪。

2）箍筋加密区长度、箍筋最大间距和最小直径应满足表 5-29 的要求。

3）箍筋必须做成封闭箍，末端应做成135°弯钩，弯钩端头平直段长度不小于箍筋直径的 10 倍。

4）箍筋与纵向钢筋应贴紧，混凝土浇筑密实。

5）纵向钢筋应有效地进行锚固。

表 5-29　梁端箍筋加密区的长度、最大间距和最小直径

抗震等级	加密区长度（采用较大值）/mm	箍筋最大间距（采用最小值）/mm	箍筋最小直径/mm
一	$2h_b$，500	$h_b/4$，$6d$，100	10
二	$1.5h_b$，500	$h_b/4$，$8d$，100	8
三	$1.5h_b$，500	$h_b/4$，$8d$，150	8
四	$1.5h_b$，500	$h_b/4$，$8d$，150	6

注：1. d 为纵向钢筋直径，h_b 为梁截面高度。
　　2. 箍筋直径大于 12mm、数量不少于 4 肢且肢距不大于 150mm 时，一、二级的最大间距应允许适当放宽，但不得大于 150mm。
　　3. 当梁端纵向受拉钢筋配筋率大于 2% 时，表中箍筋最小直径应增大 2mm。

非抗震设计时，箍筋的配筋率 $\rho_{sv} = A_{sv}/(bs)$ 不应小于 $0.24f_t/f_{yv}$。

抗震设计时，非加密区的箍筋间距不宜大于加密区箍筋间距的 2 倍。沿梁全长的箍筋配筋率 ρ_{sv} 应符合条件，即

$$\begin{cases} \text{一级抗震等级} & \rho_{sv} \geq 0.30f_t/f_{sv} \\ \text{二级抗震等级} & \rho_{sv} \geq 0.28f_t/f_{sv} \\ \text{三、四级抗震等级} & \rho_{sv} \geq 0.26f_t/f_{sv} \end{cases} \qquad (5-25)$$

当进行抗震设计时，框架梁纵向受拉钢筋的最小配筋率还不应小于表 5-30 规定的数值；框架梁梁端截面的底部和顶部纵向钢筋截面面积的比值，除按计算确定外，一级抗震等级不应小于 0.5，二、三级抗震等级不应小于 0.3；梁端纵向受拉钢筋的配筋率不宜大于 2%。沿梁全长顶面和底面至少应各配置两根通长的纵向钢筋，对一、二级抗震等级，钢筋直径不应小于 14mm，且分别不应少于梁顶面和底面纵向钢筋中较大截面面积的 1/4；对三、四级抗震等级，钢筋直径不应小于 12mm。

表 5-30　框架梁纵向受拉钢筋的最小配筋百分率（%）

抗震等级	位置	
	支座（取较大值）	跨中（取较大值）
一级	0.40 和 $80f_t/f_y$	0.30 和 $65f_t/f_y$
二级	0.30 和 $65f_t/f_y$	0.25 和 $55f_t/f_y$
三、四级	0.25 和 $55f_t/f_y$	0.20 和 $45f_t/f_y$

（2）梁最小截面尺寸　如果框架梁的截面尺寸过小将导致梁端截面的剪应力过大，对梁的延性、耗能能力及强度、刚度等均有明显的不利影响。定义梁截面上的名义剪应力 V/bh 与混凝土抗压强度设计值 f_c 的比值为剪压比。试验研究表明，当梁塑性铰区的剪压比大于 0.15

时，梁的强度和刚度都有明显退化，剪压比愈高则退化越快，混凝土也破坏越早。此时靠增加箍筋已不能有效地限制斜裂缝的发展和混凝土的压碎。因此必须按照以下两式限制截面的平均剪应力，使箍筋数量不至于太多，如不满足时可加大梁的截面尺寸或提高混凝土的强度等级。

当无地震组合时，框架梁截面应符合的条件，即

$$\begin{cases} \text{当 } h_w/b \le 4 \text{ 时}, & V \le 0.25\beta_c f_c b h_0 \\ \text{当 } h_w/b \ge 6 \text{ 时}, & V \le 0.20\beta_c f_c b h_0 \\ \text{当 } 4 < h_w/b < 6 \text{ 时}, & \text{线性插值} \end{cases} \tag{5-26}$$

式中　β_c——混凝土强度影响系数，当混凝土强度等级不超过 C50 时取 $\beta_c = 1.0$，C80 时取 $\beta_c = 0.8$，强度等级在 C50~C80 按照线性插值采用；

h_w——截面的腹板高度，对矩形截面取有效高度 h_0，对 T 形截面，取有效高度减去翼缘高度，对工字形截面取腹板净高。

考虑地震作用的框架梁，其受剪截面应符合的要求，即

$$\begin{cases} \text{高跨比大于 } 2.5 \text{ 时} & V_b \le \dfrac{1}{\gamma_{RE}}(0.20\beta_c f_c b h_0) \\ \text{高跨比不大于 } 2.5 \text{ 时} & V_b \le \dfrac{1}{\gamma_{RE}}(0.15\beta_c f_c b h_0) \end{cases} \tag{5-27}$$

式中，β_c 的取值同式（5-26）。

梁的跨高比对梁的延性也有较大影响。随跨高比减小，剪切变形占总变形的比重增大，梁的塑性变形能力降低。试验表明，当梁的跨高比小于 2 时，极易发生延性很差的以斜裂缝为特征的脆性破坏。因此，框架梁的净跨与截面高度的比值不宜小于 4。

3. 框架柱构造要求

加大柱截面或提高混凝土的强度等级可以减小柱的轴压比。但在高层建筑的底层，由于轴向压力很大，要限制柱的轴压比在较低的水平通常会比较困难。

柱端箍筋加密

试验研究和理论分析表明，箍筋对柱核心混凝土具有明显的约束作用，可有效地提高受压混凝土的极限应变值，阻止柱身斜裂缝的开展，从而大大提高柱破坏时的变形能力。因此，需要对柱的各个部位合理地配置箍筋，提高柱的延性。

框架柱箍筋的直径和间距应根据设计要求进行计算，并沿柱高通长布置，以满足柱斜截面受剪的要求。同时，为了提高柱端塑性铰区的延性，柱的上、下两端箍筋应当加密。加密区的箍筋最大间距和箍筋最小直径应符合表 5-31 的规定。

柱箍筋加密范围应按以下规定采用：

1）柱端加密区取柱截面高度（对于圆柱取直径）、柱净高的 1/6 和 500mm 三者的最大值。

2）对于底层柱，柱根加密区高度不小于柱净高的 1/3。当有刚性地面时，除柱端外尚应取刚性地面上下各 500mm。

3）框支柱和剪跨比不大于 2 的柱和因设置填充墙等形成的柱净高与柱截面高度之比不大于 4 的柱，柱的整个高度范围内箍筋均须加密，且箍筋间距应符合表 5-31 中一级抗震等级的要求。

表 5-31   柱箍筋加密区箍筋的最大间距与最小直径

抗震等级	箍筋最大间距（采用较小值）/mm	箍筋最小直径/mm
一级	纵向钢筋直径的 6 倍和 100	10
二级	纵向钢筋直径的 8 倍和 100	8
三级、四级	纵向钢筋直径的 8 倍和 150（柱根 100）	8

注：柱根系指底层柱下端的箍筋加密压范围。

通常，箍筋用量越多，对柱端混凝土的约束也越大，柱的延性越好。为增加柱端加密区箍筋对混凝土的约束作用，规范规定了最小体积配筋率，箍筋体积配筋率的定义 ρ_v 为

$$\rho_v \geq \lambda_v f_c / f_{yv} \qquad (5-28)$$

其中

$$\rho_v = \frac{n_1 A_{s1} l_1 + n_2 A_{s2} l_2}{A_{cor} s} \qquad (5-29)$$

式中 n_1、A_{s1}、l_1——箍筋沿截面横向的根数、单根钢筋的截面面积与长度；

n_2、A_{s2}、l_2——箍筋沿截面纵向的根数、单根钢筋的截面面积与长度；

λ_v——最小配箍特征值，见表 5-32。

表 5-32   柱箍筋加密区的箍筋最小配箍特征值 λ_v

抗震等级	箍筋形式	轴压比								
		≤0.3	0.4	0.5	0.6	0.7	0.8	0.9	1.0	1.05
一级	普通箍、复合箍	0.10	0.11	0.13	0.15	0.17	0.20	0.23	—	—
	螺旋箍、复合或连续复合矩形螺旋箍	0.08	0.09	0.11	0.13	0.15	0.18	0.21	—	—
二级	普通箍、复合箍	0.08	0.09	0.11	0.13	0.15	0.17	0.19	0.22	0.24
	螺旋箍、复合或连续复合矩形螺旋箍	0.06	0.07	0.09	0.11	0.13	0.15	0.17	0.20	0.22
三、四级	普通箍、复合箍	0.06	0.07	0.09	0.11	0.13	0.15	0.17	0.20	0.22
	螺旋箍、复合或连续复合矩形螺旋箍	0.05	0.06	0.07	0.09	0.11	0.13	0.15	0.18	0.20

对于一、二、三、四级抗震等级的框架柱，其箍筋加密区的箍筋体积配筋率分别不应小于 0.8%、0.6%、0.4% 和 0.4%。

在箍筋加密区之外，箍筋的体积配筋率不宜小于加密区配筋率的一半；对于一、二级抗震等级，箍筋间距不应大于 10 倍的纵向钢筋直径；对于三、四级抗震等级，箍筋间距不应大于 15 倍的纵向钢筋直径。

各种不同的箍筋形式对混凝土的约束作用是不同的。如图 5-59 所示，几种常用的箍筋

形式，其中普通箍筋的约束效果较差，复合箍和螺旋箍的约束效果较好。如图 5-60 所示，箍筋的受力情况。

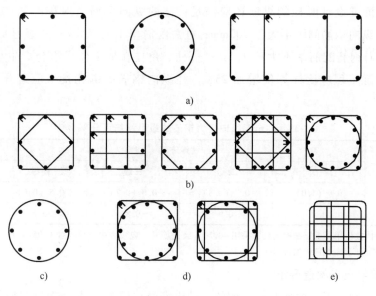

图 5-59　箍筋形式

a) 普通矩形箍　b) 复合箍　c) 螺旋箍　d) 复合螺旋箍　e) 连续复合螺旋箍

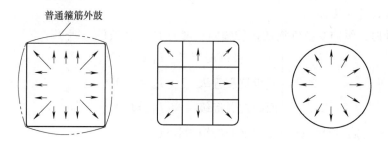

图 5-60　箍筋的约束作用

普通箍筋只在四个角部区域对混凝土产生较大的约束。在直段上，由于箍筋可能发生外鼓，侧向约束刚度很小，对混凝土的影响不大。复合箍减小了箍筋的无支撑长度，由纵筋和箍筋形成了更紧密的钢筋骨架，使侧向压力下箍筋的变形减小，从而能够显著提高对混凝土的约束作用。螺旋箍筋受力均匀，对混凝土的约束效果最好，柱的延性比较普通矩形箍筋明显提高，但由于螺旋箍施工比较复杂，通常较少采用。在抗震结构中，应当尽量采用复合箍的形式。

柱截面纵向钢筋屈服后，纵向钢筋配筋率对塑性铰的转动变形能力也有很大影响。试验研究表面，柱的延性随纵筋配筋率的增大而近似呈线性增大。为避免地震作用下柱过早地进入屈服阶段，并提高柱的延性和耗能能力，抗震设计时纵向钢筋的数量除了要满足正截面承载力验算的要求外，还要满足表 5-33 中柱全部纵向受力钢筋最小配筋百分率的规定，同时，每一侧的配筋百分率不应小于 0.2。由于角柱的受力相对于边柱和中柱更不利，往往发生更严重的震害，因此对角柱纵向钢筋最小配筋率的限制要高于中柱与边柱的限值。除了最小配筋率的限值，抗震设计时柱的纵筋还应满足：柱的纵向钢筋宜对称配置；截面尺寸大于400mm 的柱，纵向钢筋间距不大于 200mm；柱总配筋率不大于 5%；一级且剪跨比不大于 2 的柱，每侧纵向钢筋配筋率不大于 1.2%；边柱、角柱在地震作用组合产生小偏心受拉时，柱内纵筋总截面面积应比计算值增加 25%，柱纵向钢筋的绑扎接头应避开柱端的箍筋加密区。

表 5-33 柱全部纵向受力钢筋的最小配筋百分率（.%）

柱类型	抗震等级				非抗震
	一级	二级	三级	四级	
中柱、边柱	0.9（1.0）	0.7（0.8）	0.6（0.7）	0.5（0.6）	0.5
角柱、框支柱	1.1	0.9	0.8	0.7	0.5

注：表中括号内数值用于框架结构的柱；采用 400MPa 级钢筋时，应按表中数值增加 0.05 采用；当混凝土强度等级高于 C60 时，表中数值应增加 0.1。

4. 现浇框架节点构造要求

在水平地震作用下，框架节点一侧的梁端纵筋受拉屈服，另一端的纵筋受压屈服。如果锚固不足，纵筋在反复荷载的作用下将产生滑移甚至拔出，使节点核心区的刚度及受剪承载力降低，并使梁端的受弯承载力及转动能力降低。因此，抗震设计时，对节点区钢筋的锚固要求比非抗震设计时更高。

抗震设计时，纵向受拉钢筋的抗震锚固长度 l_{aE} 应符合条件，即

$$\begin{cases} 一、二级抗震等级 & l_{aE} \geq 1.15 l_a \\ 三级抗震等级 & l_{aE} \geq 1.05 l_a \\ 四级抗震等级 & l_{aE} \geq 1.00 l_a \end{cases} \tag{5-30}$$

式中　l_a——非抗震设计时纵向受拉钢筋的锚固长度。

现浇钢筋混凝土框架的节点通常都做成刚性节点。框架梁的上部纵向钢筋应贯穿中间节点或中间支座范围。框架柱的纵向钢筋应贯穿中间层中间节点和中间层端节点，柱纵向钢筋接头应设在节点区以外。如图 5-61 所示，《混规》关于框架梁和柱的纵向受力钢筋在节点区的锚固与搭接的要求。

框架中间层的端节点处，梁上部钢筋伸入端节点的锚固长度，直线锚固时不应小于 l_{aE}，且伸过柱中心线的长度不应小于 $5d$；当柱截面尺寸不足时，有两种处理方法：一是采用机械锚固的方法，即在梁纵向钢筋的末端焊接钢板，焊接时应采用塞焊，不能采用点焊，水平投影长度不应小于 $0.4 l_{abE}$，且伸过柱中心线的长度不应小于 $5d$，l_{abE} 为抗震时的基本锚固长度，对一、二级抗震等级取 $1.15 l_{ab}$，三、四级抗震等级分别取 $1.05 l_{ab}$ 和 $1.00 l_{ab}$，其中 l_{ab} 为非抗震时的基本锚固长度，如图 5-61a 所示；二是将梁上部纵向钢筋伸至柱外边并向下弯折，弯折前的水平投影长度不应小于 $0.4 l_{abE}$，弯折后的竖直投影长度取 $15d$，如图 5-61b 所示，中间层梁端节点中下部纵向钢筋的锚固措施与上部纵向钢筋相同，但竖直段应向上弯入节点。

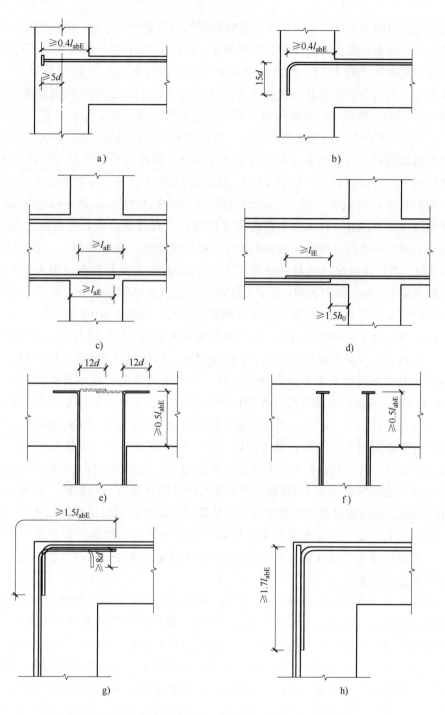

图 5-61　框架梁和柱的纵向受力钢筋在节点区的锚固与搭接

a）中间层端节点梁筋加锚头（锚板）锚固　b）中间层端节点梁筋 90°弯折锚固

c）中间层中间节点梁筋在节点内直锚固　d）中间层中间节点梁筋在节点外搭接

e）顶层中间节点柱筋 90°弯折锚固　f）顶层中间节点柱筋加锚头（锚板）锚固

g）钢筋在顶层端节点外侧和梁端顶部弯折搭接　h）钢筋在顶层端节点外侧直线搭接

框架中间层中间节点处，框架梁的上部纵向钢筋应贯穿中间节点。梁内贯穿中柱的每根纵向钢筋直径，对于 9 度设防烈度的各类框架和一级抗震等级的框架结构，不应大于矩形截面柱在该方向截面尺寸的 1/25，或纵向钢筋所在位置圆柱截面柱弦长的 1/25；对一、二、三级抗震等级，不应大于矩形截面柱在该方向截面尺寸的 1/20，或纵向钢筋所在位置圆柱截面柱弦长的 1/20。框架梁的下部纵向钢筋可采用直线锚固方式，锚固长度不小于 l_{aE}，如图 5-61c 所示，当节点左右两侧梁高不同时，为减少节点区的钢筋数量，能采用直线锚固的要尽量采用直线锚固，当直线锚固不能满足时（一般是梁截面高度较大一侧梁钢筋），可按框架中间层端节点的锚固方式。框架梁的下部纵向钢筋也可在节点外梁中弯矩较小处设置搭接接头，搭接长度 l_{lE} 的起始点至支座边缘的距离不应小于 $1.5h_0$，如图 5-61d 所示。

框架顶层中间节点处，柱纵向钢筋应伸至柱顶，当直线段锚固长度不足 l_{aE} 时，纵向钢筋伸到柱顶后可向内弯折，弯折前的锚固段竖向投影长度不应小于 $0.5l_{abE}$，弯折后的水平投影长度取 $12d$。当柱顶有现浇楼板且板厚不小于 100mm 时，也可向现浇板内弯折，弯折后的水平投影长度取 $12d$，如图 5-61e 所示，这样可避免节点区钢筋拥挤，有利于钢筋与混凝土之间的粘结以及方便施工。也可采用机械锚固的方式，如图 5-61f 所示。

由于框架顶层端节点的轴力很小，受力情况与其他节点不同，因此纵向钢筋的锚固要求也不同。一种做法是将梁上部钢筋伸到节点外边，向下弯折到梁下边缘，同时将不少于外侧柱筋 65% 的柱筋伸到柱顶并水平伸入梁上边缘，从梁下皮算起，柱纵筋的锚固长度不小于 $1.5l_{aE}$，如图 5-61g 所示；梁宽范围以外的柱外侧钢筋宜沿节点顶部伸至柱内边锚固，当柱外侧纵向钢筋位于柱顶第一层时，钢筋伸至柱内边后向下弯折不小于 $8d$ 后截断，如图 5-61g 所示，当柱外侧纵向钢筋位于柱顶第二层时，可不向下弯折。当现浇板厚度不小于 100mm 时，梁宽范围以外的柱外侧纵向钢筋也可深入现浇板内，其长度与深入梁内的柱纵向钢筋相同。当柱外侧钢筋配筋率大于 1.2% 时，伸入梁内的纵向钢筋宜分批截断，截断点之间的距离不宜小于 $20d$。柱内侧钢筋的锚固要求同框架顶层中间节点。采用这种做法时，由于梁筋不伸入柱内，有利于施工。但要将不少于外侧柱筋 65% 的柱筋伸到柱顶并水平伸入梁上边缘，对于一般多层建筑难以做到，因为只有当柱外侧钢筋数量≥6 根时才能满足，实际工程中一般不考虑这个限制。

另一种做法是将外侧柱筋伸到柱顶，如图 5-61h 所示，梁上部纵筋伸到节点外边向下弯折，此时搭接长度自柱顶算起不小于 $1.7l_{abE}$，当梁上部纵向钢筋的配筋率大于 1.2% 时，弯入柱外侧的梁上部纵向钢筋宜分批截断，其截断点之间的距离不宜小于 $20d$。采用这种做法时，柱顶水平纵向钢筋数量较少，便于自上向下浇筑混凝土，但如果梁上部纵向钢筋弯入柱内长度较大，柱混凝土浇筑面只能在弯入的梁纵向钢筋末端，剩下的柱身混凝土是与梁板一起浇筑的，混凝土沉实时由于梁下部钢筋的阻挡，石子不易下沉，就易在梁底形成砂浆层，梁柱交界面的水平剪力将只由钢筋承担，容易破坏。

非抗震设防时应将如图 5-61 所示的抗震基本锚固长度 l_{abE}、抗震锚固长度 l_{aE} 改成基本锚固长度 l_{ab}、锚固长度 l_a 即可。

《高规》给出了框架梁、柱纵向钢筋在节点区的锚固示意图，抗震设计时采用，如图 5-62 所示，非抗震设计时采用，如图 5-63 所示。

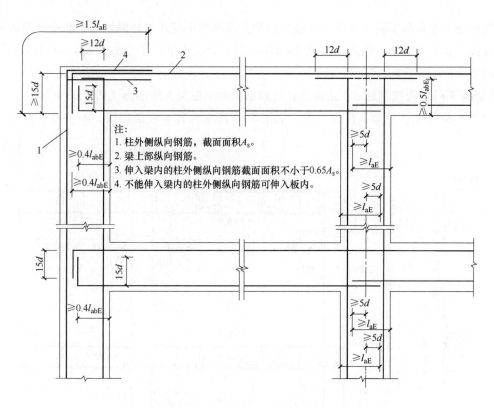

图 5-62　抗震设计框架梁、柱纵向钢筋在节点区的锚固要求

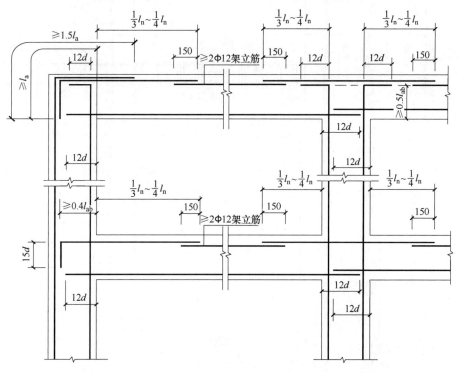

图 5-63　非抗震设计框架梁、柱纵向钢筋在节点区的锚固要求

为避免节点角部混凝土局部受压破坏，梁上部纵向钢筋及柱外侧纵向钢筋在顶层端节点处的弯弧半径不能太小。当钢筋直径 $d \leqslant 25\text{mm}$ 时，弯弧内半径不宜小于 $6d$；当钢筋直径 $d > 25\text{mm}$ 时，不宜小于 $8d$。

【例题 5-8】 根据例题 5-7 截面设计计算结果画出框架 KJ4 的施工图。

如图 5-64 所示，框架 KJ4 施工图，如图 5-65 所示为其梁柱断面图。本例按 6 度设防烈

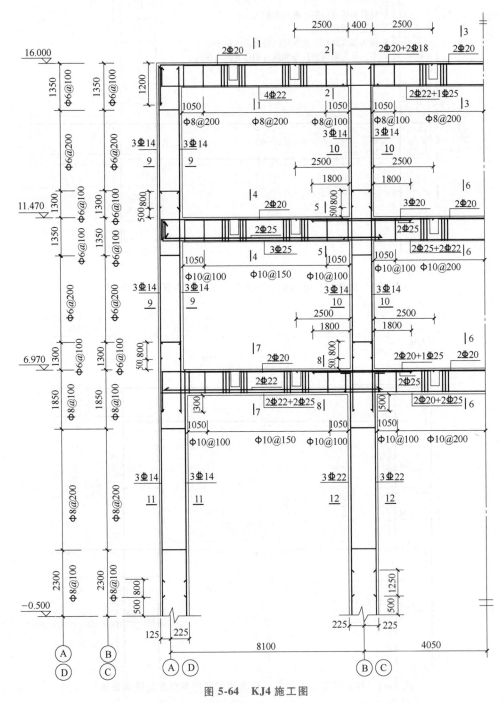

图 5-64 KJ4 施工图

注：次梁两侧附加箍筋，对于顶层梁各附加 3 Φ 8，对于二、三层梁各附加 3 Φ 10。

度考虑，故未进行抗震计算，框架 KJ4 施工图按四级抗震等级绘制。

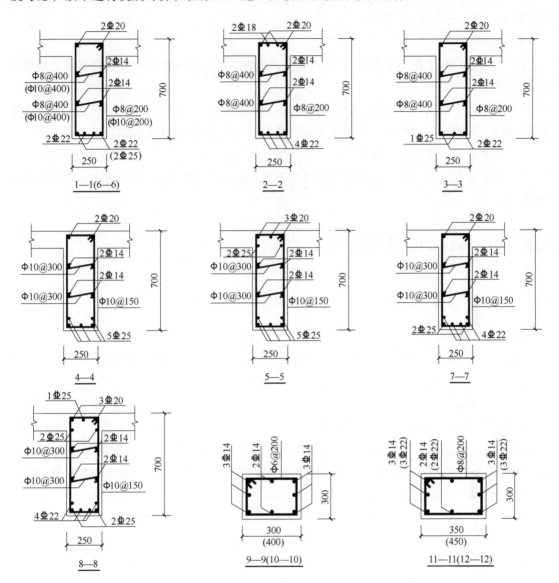

图 5-65　KJ4 梁柱断面图

绘制说明：顶层边节点采用如图 5-61h 的构造，是考虑到若采用图 5-61g 的构造，则柱外侧钢筋按 $1.5l_{aE}$ 计算只需 740mm，不需弯入梁内，而采用图 5-61h 的构造，梁柱构件搭接按 $1.7l_{aE}$ 计算需 1198.3mm，所以取 1200mm，框架梁钢筋截断应按弯矩包络图进行；由于框架施工一般是先施工柱，再施工梁板，所以柱纵向受力钢筋应每层搭接，搭接应在受力较小部位，一般在梁面以上一定距离，取 500mm 和柱截面高度较大值；柱纵向钢筋在梁内锚固：⑧、ⓒ轴顶层柱纵筋不满足直线锚固，但满足 $0.5l_{abE}$ 的要求，所以当伸至梁顶后往外弯折 $12d$，Ⓐ、Ⓓ轴顶层柱和⑧、ⓒ轴顶层柱纵筋符合直线锚固的条件，所以未向外弯折；二层节点处由于上下层柱截面高度不同，所以采用了短插筋与上下柱纵筋搭接，插筋直径、数量、钢筋种类同上层柱钢筋；柱脚与基础相连接部位，柱筋应与基础插筋搭接，基础插筋直径、数量、钢筋种类同底层柱筋。

施工说明：

1）本工程设计工作年限 50 年，结构安全等级为二级，环境类别一类，抗震设防烈度 6 度，抗震等级四级。

2）采用以下规范：《混凝土结构设计规范（2015 年版）》GB 50010—2010；《建筑结构荷载规范》GB 50009—2012；《建筑抗震设计规范（2016 年版）》GB 50011—2010。

3）荷载取值：楼面活荷载 $4.0kN/m^2$，屋面活荷载 $0.5kN/m^2$，雪荷载 $0.5kN/m^2$。

4）混凝土强度等级 C30，纵向钢筋采用 HRB400 级，用Φ表示；箍筋采用 HPB300 级，用φ表示。

▶▶▶ 5.8 装配整体式框架

5.8.1 装配整体式框架设计

1. 材料要求

预制构件的混凝土强度等级不宜低于 C30，预应力混凝土预制构件的混凝土强度等级不宜低于 C40，且不应低于 C30；现浇混凝土的强度等级不应低于 C25。

2. 设计要求

装配整体式框架结构适用的最大适用高度、最大高宽比，见表 5-1 和表 5-2。装配整体式结构构件的抗震设计，应根据设防类别、烈度、结构类型和房屋高度采用不同的抗震等级，并应符合相应的计算和构造措施。丙类装配整体式结构的抗震等级应按表 5-17 确定。乙类装配整体式结构应按本地区抗震设防烈度提高一度的要求加强其抗震措施；当本地区抗震设防烈度为 8 度且抗震等级为一级时，应采取比一级更高的抗震措施，当建筑场地为 I 类时，仍可按本地区抗震设防烈度的要求采取抗震构造措施。

装配整体式结构宜设置地下室，地下室宜采用现浇混凝土；框架结构首层柱宜采用现浇混凝土，顶层宜采用现浇梁板结构。

在各种设计状况下，装配整体式结构可采用与现浇混凝土结构相同的方法进行结构分析。装配式结构构件及节点应进行承载能力极限状态及正常使用极限状态设计，设计计算方法同现浇混凝土结构，叠合梁的计算详见 4.8.2 节。当同一层内既有预制又有现浇抗侧力构件时，地震设计状况下宜对现浇抗侧力构件在地震作用下的弯矩和剪力进行适当放大。

3. 构件连接验算

装配整体式结构中，应重视构件间的连接计算，虽然在工厂生产的预制构件质量比现浇构件更容易保证，但关键问题就在于构件间的连接是否有效与可靠。构件连接验算包括叠合梁叠合面受剪承载力验算、叠合梁接缝正截面承载力验算、叠合梁梁端竖向接缝的受剪承载力验算和预制柱柱底结合面受剪承载力验算，其中叠合梁叠合面受剪承载力验算应按式（4-36）验算，下面介绍后三种验算。

（1）叠合梁接缝正截面承载力验算　接缝正截面承载力可按中矩形截面受弯构件正截面受弯承载力计算公式和方法进行。

在装配整体式结构中，叠合梁现浇段钢筋连接方式有绑扎搭接、机械连接和灌浆套筒连接等。需根据连接区的位置（梁端或梁中）及抗震等级，按规范选用。当采用灌浆套筒连接时，由于套筒直径较大，为保证混凝土保护层的厚度从套筒外箍筋起算，截面有效高度会有所减少，截面有效高度 h_0 取 $h_0=h-20-d_g-D/2$，其中，h 为叠合梁截面高度（mm），d_g 为箍筋直径（mm），D 为灌浆套筒直径（mm）。

（2）梁端接缝受剪承载力验算　接缝的受剪承载力应符合以下规定：

1）持久设计状况

$$\gamma_0 V_{jd} \leq V_u \tag{5-31}$$

2）地震设计状况

$$V_{jdE} \leq V_{uE}/\gamma_{RE} \tag{5-32}$$

在梁、柱端部箍筋加密区及剪力墙底部加强部位，尚应符合规定，即

$$\eta_j V_{mua} \leq V_{uE} \tag{5-33}$$

式中　γ_0——结构重要性系数，安全等级为一级时不应小于 1.1，安全等级为二级时不应小于 1.0；

V_{jd}——持久设计状况下接缝剪力设计值；

V_{jdE}——地震设计状况下接缝剪力设计值；

V_u——持久设计状况下梁端、柱端、剪力墙底部接缝受剪承载力设计值；梁端竖向接缝的受剪承载力设计值计算公式见式（4-42）；

V_{uE}——地震设计状况下梁端、柱端、剪力墙底部接缝受剪承载力设计值；梁端竖向接缝的受剪承载力设计值计算公式见式（4-43）；

V_{mua}——被连接构件端部按实配钢筋面积计算的斜截面受剪承载力设计值；

η_j——接缝受剪承载力增大系数，抗震等级一、二级取为 1.2，抗震等级三、四级取为 1.1。

（3）预制柱柱底结合面受剪承载力验算　预制柱柱底结合面的受剪承载力的组成主要包括：新旧混凝土结合面的黏结力、粗糙面或键槽的抗剪能力、轴压产生的摩擦力、柱纵向钢筋的销栓抗剪作用，其中轴压产生的摩擦力和柱纵向钢筋的销栓抗剪作用是受剪承载力的主要组成部分。在地震往复荷载作用下，混凝土自然黏结及粗糙面的受剪承载力丧失较快，计算中不考虑其作用。在非抗震设计时，柱底剪力较小，一般不需要验算。

试验研究表明，预制柱的水平接缝处，受剪承载力受柱轴力影响较大。当柱受拉时，水平接缝的抗剪能力较差，宜发生接缝的滑移错动。因此，应通过合理的结构布置，避免预制柱的水平接缝处出现拉力。

在地震设计状况下，预制柱底水平接缝的受剪承载力设计值计算公式为

当预制柱受压时

$$V_{uE} = 0.8N + 1.65A_{sd}\sqrt{f_c f_y} \qquad (5\text{-}34)$$

当预制柱受拉时

$$V_{uE} = 1.65A_{sd}\sqrt{f_c f_y \left(1 - \frac{N}{A_{sd}f_y}\right)^2} \qquad (5\text{-}35)$$

式中 f_c——预制构件混凝土轴心抗压强度设计值；

$\quad\quad f_y$——垂直穿过结合面钢筋抗拉强度设计值；

$\quad\quad N$——与剪力设计值 V 相应的垂直于结合面的轴向力设计值，取绝对值进行计算；

$\quad\quad A_{sd}$——垂直穿过结合面所有钢筋的面积；

$\quad\quad V_{uE}$——地震设计状况下接缝受剪承载力设计值。

5.8.2 构造要求

1. 配筋构造

装配式框架结构梁、柱配筋构造除了应满足 4.8.3 节和 5.7 节要求外，还应满足以下要求。

（1）柱配筋构造　为了提高装配式框架梁柱节点的安装效率和施工质量，同时减少套筒灌浆数量，柱可采用较大的纵筋直径和间距，纵向受力钢筋直径不宜小于 20mm，间距不应大于 400mm，可将纵向受力钢筋集中配置于四角且宜对称布置，如图 5-66 所示。柱中设置不伸入框架节点的纵向辅助钢筋，直径不宜小于 12mm。

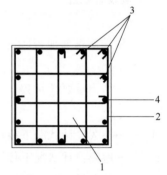

图 5-66 柱集中配筋构造平面示意图
1—预制柱　2—箍筋　3—纵向受力钢筋
4—纵向辅助钢筋

预制柱的纵向钢筋连接：当房屋高度不大于 12m 或层数不超过 3 层时，可采用套筒灌浆、浆锚搭接、焊接等连接方式；当房屋高度大于 12m 或层数超过 3 层时，宜采用套筒灌浆连接。采用套筒灌浆连接时，套筒之间的净距不应小于 25mm。混凝土保护层厚度需从套筒处箍筋外侧算起，当灌浆套筒长度范围外柱混凝土保护层厚度大于 50mm 时，宜对保护层厚度采取有效的构造措施。为保证钢筋间净距，预制框架柱的截面尺寸宜比常规的现浇柱截面尺寸偏大一些，矩形柱截面宽度不宜小于 400mm，圆柱截面柱直径不宜小于 450mm，且不宜小于同方向梁宽的 1.5 倍；这样可以避免节点区梁钢筋和柱纵向钢筋的位置冲突，便于安装施工。但用于住宅时，也容易突出于房间内，不方便使用。

柱纵向受力钢筋在柱底采用套筒灌浆连接时，由于套筒连接区域柱截面刚度较大，柱的塑性铰变形区可能会移到套筒连接区域以上。为保证该区域混凝土的延性，柱箍筋加密区长度不应小于纵向受力钢筋连接区域长度与 500mm 之和；套筒上端第一道箍筋距离套筒顶部不应大于 50mm，如图 5-67 所示。

当房屋高度不大于 12m 或层数不超过 3 层且钢筋直径不大于 28mm 时，上、下层相邻预制柱纵向受力钢筋也可采用挤压套筒连接，柱底需设置现浇段，套筒上端第一道箍筋距离套筒顶部不应大于 20mm，柱底部第一道箍筋距柱底面不应大于 50mm，如图 5-68 所示，箍筋间距不宜大于 75mm；抗震等级为一、二级时，箍筋直径不应小于 10mm，抗震等级为三、四级时，箍筋直径不应小于 8mm。

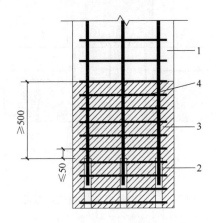

图 5-67　钢筋采用套筒灌浆连接时柱底箍筋加密区域构造示意图

1—预制柱　2—套筒灌浆连接接头　3—箍筋加密区（阴影区域）　4—加密区箍筋

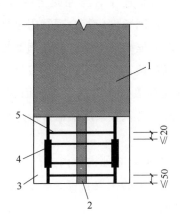

图 5-68　柱底现浇段箍筋配置示意图

1—预制柱　2—支腿　3—柱底后浇段　4—挤压套筒　5—箍筋

（2）梁配筋构造　装配整体式框架结构的叠合梁构造要求同现浇混凝土结构，详见 5.7 节。考虑叠合梁与传统现浇梁施工工艺的差异，其箍筋形式可采取不同的形式，详见 4.8.3 节。

2．连接构造

叠合梁连接构造和主、次梁连接构造，详见 4.8.3 节。以下介绍柱和框架节点连接构造。

（1）柱底连接构造　采用预制柱及叠合梁的装配整体式框架中，柱底接缝宜设置在楼面标高处。后浇节点区混凝土上表面应设置粗糙面，凹凸深度不小于6mm，增加与灌浆料的黏结力及摩擦系数；柱纵向受力钢筋应贯穿后浇节点区；预制柱底面应设置键槽；柱底接缝厚度宜为20mm，并应采用灌浆料填实，如图5-69所示。

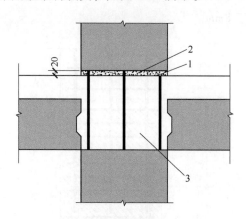

图 5-69 预制柱底接缝构造示意图

1—后浇节点区混凝土上表面粗糙面 2—接缝灌浆层 3—后浇区

（2）框架节点连接构造

1）锚固形式。预制构件纵向钢筋宜在后浇混凝土内直线锚固；当直线锚固长度不足时，可采用弯折、机械锚固方式，锚固长度应符合现行国家标准《混规》中的相关规定。

当预制构件在有抗震设防要求的框架的梁端、柱端箍筋加密区进行连接时，连接形式宜采用套筒灌浆连接，也可采用机械连接。当采用机械连接接头时，同一截面机械连接接头面积百分率不大于50%时，接头性能等级可为Ⅱ级，接头面积百分率大于50%时，接头性能等级应为Ⅰ级。直径大于20mm的钢筋不宜采用浆锚搭接连接，直接承受动力荷载构件的纵向钢筋不应采用浆锚搭接连接。

2）搁置要求。当预制构件需要伸入其他构件内进行搭接时，为防止在混凝土浇筑时漏浆，预制构件需要与其连接构件有一定的搁置长度，一般不小于10mm。此外，距离预制构件端500mm范围内应设置施工支撑。

3）连接形式。在预制柱叠合梁框架节点中，梁钢筋在节点中锚固及连接方式是决定施工可行性以及节点受力性能的关键。梁、柱构件尽量采用较粗直筋、较大间距的钢筋，节点区的主梁钢筋较少，有利于节点的装配施工，从而保证施工质量。设计过程中，应充分考虑施工装配的可行性，合理确定梁、柱截面尺寸及钢筋数量、间距及位置等。在中间节点中，两侧梁的钢筋在节点区内锚固时，位置可能会发生冲突，可采用弯折避让的方式，弯折角度不宜大于1:6。

采用预制柱及叠合梁的装配整体式框架节点，梁纵向受力钢筋应伸入后浇节点区内锚固或连接。

对框架中间层中节点，节点两侧的梁下部纵向受力钢筋宜锚固在后浇节点区内，如图5-70a所示，也可采用机械连接或焊接的方式直接连接，如图5-70b所示；梁的上部纵向受力钢筋应贯穿后浇节点区。当直线锚固长度不能满足要求时，可采用锚固板锚固，也可采用 90°弯折锚固。

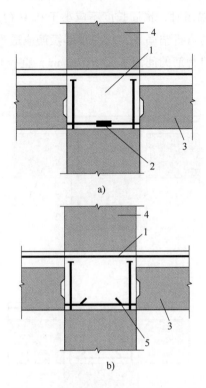

图 5-70　预制柱及叠合梁框架中间层中节点构造示意图

a）梁下部纵向钢筋连接　b）梁下部纵向受力钢筋锚固

1—后浇区　2—梁下部纵向受力钢筋连接　3—预制梁　4—预制柱　5—梁下部纵向受力钢筋锚固

对框架中间层端节点，当柱截面尺寸不满足梁纵向受力钢筋的直线锚固要求时，宜采用锚固板锚固，如图 5-71 所示，也可采用 90°弯折锚固。

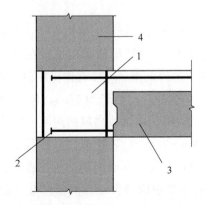

图 5-71　预制柱及叠合梁框架中间层端节点构造示意图

1—后浇区　2—梁纵向受力钢筋锚固　3—预制梁　4—预制柱

对框架顶层中节点，梁纵向受力钢筋的构造应符合框架中间层中节点的规定。柱纵向受力钢筋宜采用直线锚固；当梁截面尺寸不能满足直线锚固要求时，宜采用锚固板锚固，如图 5-72 所示。当采用锚固板锚固时，锚固长度不应小于 $0.4l_a(l_{aE})$、250mm 和梁高的 4/5 的最大值；由于取消了柱纵筋的弯折锚固段，对柱顶部箍筋应适当加强，在柱范围内应沿梁设置伸至梁底的开口箍筋，开口箍筋的间距不大于 100mm，直径和肢数同梁加密区。

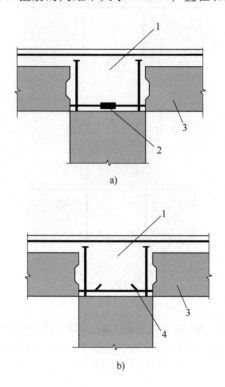

图 5-72 预制柱及叠合梁框架顶层中节点构造示意图

a）梁下部纵向受力钢筋连接 b）梁下部纵向受力钢筋锚固

1—后浇区 2—梁下部纵向受力钢筋连接 3—预制梁 4—梁下部纵向受力钢筋锚固

对框架顶层端节点，梁下部纵向受力钢筋应锚固在后浇节点区内，且宜采用锚固板的锚固方式，此时锚固长度不应小于 l_{abE}。当梁纵筋采用机械直锚时，为保证梁、柱能够相互可靠传力及机械直锚端头处混凝土的约束作用，柱宜伸出屋面并将柱纵向受力钢筋锚固在伸出段内；如图 5-73a 所示，伸出段长度不宜小于 500mm，伸出段内箍筋直径不应小于 $d_{max}/4$（d_{max} 为柱纵向受力钢筋的最大直径），伸出段内箍筋间距不应大于 $5d_{min}$（d_{min} 为柱纵向受力钢筋最小直径），且不应大于 100mm；柱纵向钢筋宜采用锚固板锚固，锚固长度不应小于 $0.6l_{abE}$；柱外侧纵向受力钢筋也可与梁上部纵向受力钢筋在后浇节点区搭接，如图 5-73b 所示，搭接长度应 $\geqslant 1.5l_{aE}$，其构造要求应符合现行国家标准《混规》中的规定；柱内侧纵向受力钢筋宜采用锚固板锚固，梁下部纵向受力钢筋宜采用锚固板锚固。

采用预制柱及叠合梁的装配整体式框架节点，梁下部纵向受力钢筋也可伸至节点区外的后浇段内连接，如图 5-74 所示，连接接头与节点区的距离不应小于 $1.5h_0$（h_0 为梁截面有效高度），使梁端具有足够的塑性变形长度，从而可以保证在地震作用下形成梁端塑性铰。

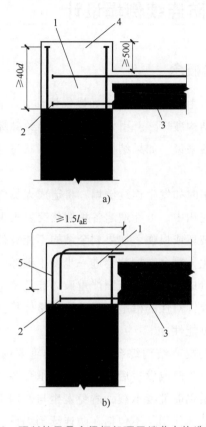

a）

b）

图 5-73 预制柱及叠合梁框架顶层端节点构造示意图

a）柱向上伸长 b）梁柱外侧钢筋搭接

1—后浇区 2—梁下部纵向受力钢筋锚固 3—预制梁 4—柱延伸段 5—梁柱外侧钢筋搭接

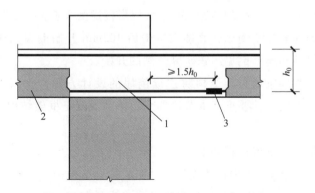

图 5-74 梁纵向钢筋在节点区外的后浇段内连接示意

1—后浇段 2—预制梁 3—纵向受力钢筋连接

现浇柱与叠合梁组成的框架节点中，梁纵向钢筋的连接与锚固应符合上述预制柱及叠合梁的装配整体式框架节点的连接构造要求。

▶▶ **5.9 框架结构防连续倒塌设计**

5.9.1 结构连续倒塌的概念

结构连续倒塌的定义为：由于意外事件（如燃气爆炸、车辆撞击、火灾、恐怖袭击等）导致结构局部破坏或部分子结构破坏，并引发连锁反应导致破坏向结构其他部分扩散，最终造成结构的大范围坍塌。一般来说，如果结构的最终破坏状态与初始破坏不成比例，即可称之为连续倒塌。

房屋结构在遭受偶然作用时如发生连续倒塌，将造成人员伤亡和财产损失，是对安全的最大威胁。工程结构在长期使用中，可能遭遇各种偶然突发灾害事件，如爆炸、冲击、火灾等偶然作用，导致结构局部破坏或损伤，如果剩余结构不能有效承担结构初始破坏和损伤所引起的不平衡荷载或内力变化，剩余结构就会进一步发生破坏，这种破坏可能引发多米诺骨牌式的连锁反应，最终可能造成结构的大范围严重破坏甚至整个结构倒塌，也就是连续性倒塌。总结结构倒塌机理，采取针对性的措施加强结构的整体稳固性，就可以提高结构的抗灾性能，减少结构连续倒塌的可能性。

混凝土结构防连续倒塌是提高结构综合抗灾能力的重要内容。结构抗连续倒塌的目标是：在特定类型的偶然作用发生时或发生后，结构能够承受各种作用，或当结构体系发生局部垮塌时，依靠剩余结构体系仍能继续承载，避免发生与作用不相匹配的大范围破坏或连续倒塌。无法抗拒的地质灾害破坏作用，不包括在防连续倒塌设计的范围内。

近年来在世界各地出现了一些连续倒塌的工程案例，究其原因可以归结为两类：一是，由于地震作用下结构进入非弹性大变形，钢筋失效，传力途径失效引起连续倒塌；二是，由于撞击、爆炸、人为破坏，造成部分构件失效，阻断传力途径导致连续倒塌。

2001 年 9 月 11 日，纽约世贸中心（WTC）双塔楼遭受飞机撞击，机内燃油引起楼内大火，南楼在撞击后 56min 开始倒塌，北楼在撞击后 102min 开始倒塌。这是典型的连续倒塌事故，也成为业界对结构连续倒塌问题研究热潮的开始。

目前，世界上一些国家颁布了结构防连续倒塌的设计方法，我国《高规》和《混规》也纳入有关防连续倒塌的设计要求。本节简要介绍钢筋混凝土框架结构的防连续倒塌设计概念和方法。

结构连续倒塌的一般发展过程如下：

1）因偶然事故结构局部出现初始破坏，并引起剩余结构中内力重分布。

2）剩余结构构件无法承担初始破坏导致的内力重分布或者冲击荷载。

3）引起剩余构件的连锁破坏。

当上述任一阶段的发展被有效地限制，就能够实现建筑结构的防连续倒塌，可使损失程度得到有效控制。

目前各国规范的结构防连续倒塌设计方法可以划分为四类：概念设计、拉结强度设计、拆除构件设计和关键构件设计。

5.9.2　防连续倒塌的概念设计

　　概念设计主要从结构体系的备用路径、整体性、延性、连接构造和关键构件的判别等方面进行结构方案和结构布置设计，避免结构中存在易导致连续倒塌的薄弱环节，具体内容包括：

　　1）采取减小偶然荷载和作用的措施。

　　2）采取使重要构件及关键传力部位避免直接遭受偶然作用的措施。

　　3）在结构容易遭受偶然作用影响的区域增加冗余约束，布置备用的传力途径。

　　4）增加疏散通道、避难空间等重要结构关键及关键传力部位的承载力和变形能力。

　　5）配置贯通水平、竖向构件的钢筋，并与周边构件可靠地锚固。

　　6）设置结构缝，控制可能发生连续倒塌的范围。

　　概念设计的缺点是难以量化，且依赖于设计人员水平和经验。尽管如此，对于一般结构，通过以上概念设计的指导，可以增强结构的整体稳固性，控制发生连续倒塌和大范围破坏。当结构发生局部破坏时，如不引发大范围倒塌，即认为结构具有整体稳定性，结构和材料的延性、传力途径的多重性及超静定结构体系，均能加强结构的整体稳定性。

　　设置竖向和水平方向通长的纵向钢筋并应采取有效的连接、锚固措施，将整个结构连接成一个整体，是提供结构整体稳定性的有效方法之一。此外，加强楼梯、避难所、底层边墙、角柱等重要构件；在关键传力部位设置缓冲装置（如防撞墙、裙房等）或泄能通道（如开敞式布置或轻质墙体、屋盖等）；布置分隔缝以控制房屋连续倒塌的范围；增加重要构件及关键传力部位的冗余约束及备用传力途径（如斜撑、拉杆）等，都是防连续倒塌概念设计的有效措施。

5.9.3　防连续倒塌设计与配筋构造

1. 防连续倒塌设计

　　防连续倒塌设计可采用局部加强法、拉结构件法和拆除构件法等方法。

　　（1）局部加强法设计　局部加强法设计是指提高可能遭受偶然作用而发生局部破坏的竖向重要构件和关键传力部位的安全储备，也可直接考虑偶然作用进行设计。此法实质上是对多条传力途径交汇的关键传力部位和可能引发大面积倒塌的重要构件通过提高安全储备和变形能力，直接考虑偶然作用的影响进行设计。这种按特定的局部破坏状态的荷载组合进行构件设计，是保证结构整体稳定性的有效措施之一。

　　（2）拉结构件法设计　拉结构件法设计是指在结构局部竖向构件失效的条件下，可根据具体情况分别按梁-拉结模型、悬索-拉结模型和悬臂-拉结模型进行承载力验算，维持较高的整体稳固性。当偶然事件产生特大荷载时，按偶然组合效应进行设计以保持结构体系完整无缺往往代价太高，有时甚至不现实。此时，拉结构件法设计允许爆炸或撞击等造成结构局部破坏，然后按新的结构简图继续承载受力，按整个结构不发生连续倒塌的原则进行设计从而避免结构的连续倒塌。对于框架结构，拉结构件法的基本原则是在一根柱因偶然作用失效后，跨越该柱的框架梁具有足够的极限承载能力避免发生连续破坏，如图 5-75 所示。

拉结构件法需要对结构的不同部位进行拉结设计，包括内部拉结、周边拉结、墙/柱的拉结和竖向拉结。拉结构件设计法无需对整个结构进行受力分析，比较简便易行，但由于计算模型过于简化，其设计参数的经验性成分较多。

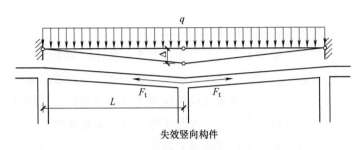

图 5-75　框架柱失效后梁的跨越能力

（3）拆除构件法设计　拆除构件法设计是指将结构中的部分构件拆除模拟局部结构失效，通过分析剩余结构的力学响应，来判断结构是否会发生连续倒塌。如果结构发生连续倒塌，则通过增强拆除后的剩余构件的承载力或延性来避免引起连续倒塌，这种方法的实质是提供有效的备用传力路径，因此又称为"替代路径设计法"。一般情况下，每次分析对结构中易遭受偶然作用破坏部位的一个竖向承重构件进行拆除，这些竖向构件包括每层周边的中柱和角柱，以及底层的内部柱。同时根据工程的实际用途情况，也可自行确定拆除构件的部位和规模。拆除构件法的计算方法可以分别采用线性静力法、线性动力法、非线性静力法和非线性动力法，其中以非线性动力法最为准确，非线性动力法考虑了结构的材料非线性和几何非线性影响与动力效应，但是计算最为复杂、计算量大；线性静力法最简单方便，但是需要给出可靠的设计参数。一般认为，线性静力方法适合结构布置较为简单的建筑，而对于复杂结构则应采用准确度较高的非线性动力方法。

《高规》规定，防连续倒塌拆除构件设计方法应符合以下规定：

1）逐个分别拆除结构周边柱、底层内部柱以及转换桁架腹杆等重要构件。

2）可采用弹性静力方法分析剩余结构的内力和变形。

3）剩余结构构件承载力应符合的要求，即

$$R_d = \beta S_d \tag{5-36}$$

式中　S_d——剩余结构构件效应设计值；

R_d——剩余结构构件承载力设计值；

β——效应折减系数。对中部水平构件取 0.67，对其他构件取 1.0。

对于框架结构，β 为考虑框架梁塑性变形耗能的内力折减系数，框架梁两端均考虑出现塑性铰时，取 0.67，对角部和悬挑水平构件，取 1.0；当剩余结构内力采用弹塑性分析时，取 $\beta = 1.0$。

剩余结构构件效应设计值计算公式为

$$S_d = \eta_d (S_{GK} + \sum \psi_{qi} S_{Qi,k}) + \Psi_w S_{wk} \tag{5-37}$$

式中　S_{GK}——永久荷载标准值产生的效应；

　　　$S_{Qi,k}$——第 i 个竖向可变荷载标准值产生的效应；

　　　ψ_{qi}——可变荷载的准永久值系数；

　　　Ψ_w——风荷载组合值系数，取 0.2；

　　　S_{wk}——风荷载标准值产生的效应；

　　　η_d——竖向荷载动力放大系数，当构件直接与被拆除竖向构件相连时，取 2.0，其他构件取 1.0。

构件截面承载力计算时，混凝土强度可取标准值；钢材强度，正截面承载力验算时，可取标准值的 1.25 倍，受剪承载力验算时可取标准值。

当拆除某构件不能满足结构防连续倒塌设计要求时，在该构件表面附加 $80kN/m^2$ 侧向偶然作用设计值，此时承载力应满足的要求，即

$$\begin{cases} R_d \geqslant \beta S_d \\ S_d = S_{G_k} + 0.6 S_{Q_k} + S_{A_d} \end{cases} \tag{5-38}$$

式中　R_d——构件承载力设计值；

　　　S_d——作用组合的效应设计值；

　　　S_{G_k}——永久荷载标准值的效应；

　　　S_{Q_k}——可变荷载标准值的效应；

　　　S_{A_d}——侧向偶然作用设计值的效应。

2. 混凝土框架结构防连续倒塌的配筋构造要求

防连续倒塌设计的现浇钢筋混凝土框架结构，其拉结钢筋的构造措施应符合以下规定：

1）周边框架梁应配置不少于 2 根连续贯通的拉结纵筋，其截面面积不应小于 1/6 支座负弯矩纵筋面积和 1/4 跨中正弯矩纵筋面积的较大者；其他框架梁应配置不少于 1 根连续贯通的拉结纵筋，其截面面积不应小于 1/10 支座负弯矩纵筋面积和 1/6 跨中正弯矩纵筋面积的较大者。

2）框架梁内连续贯通的拉结纵筋应置于箍筋角部，箍筋弯钩应不小于 135°。

3）框架梁内连续贯通的拉结纵筋应锚固于端部竖向构件内，其锚固长度应满足《混规》规定的受拉钢筋基本锚固长度。

4）楼板内宜适当配置贯通的拉结钢筋。

💡 **思考题**

1. 钢筋混凝土框架结构按施工方法的不同有哪些形式？各有什么优缺点？

2. 框架结构在总体布置、平面布置和立面布置上应注意哪些问题？

3. 为什么建筑结构中需要设缝？一般有哪些缝？各自设置的目的有何不同？在构造上有何不同？

4. 柱网布置有哪些原则？

5. 框架结构是如何抵抗竖向荷载和水平荷载的？框架结构有哪几种承重布置方案？各有什么优缺点？

6. 简述框架结构平面布置的步骤。

7. 框架梁、柱的截面尺寸如何确定？

8. 如何确定平面框架的计算简图？如何考虑楼板对梁刚度的影响？

9. 分层法计算平面框架在竖向荷载作用下的内力时，采用了哪些基本假定？对节点不平衡弯矩如何处理？简述分层法的计算步骤。

10. 在水平荷载作用下，用反弯点法计算框架内力时有哪些基本假定？梁、柱的反弯点在何处？为什么底层柱的反弯点位置与其他层柱不同？简述反弯点法的计算步骤。

11. 什么是 D 值法？与反弯点法有何不同？D 值的物理意义是什么？反弯点的位置与哪些因数有关？变化规律如何？

12. 框架柱的柱端弯矩确定后，如何计算框架梁的弯矩？

13. 试画出多层多跨框架在水平荷载作用下的弯矩示意图和弹性变形曲线。

14. 通常将框架结构在水平荷载作用下的侧向变形称作总体剪切变形，为什么？

15. 如何计算框架的侧移？什么是结构的层间位移角？

16. 框架梁、柱的控制截面一般取在何处？为什么？

17. 对于梁、柱，应考虑哪几种可能的最不利内力组合？

18. 什么是活荷载的不利布置？对于框架结构，如何确定活荷载的最不利布置？采用满布方式计算活荷载的内力时，计算结果与考虑活荷载不利布置的计算结果有什么差异？

19. 框架结构设计时一般可对梁端的负弯矩进行调幅，风荷载、水平地震作用产生的梁端弯矩是否可以调幅？调幅应在什么时候进行？现浇框架梁与装配整体式框架梁的负弯矩调幅系数是否一致？哪个大？为什么？

20. 什么是延性框架？如何设计才能达到延性框架的要求？

21. 什么是"强柱弱梁、强剪弱弯、强节点、强锚固"？在我国《抗震规范》中如何体现？

22. 对于有抗震设计要求的框架梁、柱有哪些构造要求？其箍筋加密区的长度如何确定？加密区箍筋如何配置？

23. 在框架梁柱节点中，梁、柱的纵向钢筋如何布置？有抗震设防要求和无抗震设防要求时有何不同？

24. 什么是结构的连续倒塌，结构方案应如何考虑增强结构的防连续倒塌能力？

25. 框架结构防连续倒塌的拉结构件法设计和拆除构件法设计有何异同？

习 题

1. 如图 5-76 所示，某 3 层全现浇框架结构房屋的中框架。各层梁竖向均布荷载 $q = 20\text{kN/m}$，梁截面尺寸均为 300mm×750mm，边柱截面尺寸均为 400mm×400mm，中柱截面尺寸均为 400mm×450mm，试用分层法计算该框架的内力（弯矩、剪力和轴力），并画出内力图。

2. 试用反弯点法求如图 5-77 所示框架的内力（弯矩、剪力、轴力），并绘制内力图，图 5-77 中已标示出各杆件的相对线刚度。

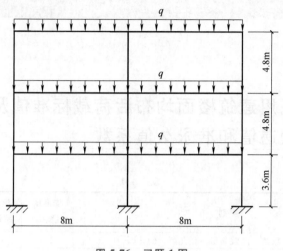

图 5-76　习题 1 图

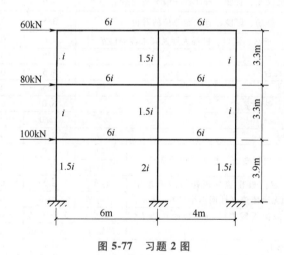

图 5-77　习题 2 图

3. 试用 D 值法计算图 5-77 所示框架的内力（弯矩、剪力、轴力），并与习题 2 的结果进行比较。

附录 A　民用建筑楼面均布活荷载标准值及其组合值、频遇值和准永久值系数

表　A-1

项次	类别		标准值 /（kN/m²）	组合值系数 ψ_c	频遇值系数 ψ_f	准永久值系数 ψ_q
1	（1）住宅、宿舍、旅馆、医院病房、托儿所、幼儿园		2.0	0.7	0.5	0.4
	（2）办公楼、教室、医院门诊室		2.5	0.7	0.6	0.5
2	实验室、阅览室、会议室、食堂、餐厅、一般资料档案室		3.0	0.7	0.6	0.5
3	公共洗衣房、礼堂、剧场、影院、有固定座位的看台		3.5	0.7	0.5	0.3
4	（1）商店、展览厅、车站、港口、机场大厅及其旅客等候室		4.0	0.7	0.6	0.5
	（2）无固定座位的看台		4.0	0.7	0.5	0.3
5	（1）健身房、演出舞台		4.5	0.7	0.6	0.5
	（2）运动场、舞厅		4.5	0.7	0.6	0.3
6	（1）书库、档案室、储藏室		6.0	0.9	0.9	0.8
	（2）密集柜书库		12.0	0.9	0.9	0.8
7	通风机房、电梯机房		8.0	0.9	0.9	0.8
8	汽车通道及客车停车库	（1）单向板楼盖（板跨不小于2m）　客车	4.0	0.7	0.7	0.6
		消防车	35.0	0.7	0.5	0.0
		（2）双向板楼盖（板跨短边不小于6m）和无梁楼盖（柱网不小于6m×6m）　客车	2.5	0.7	0.7	0.6
		消防车	20.0	0.7	0.5	0.0
		（3）双向板楼盖（3m≤板跨短边 L<6m）　客车	5.5-0.5L	0.7	0.7	0.6
		消防车	50.0-5.0L	0.7	0.5	0.0
9	厨房	（1）餐厅	4.0	0.7	0.7	0.7
		（2）其他	2.0	0.7	0.6	0.5
10	浴室、卫生间、盥洗室		2.5	0.7	0.6	0.5
11	走廊、门厅	（1）宿舍、旅馆、医院病房、托儿所、幼儿园、住宅	2.0	0.7	0.5	0.4
		（2）办公楼、餐厅、医院门诊部	3.0	0.7	0.6	0.5
		（3）教学楼及其他可能出现人员密集的情况	3.5	0.7	0.5	0.3
12	楼梯	（1）多层住宅	2.0	0.7	0.5	0.4
		（2）其他	3.5	0.7	0.5	0.3

（续）

项次		类别	标准值 /(kN/m^2)	组合值 系数 ψ_c	频遇值 系数 ψ_f	准永久值 系数 ψ_q
13	阳台	（1）可能出现人员密集的情况	3.5	0.7	0.6	0.5
		（2）其他	2.5	0.7	0.6	0.5

注：1. 本表所给除第 8 项外各项活荷载适用于一般使用条件，当使用荷载较大、情况特殊或有专门要求时，应按实际情况采用。

　　2. 第 6 项书库书架高度不超过 2.5m。

　　3. 第 8 项中的客车活荷载仅适用于停放载人少于 9 人的客车；消防车活荷载适用于满载总重为 300kN 的大型车辆；当不符合本表的要求时，应将车轮的局部荷载按结构效应的等效原则，换算为等效均布荷载。

　　4. 采用等效均布活荷载方法进行设计时，应保证其产生的荷载效应与最不利堆放情况等效；建筑楼面与屋面堆放物较多或较重的区域，应按实际情况考虑其荷载。

　　5. 本表各项荷载不包括隔墙自重和二次装修荷载；对固定隔墙的自重应按永久荷载考虑；当隔墙位置可灵活自由布置时，轻质隔墙自重应按可变荷载考虑。

▶▶ 附录 B　等截面等跨连续梁在常用荷载作用下的内力系数表

　　1. 在均布及三角形荷载作用下：

$$M = 表中系数 \times ql_0^2$$

$$V = 表中系数 \times ql_0$$

　　2. 在集中力作用下：

$$M = 表中系数 \times Pl_0$$

$$V = 表中系数 \times P$$

式中，l_0 为各跨计算跨度。

　　3. 内力正负号规定：

M——使截面上部受压，下部受拉为正；

V——对临近截面所产生的力矩沿顺时针方向者为正。

表 B-1　两跨梁

荷载图	跨内最大弯矩		支座弯矩	剪力		
	M_1	M_2	M_B	V_A	$V_{B左}$ $V_{B右}$	V_C
	0.07	0.07	-0.125	0.375	-0.625 0.625	-0.375
	0.096	—	-0.063	0.437	-0.563 0.063	0.063

（续）

荷载图	跨内最大弯矩		支座弯矩	剪力		
	M_1	M_2	M_B	V_A	$V_{B左}$ $V_{B右}$	V_C
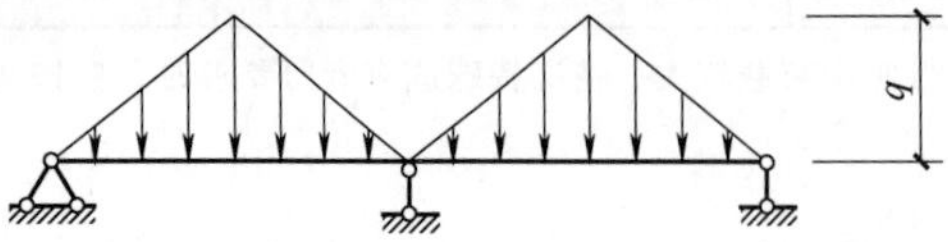	0.048	0.048	-0.078	0.172	-0.328 0.328	-0.172
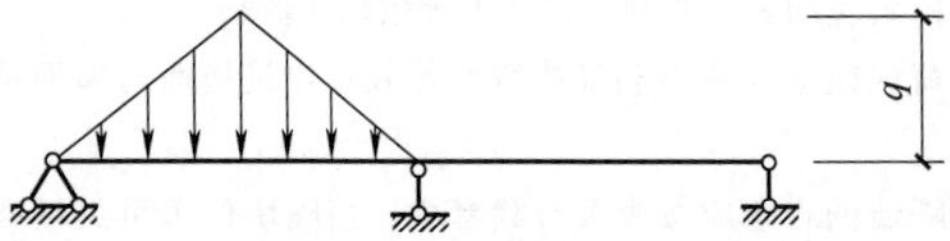	0.064	—	-0.039	0.211	-0.289 0.039	0.039
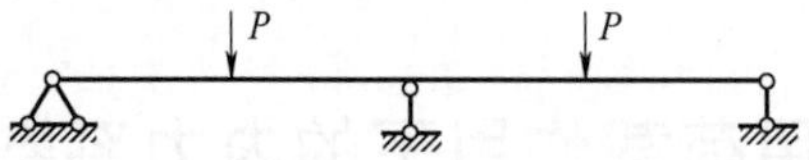	0.156	0.156	-0.188	0.312	-0.688 0.688	-0.312
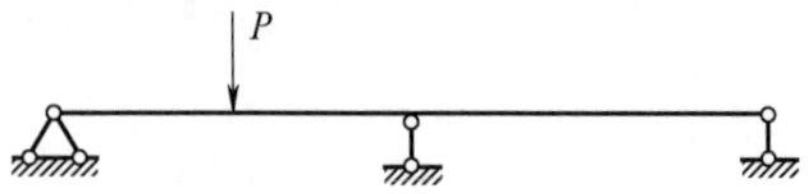	0.203	—	-0.094	0.406	-0.594 0.094	0.094
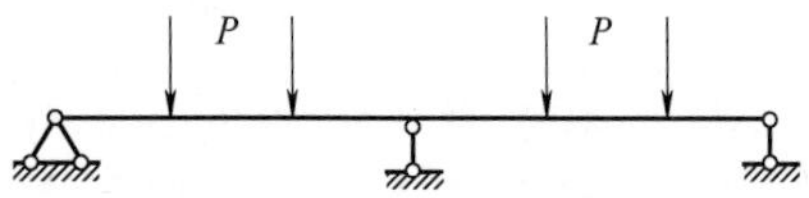	0.222	0.222	-0.333	0.667	-1.333 1.333	-0.667
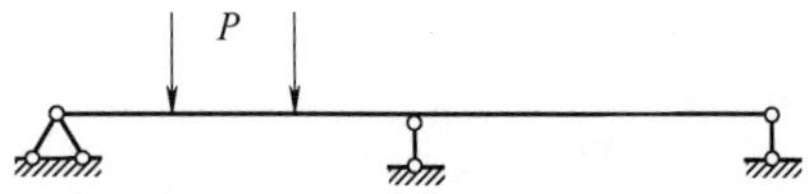	0.278	—	-0.167	0.833	-1.167 0.167	0.167

表 B-2 三跨梁

荷载图	跨内最大弯矩		支座弯矩		剪力			
	M_1	M_2	M_B	M_C	V_A	$V_{B左}$ $V_{B右}$	$V_{C左}$ $V_{C右}$	V_D
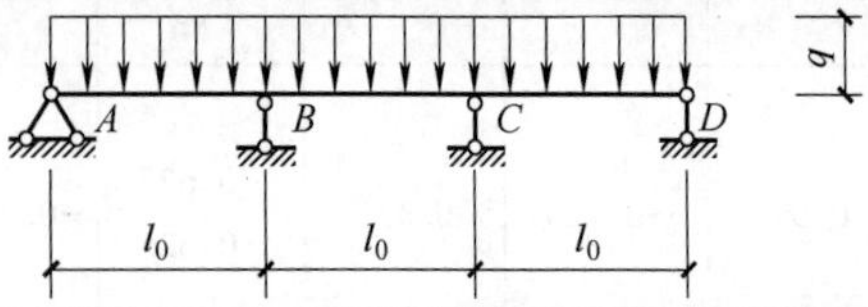	0.080	0.025	-0.100	-0.100	0.400	-0.600 0.500	-0.500 0.600	-0.400
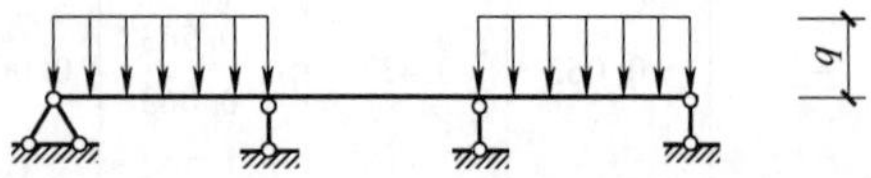	0.101	—	-0.050	-0.050	0.450	-0.550 0	0 0.550	-0.450

（续）

荷载图	跨内最大弯矩		支座弯矩		剪力			
	M_1	M_2	M_B	M_C	V_A	$V_{B左}$ / $V_{B右}$	$V_{C左}$ / $V_{C右}$	V_D
	—	0.075	-0.050	-0.050	-0.050	-0.050 / 0.500	-0.500 / 0.050	0.050
	0.073	0.054	-0.117	-0.033	0.383	-0.617 / 0.583	-0.417 / 0.033	0.033
	0.094	—	-0.067	0.017	0.433	-0.567 / 0.083	0.083 / -0.017	-0.017
	0.054	0.021	-0.063	-0.063	0.188	-0.313 / 0.250	-0.250 / 0.313	-0.188
	0.068	—	-0.031	-0.031	0.219	-0.281 / 0	0 / 0.281	-0.219
	—	0.052	-0.031	-0.031	-0.031	-0.031 / 0.250	-0.250 / 0.031	0.031
	0.050	0.038	-0.073	-0.021	0.177	-0.323 / 0.302	-0.198 / 0.021	0.021
	0.063	—	-0.042	0.010	0.208	-0.292 / 0.052	0.052 / -0.010	-0.010

（续）

荷载图	跨内最大弯矩		支座弯矩		剪力			
	M_1	M_2	M_B	M_C	V_A	$V_{B左}$ / $V_{B右}$	$V_{C左}$ / $V_{C右}$	V_D
三跨三集中荷载（各跨中点）A B C D，l_0 l_0 l_0	0.175	0.100	−0.150	−0.150	0.350	−0.650 / 0.500	−0.500 / 0.650	−0.350
	0.213	—	−0.075	−0.075	0.425	−0.575 / 0	0 / 0.575	−0.425
	—	0.175	−0.075	−0.075	−0.075	−0.075 / 0.500	−0.500 / 0.075	0.075
	0.162	0.137	−0.175	−0.050	0.325	−0.675 / 0.625	−0.375 / 0.050	0.050
	0.200	—	−0.100	0.025	0.400	−0.600 / 0.125	0.125 / −0.025	−0.025
A B C D，l_0 l_0 l_0	0.244	0.067	−0.267	−0.267	0.733	−1.267 / 1.000	−1.000 / 1.267	−0.733
	0.289	—	−0.133	−0.133	0.866	−1.134 / 0	0 / 1.134	−0.866
	—	0.200	−0.133	−0.133	−0.133	−0.133 / 1.000	−1.000 / 0.133	0.133
	0.229	0.170	−0.311	−0.089	0.689	−1.311 / 1.222	−0.778 / 0.089	0.089
	0.274	—	−0.178	0.044	0.822	−1.178 / 0.222	0.222 / −0.044	−0.044

表 B-3　四跨梁

荷载图	跨内最大弯矩				支座弯矩			剪力				
	M_1	M_2	M_3	M_4	M_B	M_C	M_D	V_A	$V_{B左}$ / $V_{B右}$	$V_{C左}$ / $V_{C右}$	$V_{D左}$ / $V_{D右}$	V_E
(图)	0.077	0.036	0.036	0.077	-0.107	-0.071	-0.107	0.393	-0.607 / 0.535	-0.464 / 0.464	-0.536 / 0.607	-0.393
(图)	0.100	—	0.081	—	-0.054	-0.036	-0.054	0.446	-0.554 / 0.018	0.018 / 0.482	-0.518 / 0.054	0.054
(图)	0.072	0.061	—	0.098	-0.121	-0.018	-0.058	0.380	-0.620 / 0.603	-0.397 / -0.040	-0.040 / 0.558	-0.442
(图)	—	0.056	0.056	—	-0.036	-0.107	-0.036	-0.036	-0.036 / 0.429	-0.571 / 0.571	-0.429 / 0.036	0.036
(图)	0.094	—	—	—	-0.067	0.018	-0.004	0.433	-0.567 / 0.085	0.085 / -0.022	0.022 / 0.004	0.004
(图)	—	0.074	—	—	-0.049	-0.054	0.013	-0.049	-0.049 / 0.496	-0.504 / 0.067	0.067 / -0.013	-0.013

（续）

荷载图	跨内最大弯矩				支座弯矩			剪力				
	M_1	M_2	M_3	M_4	M_B	M_C	M_D	V_A	$V_{B左}$ / $V_{B右}$	$V_{C左}$ / $V_{C右}$	$V_{D左}$ / $V_{D右}$	V_E
	0.052	0.028	0.028	0.052	−0.067	−0.045	−0.067	0.183	−0.317 / 0.272	−0.228 / 0.228	−0.272 / 0.317	−0.183
	0.067	—	0.055	—	−0.034	−0.022	−0.034	0.217	−0.284 / 0.011	0.011 / 0.239	−0.261 / 0.034	0.034
	0.049	0.042	—	0.066	−0.075	−0.011	−0.036	0.175	−0.325 / 0.314	−0.186 / −0.025	−0.025 / 0.286	−0.214
	—	0.040	0.040	—	−0.022	−0.067	−0.022	−0.022	−0.022 / 0.205	−0.295 / 0.295	−0.205 / 0.022	0.022
	0.063	—	—	—	−0.042	0.011	−0.003	0.208	−0.292 / 0.053	0.053 / −0.014	−0.014 / 0.003	0.003
	—	0.051	—	—	−0.031	−0.034	0.008	−0.031	−0.031 / 0.247	−0.253 / 0.042	0.042 / −0.008	−0.008

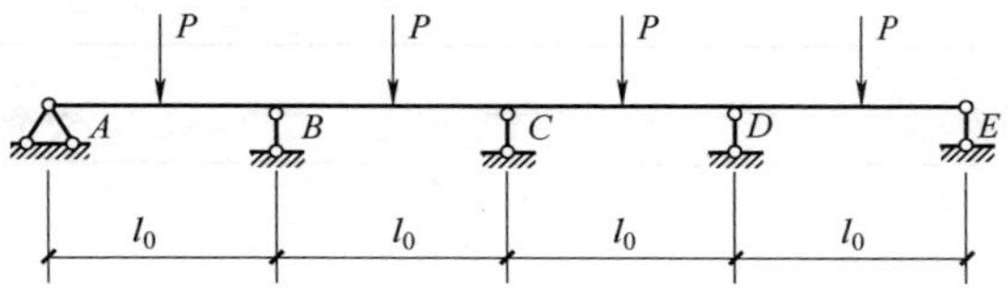	0. 169	0. 116	0. 116	0. 169	-0. 161	-0. 107	-0. 161	0. 339	-0. 661 0. 554	-0. 446 0. 446	-0. 554 0. 661	-0. 339
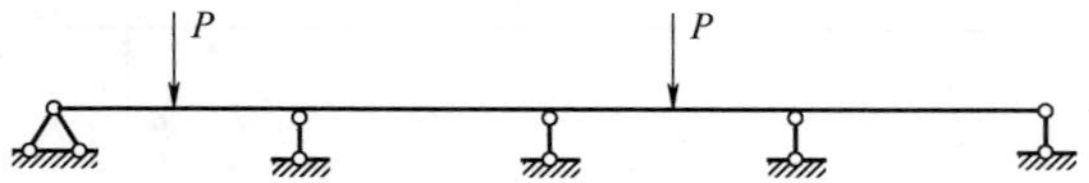	0. 210	—	0. 183	—	-0. 080	-0. 054	-0. 080	0. 420	-0. 580 0. 027	0. 027 0. 473	-0. 527 0. 080	0. 080
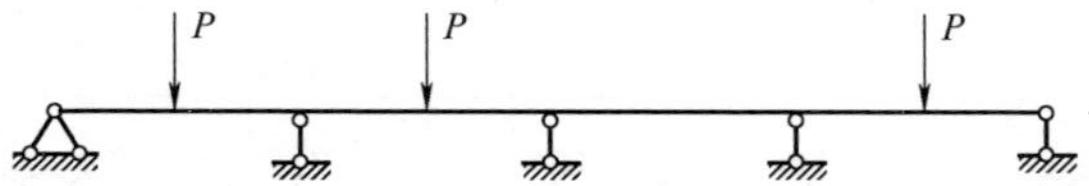	0. 159	0. 146	—	0. 206	-0. 181	-0. 027	-0. 087	0. 319	-0. 681 0. 654	-0. 346 -0. 060	-0. 060 0. 587	-0. 413
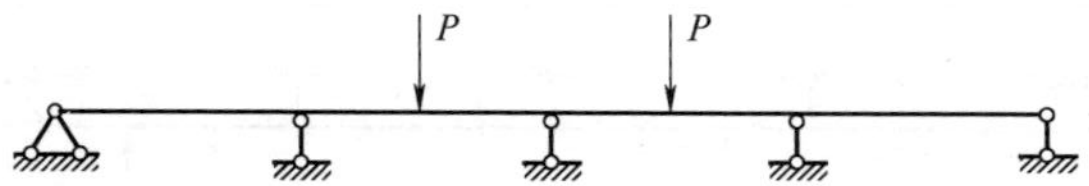	—	0. 142	0. 142	—	-0. 054	-0. 161	-0. 054	-0. 054	-0. 054 0. 393	-0. 607 0. 607	-0. 393 0. 054	0. 054
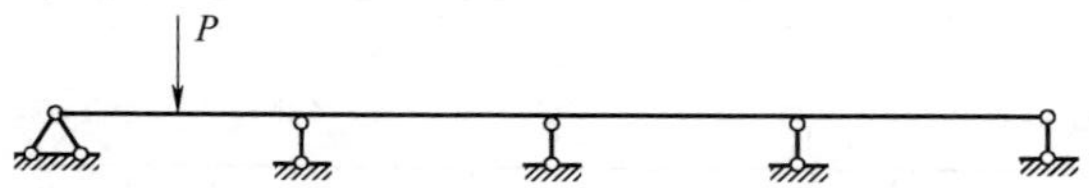	0. 200	—	—	—	-0. 100	0. 027	-0. 007	0. 400	-0. 600 0. 127	0. 127 -0. 033	-0. 033 0. 007	0. 007
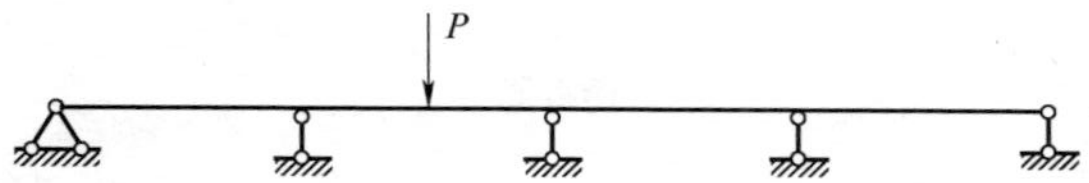	—	0. 173	—	—	-0. 074	-0. 080	0. 020	-0. 074	-0. 074 0. 493	-0. 507 0. 100	0. 100 -0. 020	-0. 020

（续）

荷载图	跨内最大弯矩				支座弯矩			剪力				
	M_1	M_2	M_3	M_4	M_B	M_C	M_D	V_A	$V_{B左}$ / $V_{B右}$	$V_{C左}$ / $V_{C右}$	$V_{D左}$ / $V_{D右}$	V_E
（荷载图，ABCDE 各跨受水平荷载 P）	0.238	0.111	0.111	0.238	−0.286	−0.191	−0.286	0.714	−1.286 / 1.095	−0.905 / 0.905	−1.095 / 1.286	−0.714
（荷载图）	0.286	—	0.222	—	−0.143	−0.095	−0.143	0.857	−1.143 / 0.048	0.048 / 0.952	−1.048 / 0.143	0.143
（荷载图）	0.226	0.194	0.175	0.282	−0.321	−0.048	−0.155	0.679	−1.321 / 1.274	−0.726 / −0.107	−0.107 / 1.155	−0.845
（荷载图）	—	0.175	0.175	—	−0.095	0.286	−0.095	−0.095	−0.095 / 0.810	−1.190 / 1.190	−0.810 / 0.095	0.095
（荷载图）	0.274	—	—	—	−0.178	0.048	−0.012	0.822	−1.178 / 0.226	0.226 / −0.060	−0.060 / 0.012	0.012
（荷载图）	—	0.198	—	—	−0.131	−0.143	0.036	−0.131	−0.131 / 0.988	−1.012 / 0.178	0.178 / −0.036	−0.036

表 B-4 五跨梁

荷载图	跨内最大弯矩			支座弯矩				剪力					
	M_1	M_2	M_3	M_B	M_C	M_D	M_E	V_A	$V_{B左}$ / $V_{B右}$	$V_{C左}$ / $V_{C右}$	$V_{D左}$ / $V_{D右}$	$V_{E左}$ / $V_{E右}$	V_F
	0.078	0.033	0.046	-0.105	-0.079	-0.079	-0.105	0.394	-0.606 / 0.526	-0.474 / 0.500	-0.500 / 0.474	-0.526 / 0.606	-0.394
	0.100	—	0.085	-0.053	-0.040	-0.040	-0.053	0.447	-0.553 / 0.013	0.013 / 0.500	-0.500 / -0.013	-0.013 / 0.553	-0.447
	—	0.079	—	-0.053	-0.040	-0.040	-0.053	-0.053	-0.053 / 0.513	-0.487 / 0	0 / 0.487	-0.513 / 0.053	0.053
	0.073	② 0.059 / 0.078	—	-0.119	-0.022	-0.044	-0.051	0.380	-0.620 / 0.598	-0.402 / 0.023	-0.023 / 0.493	-0.507 / 0.052	0.052
	① 0.098	0.055	0.064	-0.035	-0.111	-0.020	-0.057	-0.035	-0.035 / 0.424	-0.576 / 0.591	-0.409 / -0.037	-0.037 / 0.557	-0.443
	0.094	—	—	-0.067	0.018	-0.005	0.001	0.433	-0.567 / 0.085	0.085 / -0.023	-0.023 / 0.006	0.006 / -0.001	0.001
	—	0.074	—	-0.049	-0.054	0.014	-0.004	-0.049	-0.049 / 0.495	-0.505 / 0.068	0.068 / -0.018	-0.018 / 0.004	0.004
	—	—	0.072	0.013	-0.053	-0.053	0.013	0.013	0.013 / -0.066	-0.066 / 0.500	-0.500 / 0.066	0.066 / -0.013	0.013

（续）

荷载图	跨内最大弯矩			支座弯矩				剪力					
	M_1	M_2	M_3	M_B	M_C	M_D	M_E	V_A	$V_{B左}$ / $V_{B右}$	$V_{C左}$ / $V_{C右}$	$V_{D左}$ / $V_{D右}$	$V_{E左}$ / $V_{E右}$	V_F
	0.053	0.026	0.034	-0.066	-0.049	-0.049	-0.066	0.184	-0.316 / 0.266	-0.234 / 0.250	-0.250 / 0.234	-0.266 / 0.316	-0.184
	0.067	—	0.059	-0.033	-0.025	-0.025	-0.033	0.217	-0.283 / 0.008	0.008 / 0.250	-0.250 / -0.008	-0.008 / 0.283	-0.217
	—	0.055	—	-0.033	-0.025	-0.025	-0.033	-0.033	-0.033 / 0.258	-0.242 / 0	0 / 0.242	-0.258 / 0.033	0.033
	0.049	② 0.041 / 0.053	—	-0.075	-0.014	-0.028	-0.032	0.175	-0.325 / 0.311	-0.189 / -0.014	-0.014 / 0.246	-0.255 / 0.032	0.032
	① 0.066	0.039	0.044	-0.022	-0.070	-0.013	-0.036	-0.022	-0.022 / 0.202	-0.298 / 0.307	-0.193 / -0.023	-0.023 / 0.286	-0.214
	0.063	—	—	-0.042	0.011	-0.003	0.001	0.208	-0.292 / 0.053	0.053 / -0.014	-0.014 / 0.004	0.004 / -0.001	-0.001
	—	0.051	—	-0.031	-0.034	0.009	-0.002	-0.031	-0.031 / 0.247	-0.253 / 0.043	0.043 / -0.011	-0.011 / 0.002	0.002
	—	—	0.050	0.008	-0.033	-0.033	0.008	0.008	0.008 / -0.041	-0.041 / 0.250	-0.250 / 0.041	0.041 / -0.008	-0.008

-0.342	-0.540 / 0.658	-0.500 / 0.460	-0.460 / 0.500	-0.658 / 0.540	0.342	-0.153	-0.118	-0.118	-0.158	0.132	0.112	0.171
-0.421	-0.020 / 0.579	-0.500 / -0.020	0.020 / 0.500	-0.579 / 0.020	0.421	-0.079	-0.059	-0.059	-0.079	0.191	—	0.211
0.079	-0.520 / 0.079	0 / 0.480	-0.480 / 0	-0.079 / 0.520	-0.079	-0.079	-0.059	-0.059	-0.079	—	0.181	—
0.077	-0.511 / 0.077	-0.034 / 0.489	-0.353 / -0.034	-0.679 / 0.647	0.321	-0.077	-0.066	-0.032	-0.179	—	② 0.144 / 0.178	0.160
-0.414	-0.056 / 0.586	-0.363 / -0.056	-0.615 / 0.637	-0.052 / 0.385	-0.052	-0.086	-0.031	-0.167	-0.052	0.151	0.140	① / 0.207
-0.002	0.009 / -0.002	-0.084 / 0.009	0.127 / -0.034	-0.600 / 0.127	0.400	0.002	-0.007	0.027	-0.100	—	—	0.200
0.005	-0.027 / 0.005	0.102 / -0.027	-0.507 / 0.102	-0.073 / 0.493	-0.073	-0.005	0.022	-0.081	-0.073	—	0.173	—
-0.020	0.099 / -0.020	-0.500 / 0.099	-0.099 / 0.500	0.020 / -0.099	0.020	0.020	-0.079	-0.079	0.020	0.171	—	—

（续）

荷载图	跨内最大弯矩			支座弯矩				剪力					
	M_1	M_2	M_3	M_B	M_C	M_D	M_E	V_A	$V_{B左}$ / $V_{B右}$	$V_{C左}$ / $V_{C右}$	$V_{D左}$ / $V_{D右}$	$V_{E左}$ / $V_{E右}$	V_F
	0.240	0.100	0.122	-0.281	-0.211	-0.211	-0.281	0.719	-1.281 / 1.070	-0.930 / 1.000	-1.000 / 0.930	-1.070 / 1.281	-0.719
	0.287	—	0.228	-0.140	-0.105	-0.105	-0.140	0.860	-1.140 / 0.035	0.035 / 1.000	-1.000 / -0.035	-0.035 / 1.140	-0.860
	—	0.216	—	-0.140	-0.105	-0.105	-0.140	-0.140	-0.140 / 1.035	-0.965 / 0	0 / 0.965	-1.035 / 0.140	0.140
	0.227	② 0.189 / 0.209	0.198	-0.319	-0.057	-0.118	-0.137	0.681	-1.319 / 1.262	-0.738 / -0.061	-0.061 / 0.981	-1.019 / 0.137	0.137
	① — / 0.282	0.172	—	-0.093	-0.297	-0.054	-0.153	-0.093	-0.093 / 0.796	-1.204 / 1.243	-0.757 / -0.099	-0.099 / 1.153	-0.847
	0.274	—	—	-0.179	0.048	-0.013	0.003	0.821	-1.179 / 0.227	0.227 / -0.061	-0.061 / 0.016	0.016 / -0.003	-0.003
	—	0.198	—	-0.131	-0.144	0.038	-0.010	-0.131	-0.131 / 0.987	-1.013 / 0.182	0.182 / -0.048	-0.048 / 0.010	0.010
	—	—	0.193	0.035	-0.140	-0.140	0.035	0.035	0.035 / -0.175	-0.175 / 1.000	-1.000 / 0.175	0.175 / -0.035	-0.035

① 分子及分母分别为 M_1 及 M_5 的弯矩系数。
② 分子及分母分别为 M_2 及 M_4 的弯矩系数。

附录 C　双向板均布荷载作用下弯矩、挠度计算系数表

符号说明。

1. 刚度为

$$B_C = \frac{Eh^3}{12(1-\nu^2)}$$

式中　E——弹性模量；

　　　h——板厚；

　　　ν——泊松比。

2. f, f_{max}——板中心点的挠度和最大挠度；

　f_{01}, f_{02}——平行于 l_{01} 和 l_{02} 方向自由边的中点挠度；

m_1, $m_{1,max}$——平行于 l_{01} 方向板中心点单位板宽内的弯矩和板跨内最大弯矩；

m_2, $m_{2,max}$——平行于 l_{02} 方向板中心点单位板宽内的弯矩和板跨内最大弯矩；

　m_1, m_2——平行于 l_{01} 和 l_{02} 方向自由边的中点单位板宽内的弯矩；

　　　m_1'——固定边中点沿 l_{01} 方向单位板宽内的弯矩；

　　　m_2'——固定边中点沿 l_{02} 方向单位板宽内的弯矩。

3. └┴┴┴┴┴┴┴┴┴┴┴┴┴┴┘ 代表固定边；

　━━━━━━━━━━━ 代表简支边。

4. 正负号的规定：

弯矩——使板的受荷面受压者为正；

挠度——变位方向与荷载方向相同者为正。

表 C-1　四边简支

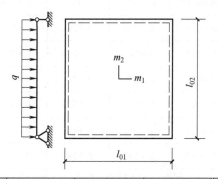

挠度 = 表中系数 $\times \dfrac{ql_{01}^4}{B_C}$

$\nu = 0$，弯矩 = 表中系数 $\times ql_{01}^2$

l_{01}/l_{02}	f	m_1	m_2	l_{01}/l_{02}	f	m_1	m_2
0.50	0.01063	0.0965	0.0174	0.80	0.00603	0.0561	0.0334
0.55	0.00940	0.0892	0.0210	0.85	0.00547	0.0506	0.0348
0.60	0.00867	0.0820	0.0242	0.90	0.00496	0.0456	0.0358
0.65	0.00796	0.0750	0.0271	0.95	0.00449	0.0410	0.0364
0.70	0.00727	0.0683	0.0296	1.00	0.00406	0.0368	0.0368
0.75	0.00663	0.0620	0.0317	—	—	—	—

表 C-2　三边简支一边固定

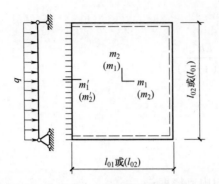

$$挠度 = 表中系数 \times \frac{ql_{01}^4}{B_C} \left(或 \frac{ql_{02}^4}{B_C} \right)$$

$\nu = 0$；弯矩 = 表中系数 $\times ql_{01}^2$（或 ql_{02}^2）

l_{01}/l_{02}	$(l_{01})/(l_{02})$	f	f_{max}	m_1	m_{1max}	m_2	m_{2max}	m_1' 或 m_2'
0.50	—	0.00488	0.00504	0.0583	0.0646	0.0060	0.0063	−0.1212
0.55	—	0.00471	0.00492	0.0563	0.0618	0.0081	0.0087	−0.1187
0.60	—	0.00453	0.00472	0.0539	0.0589	0.0104	0.0111	−0.1158
0.65	—	0.00432	0.00448	0.0513	0.0559	0.0126	0.0133	−0.1124
0.70	—	0.00410	0.00422	0.0485	0.0529	0.0148	0.0154	−0.1087
0.75	—	0.00388	0.00399	0.0457	0.0496	0.0168	0.0174	−0.1048
0.80	—	0.00365	0.00376	0.0428	0.0463	0.0187	0.0193	−0.1007
0.85	—	0.00343	0.00352	0.0400	0.0431	0.0204	0.0211	−0.0965
0.90	—	0.00321	0.00329	0.0372	0.0400	0.0219	0.0226	−0.0922
0.95	—	0.00299	0.00306	0.0345	0.0369	0.0232	0.0239	−0.0880
1.00	1.00	0.00279	0.00285	0.0319	0.0340	0.0243	0.0249	−0.0839
—	0.95	0.00316	0.00324	0.0324	0.0345	0.0280	0.0287	−0.0882
—	0.90	0.00360	0.00368	0.0328	0.0347	0.0322	0.0330	−0.0926
—	0.85	0.00409	0.00417	0.0329	0.0347	0.0370	0.0378	−0.0970
—	0.80	0.00464	0.00473	0.0326	0.0343	0.0424	0.0433	−0.1014
—	0.75	0.00526	0.00536	0.0319	0.0335	0.0485	0.0494	−0.1056
—	0.70	0.00595	0.00605	0.0308	0.0323	0.0553	0.0562	−0.1096
—	0.65	0.00670	0.00680	0.0291	0.0306	0.0627	0.0637	−0.1133
—	0.60	0.00752	0.00762	0.0268	0.0289	0.0707	0.0717	−0.1166
—	0.55	0.00838	0.00848	0.0239	0.0271	0.0792	0.0801	−0.1193
—	0.50	0.00927	0.00935	0.0205	0.0249	0.0880	0.0888	−0.1215

表 C-3　对边简支，对边固定

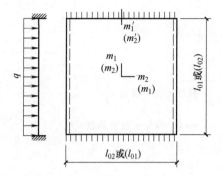

挠度 = 表中系数 $\times \dfrac{ql_{01}^4}{B_c}\left(\text{或}\dfrac{ql_{02}^4}{B_c}\right)$

$\nu = 0$；弯矩 = 表中系数 $\times ql_{01}^2$（或 ql_{02}^2）

l_{01}/l_{02}	$(l_{01})/(l_{02})$	f	m_1	m_2	m_1' 或 m_2'
0.50	—	0.00261	0.0416	0.0017	−0.0843
0.55	—	0.00259	0.0410	0.0028	−0.0840
0.60	—	0.00255	0.0402	0.0042	−0.0834
0.65	—	0.00250	0.0392	0.0057	−0.0826
0.70	—	0.00243	0.0379	0.0072	−0.0814
0.75	—	0.00236	0.0366	0.0088	−0.0799
0.80	—	0.00228	0.0351	0.0103	−0.0782
0.85	—	0.00220	0.0335	0.0118	−0.0763
0.90	—	0.00211	0.0319	0.0133	−0.0743
0.95	—	0.00201	0.0302	0.0146	−0.0721
1.00	1.00	0.00192	0.0285	0.0158	−0.0698
—	0.95	0.00223	0.0296	0.0189	−0.0746
—	0.90	0.00260	0.0306	0.0224	−0.0797
—	0.85	0.00303	0.0314	0.0266	−0.0850
—	0.80	0.00354	0.0319	0.0316	−0.0904
—	0.75	0.00413	0.0321	0.0374	−0.0959
—	0.70	0.00482	0.0318	0.0441	−0.1013
—	0.65	0.00560	0.0308	0.0518	−0.1066
—	0.60	0.00647	0.0292	0.0604	−0.1114
—	0.55	0.00743	0.0267	0.0698	−0.1156
—	0.50	0.00844	0.0234	0.0798	−0.1191

表 C-4　四边固定

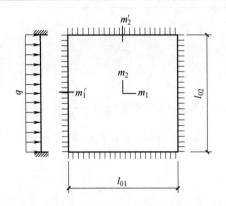

挠度 = 表中系数 × $\dfrac{ql_{01}^4}{B_c}$

$\nu = 0$，弯矩 = 表中系数 × ql_{01}^2

l_{01}/l_{02}	f	m_1	m_2	m_1'	m_2'
0.50	0.00253	0.0400	0.0038	−0.0829	−0.0570
0.55	0.00246	0.0385	0.0056	−0.0814	−0.0571
0.60	0.00236	0.0367	0.0076	−0.0793	−0.0571
0.65	0.00224	0.0345	0.0095	−0.0766	−0.0571
0.70	0.00211	0.0321	0.0113	−0.0735	−0.0569
0.75	0.00197	0.0296	0.0130	−0.0701	−0.0565
0.80	0.00182	0.0271	0.0144	−0.0664	−0.0559
0.85	0.00168	0.0246	0.0156	−0.0626	−0.0551
0.90	0.00153	0.0221	0.0165	−0.0588	−0.0541
0.95	0.00140	0.0198	0.0172	−0.0550	−0.0528
1.00	0.00127	0.0176	0.0176	−0.0513	−0.0513

表 C-5　临边简支、临边固定

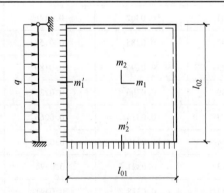

挠度 = 表中系数 × $\dfrac{ql_{01}^4}{B_c}$

$\nu = 0$，弯矩 = 表中系数 × ql_{01}^2

l_{01}/l_{02}	f	f_{max}	m_1	m_{1max}	m_2	m_{2max}	m_1'	m_2'
0.50	0.00468	0.00471	0.0559	0.0562	0.0079	0.0135	−0.1179	−0.0786
0.55	0.00445	0.00454	0.0529	0.0530	0.0104	0.0153	−0.1140	−0.0785
0.60	0.00419	0.00429	0.0496	0.0498	0.0129	0.0169	−0.1095	−0.0782
0.65	0.00391	0.00399	0.0461	0.0465	0.0151	0.0183	−0.1045	−0.0777

（续）

l_{01}/l_{02}	f	f_{max}	m_1	m_{1max}	m_2	m_{2max}	m_1'	m_2'
0.70	0.00363	0.00368	0.0426	0.0432	0.0172	0.0195	−0.0992	−0.0770
0.75	0.00335	0.00340	0.0390	0.0396	0.0189	0.0206	−0.0938	−0.0760
0.80	0.00308	0.00313	0.0356	0.0361	0.0204	0.0218	−0.0883	−0.0748
0.85	0.00281	0.00286	0.0322	0.0328	0.0215	0.0229	−0.0829	−0.0733
0.90	0.00256	0.00261	0.0291	0.0297	0.0224	0.0238	−0.0776	−0.0716
0.95	0.00232	0.00237	0.0261	0.0267	0.0230	0.0244	−0.0726	−0.0698
1.00	0.00210	0.00215	0.0234	0.0240	0.0234	0.0249	−0.0677	−0.0677

表 C-6　三边固定、三边简支

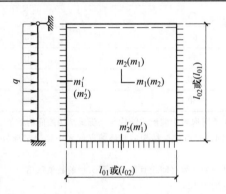

挠度 = 表中系数 $\times ql_{01}^4$ ［或 $q(l_{02})^4$］

$\nu = 0$，弯矩 = 表中系数 $\times ql_{01}^2$ ［或 $q(l_{02})^2$］

l_{01}/l_{02}	$(l_{01})/(l_{02})$	f	f_{max}	m_1	m_{1max}	m_2	m_{2max}	m_1'	m_2'
0.50	—	0.00257	0.00258	0.0408	0.0409	0.0028	0.0089	−0.0836	−0.0569
0.55	—	0.00252	0.00255	0.0398	0.0399	0.0042	0.0093	−0.0827	−0.0570
0.60	—	0.00245	0.00249	0.0384	0.0386	0.0059	0.0105	−0.0814	−0.0571
0.65	—	0.00237	0.00240	0.0368	0.0371	0.0076	0.0116	−0.0796	−0.0572
0.70	—	0.00227	0.00229	0.0350	0.0354	0.0093	0.0127	−0.0774	−0.0572
0.75	—	0.00216	0.00219	0.0331	0.0335	0.0109	0.0137	−0.0750	−0.0572
0.80	—	0.00205	0.00208	0.0310	0.0314	0.0124	0.0147	−0.0722	−0.0570
0.85	—	0.00193	0.00196	0.0289	0.0293	0.0138	0.0155	−0.0693	−0.0567
0.90	—	0.00181	0.00184	0.0268	0.0273	0.0159	0.0163	−0.0663	−0.0563
0.95	—	0.00169	0.00172	0.0247	0.0252	0.0160	0.0172	−0.0631	−0.0558
1.00	1.00	0.00157	0.00160	0.0227	0.0231	0.0168	0.0180	−0.0600	−0.0550
—	0.95	0.00178	0.00182	0.0229	0.0234	0.0194	0.0207	−0.0629	−0.0599
—	0.90	0.00201	0.00206	0.0228	0.0234	0.0223	0.0238	−0.0656	−0.0653
—	0.85	0.00227	0.00233	0.0225	0.0231	0.0255	0.0273	−0.0683	−0.0711
—	0.80	0.00256	0.00262	0.0219	0.0224	0.0290	0.0311	−0.0707	−0.0772
—	0.75	0.00286	0.00294	0.0208	0.0214	0.0329	0.0354	−0.0729	−0.0837
—	0.70	0.00319	0.00327	0.0194	0.0200	0.0370	0.0400	−0.0748	−0.0903
—	0.65	0.00352	0.00365	0.0175	0.0182	0.0412	0.0446	−0.0762	−0.0970

（续）

l_{01}/l_{02}	$(l_{01})/(l_{02})$	f	f_{max}	m_1	m_{1max}	m_2	m_{2max}	m_1'	m_2'
—	0.60	0.00386	0.00403	0.0153	0.0160	0.0454	0.0493	−0.0773	−0.1033
—	0.55	0.00419	0.00437	0.0127	0.0133	0.0496	0.0541	−0.0780	−0.1093
—	0.50	0.00449	0.00463	0.0099	0.0103	0.0534	0.0588	−0.0784	−0.1146

▶▶ 附录 D   钢筋混凝土结构伸缩缝最大间距

表 D-1   钢筋混凝土结构伸缩缝最大间距 （单位：m）

结构类型		室内或土中	露天
排架结构	装配式	100	70
框架结构	装配式	75	50
	现浇式	55	35
剪力墙结构	装配式	65	40
	现浇式	45	30
挡土墙、地下室墙壁等类结构	装配式	40	30
	现浇式	30	20

注：1. 装配整体式结构的伸缩缝间距，可根据结构的具体情况取表中装配式结构与现浇式结构之间的数值。

2. 框架-剪力墙结构或框架-核心筒结构房屋的伸缩缝间距，可根据结构的具体情况取表中框架结构与剪力墙结构之间的数值。

3. 当屋面无保温或隔热措施时，框架结构、剪力墙结构的伸缩缝间距宜按表中露天栏的数值取用。

4. 现浇挑檐、雨罩等外露结构的局部伸缩缝间距不宜大于 12m。

▶▶ 附表 E   规则框架承受均布及三角形分布水平力作用时反弯点的高度比

表 E-1   规则框架承受均布水平力作用时标准反弯点的高度比 y_0 值

$$K = \frac{i_1 + i_2 + i_3 + i_4}{2i_c}$$

n	j \ K	0.1	0.2	0.3	0.4	0.5	0.6	0.7	0.8	0.9	1.0	2.0	3.0	4.0	5.0
1	1	0.80	0.75	0.70	0.65	0.65	0.60	0.60	0.60	0.60	0.55	0.55	0.55	0.55	0.55
2	2	0.45	0.40	0.35	0.35	0.35	0.35	0.40	0.40	0.40	0.40	0.45	0.45	0.45	0.45
	1	0.95	0.80	0.75	0.70	0.65	0.65	0.65	0.60	0.60	0.60	0.55	0.55	0.55	0.50

（续）

n	K / j	0.1	0.2	0.3	0.4	0.5	0.6	0.7	0.8	0.9	1.0	2.0	3.0	4.0	5.0
3	3	0.15	0.20	0.20	0.25	0.30	0.30	0.30	0.35	0.35	0.35	0.40	0.45	0.45	0.45
	2	0.55	0.50	0.45	0.45	0.45	0.45	0.45	0.45	0.45	0.45	0.45	0.50	0.50	0.50
	1	1.00	0.85	0.80	0.75	0.70	0.70	0.65	0.65	0.65	0.60	0.55	0.55	0.55	0.55
4	4	−0.05	0.05	0.15	0.20	0.25	0.30	0.30	0.35	0.35	0.35	0.40	0.45	0.45	0.45
	3	0.25	0.30	0.30	0.35	0.35	0.40	0.40	0.40	0.40	0.45	0.45	0.50	0.50	0.50
	2	0.65	0.55	0.50	0.50	0.45	0.45	0.45	0.45	0.45	0.45	0.50	0.50	0.50	0.50
	1	1.10	0.90	0.80	0.75	0.70	0.70	0.65	0.65	0.65	0.60	0.55	0.55	0.55	0.55
5	5	−0.20	0.00	0.15	0.20	0.25	0.30	0.30	0.30	0.35	0.35	0.40	0.45	0.45	0.45
	4	0.10	0.20	0.25	0.30	0.35	0.35	0.40	0.40	0.40	0.40	0.45	0.45	0.50	0.50
	3	0.40	0.40	0.40	0.40	0.40	0.45	0.45	0.45	0.45	0.45	0.50	0.50	0.50	0.50
	2	0.65	0.55	0.50	0.50	0.50	0.50	0.50	0.50	0.50	0.50	0.50	0.50	0.50	0.50
	1	1.20	0.95	0.80	0.75	0.75	0.70	0.70	0.65	0.65	0.65	0.55	0.55	0.55	0.55
6	6	−0.30	0.00	0.10	0.20	0.25	0.25	0.30	0.30	0.35	0.35	0.40	0.45	0.45	0.45
	5	0.00	0.20	0.25	0.30	0.35	0.35	0.40	0.40	0.40	0.40	0.45	0.45	0.50	0.50
	4	0.20	0.30	0.35	0.35	0.40	0.40	0.40	0.45	0.45	0.45	0.45	0.50	0.50	0.50
	3	0.40	0.40	0.40	0.45	0.45	0.45	0.45	0.45	0.45	0.45	0.50	0.50	0.50	0.50
	2	0.70	0.60	0.55	0.50	0.50	0.50	0.50	0.50	0.50	0.50	0.50	0.50	0.50	0.50
	1	1.20	0.95	0.85	0.80	0.75	0.70	0.70	0.65	0.65	0.65	0.55	0.55	0.55	0.55
7	7	−0.35	−0.05	0.10	0.20	0.20	0.25	0.30	0.30	0.35	0.35	0.40	0.45	0.45	0.45
	6	−0.10	0.15	0.25	0.30	0.35	0.35	0.35	0.40	0.40	0.40	0.45	0.45	0.50	0.50
	5	0.10	0.25	0.30	0.35	0.40	0.40	0.40	0.45	0.45	0.45	0.45	0.50	0.50	0.50
	4	0.30	0.35	0.40	0.40	0.40	0.45	0.45	0.45	0.45	0.45	0.50	0.50	0.50	0.50
	3	0.50	0.45	0.45	0.45	0.45	0.45	0.45	0.45	0.45	0.45	0.50	0.50	0.50	0.50
	2	0.75	0.60	0.55	0.50	0.50	0.50	0.50	0.50	0.50	0.50	0.50	0.50	0.50	0.50
	1	1.20	0.95	0.85	0.80	0.75	0.70	0.70	0.65	0.65	0.65	0.55	0.55	0.55	0.55
8	8	−0.35	−0.15	0.10	0.15	0.25	0.25	0.30	0.30	0.35	0.35	0.40	0.45	0.45	0.45
	7	−0.10	0.15	0.25	0.30	0.35	0.35	0.40	0.40	0.40	0.40	0.45	0.50	0.50	0.50
	6	0.05	0.25	0.30	0.35	0.40	0.40	0.40	0.45	0.45	0.45	0.45	0.50	0.50	0.50
	5	0.20	0.30	0.35	0.40	0.40	0.40	0.45	0.45	0.45	0.45	0.50	0.50	0.50	0.50
	4	0.35	0.40	0.40	0.45	0.45	0.45	0.45	0.45	0.45	0.45	0.50	0.50	0.50	0.50
	3	0.50	0.45	0.45	0.45	0.45	0.45	0.45	0.45	0.50	0.50	0.50	0.50	0.50	0.50
	2	0.75	0.60	0.55	0.55	0.50	0.50	0.50	0.50	0.50	0.50	0.50	0.50	0.50	0.50
	1	1.20	1.00	0.85	0.80	0.75	0.75	0.75	0.65	0.65	0.65	0.55	0.55	0.55	0.55
9	9	−0.40	−0.05	0.10	0.20	0.25	0.25	0.30	0.30	0.35	0.35	0.45	0.45	0.45	0.45
	8	−0.15	0.15	0.25	0.30	0.35	0.35	0.35	0.40	0.40	0.40	0.45	0.45	0.50	0.50
	7	0.05	0.25	0.30	0.35	0.40	0.40	0.40	0.45	0.45	0.45	0.45	0.50	0.50	0.50
	6	0.15	0.30	0.35	0.40	0.40	0.45	0.45	0.45	0.45	0.45	0.50	0.50	0.50	0.50
	5	0.25	0.35	0.40	0.40	0.45	0.45	0.45	0.45	0.45	0.45	0.50	0.50	0.50	0.50
	4	0.40	0.40	0.40	0.45	0.45	0.45	0.45	0.45	0.45	0.45	0.50	0.50	0.50	0.50
	3	0.55	0.45	0.45	0.45	0.45	0.45	0.45	0.45	0.50	0.50	0.50	0.50	0.50	0.50
	2	0.80	0.65	0.55	0.55	0.50	0.50	0.50	0.50	0.50	0.50	0.50	0.50	0.50	0.50
	1	1.20	1.00	0.85	0.80	0.75	0.70	0.70	0.65	0.65	0.65	0.55	0.55	0.55	0.55

（续）

n	K \ j	0.1	0.2	0.3	0.4	0.5	0.6	0.7	0.8	0.9	1.0	2.0	3.0	4.0	5.0
10	10	-0.40	-0.05	0.10	0.20	0.25	0.30	0.30	0.30	0.35	0.30	0.40	0.45	0.45	0.45
	9	-0.15	0.15	0.25	0.30	0.35	0.35	0.40	0.40	0.40	0.40	0.45	0.45	0.50	0.50
	8	0.00	0.25	0.30	0.35	0.40	0.40	0.40	0.45	0.45	0.45	0.45	0.50	0.50	0.50
	7	0.10	0.30	0.35	0.40	0.40	0.45	0.45	0.45	0.45	0.45	0.50	0.50	0.50	0.50
	6	0.20	0.35	0.40	0.40	0.45	0.45	0.45	0.45	0.45	0.45	0.50	0.50	0.50	0.50
	5	0.30	0.40	0.40	0.45	0.45	0.45	0.45	0.45	0.45	0.45	0.50	0.50	0.50	0.50
	4	0.40	0.40	0.45	0.45	0.45	0.45	0.45	0.45	0.45	0.50	0.50	0.50	0.50	0.50
	3	0.55	0.50	0.45	0.45	0.45	0.50	0.50	0.50	0.50	0.50	0.50	0.50	0.50	0.50
	2	0.80	0.65	0.55	0.55	0.55	0.50	0.50	0.50	0.50	0.50	0.50	0.50	0.50	0.50
	1	1.30	1.00	0.85	0.80	0.75	0.70	0.70	0.65	0.65	0.65	0.65	0.55	0.55	0.55
11	11	-0.40	0.05	0.10	0.20	0.25	0.30	0.30	0.30	0.35	0.35	0.40	0.45	0.45	0.45
	10	-0.15	0.15	0.25	0.30	0.35	0.35	0.40	0.40	0.40	0.40	0.45	0.45	0.50	0.50
	9	0.00	0.25	0.30	0.35	0.40	0.40	0.40	0.45	0.45	0.45	0.45	0.50	0.50	0.50
	8	0.10	0.30	0.35	0.40	0.40	0.45	0.45	0.45	0.45	0.45	0.50	0.50	0.50	0.50
	7	0.20	0.35	0.40	0.45	0.45	0.45	0.45	0.45	0.45	0.45	0.50	0.50	0.50	0.50
	6	0.25	0.35	0.40	0.45	0.45	0.45	0.45	0.45	0.45	0.45	0.50	0.50	0.50	0.50
	5	0.35	0.40	0.40	0.45	0.45	0.45	0.45	0.45	0.45	0.50	0.50	0.50	0.50	0.50
	4	0.40	0.45	0.45	0.45	0.45	0.45	0.45	0.50	0.50	0.50	0.50	0.50	0.50	0.50
	3	0.55	0.50	0.50	0.50	0.50	0.50	0.50	0.50	0.50	0.50	0.50	0.50	0.50	0.50
	2	0.80	0.65	0.60	0.55	0.55	0.50	0.50	0.50	0.50	0.50	0.50	0.50	0.50	0.50
	1	1.30	1.00	0.85	0.80	0.75	0.70	0.70	0.65	0.65	0.65	0.60	0.55	0.55	0.55
12 以上	↓1	-0.40	-0.05	0.10	0.20	0.25	0.30	0.30	0.30	0.35	0.35	0.40	0.45	0.45	0.45
	2	-0.15	0.15	0.25	0.30	0.35	0.35	0.40	0.40	0.40	0.40	0.45	0.45	0.50	0.50
	3	0.00	0.25	0.30	0.35	0.40	0.40	0.40	0.45	0.45	0.45	0.50	0.50	0.50	0.50
	4	0.10	0.30	0.35	0.40	0.40	0.45	0.45	0.45	0.45	0.45	0.50	0.50	0.50	0.50
	5	0.20	0.35	0.40	0.40	0.45	0.45	0.45	0.45	0.45	0.45	0.50	0.50	0.50	0.50
	6	0.25	0.35	0.40	0.45	0.45	0.45	0.45	0.45	0.45	0.45	0.50	0.50	0.50	0.50
	7	0.30	0.40	0.40	0.45	0.45	0.45	0.45	0.45	0.50	0.50	0.50	0.50	0.50	0.50
	8	0.35	0.40	0.45	0.45	0.45	0.45	0.45	0.50	0.50	0.50	0.50	0.50	0.50	0.50
	中间	0.40	0.40	0.45	0.45	0.45	0.50	0.50	0.50	0.50	0.50	0.50	0.50	0.50	0.50
	4	0.45	0.45	0.45	0.45	0.50	0.50	0.50	0.50	0.50	0.50	0.50	0.50	0.50	0.50
	3	0.60	0.50	0.50	0.50	0.50	0.50	0.50	0.50	0.50	0.50	0.50	0.50	0.50	0.50
	2	0.80	0.65	0.60	0.55	0.55	0.50	0.50	0.50	0.50	0.50	0.50	0.50	0.50	0.50
	↑1	1.30	1.00	0.85	0.80	0.75	0.70	0.70	0.65	0.65	0.65	0.55	0.55	0.55	0.55

表 E-2　规则框架承受倒三角形分布水平力作用时标准反弯点的高度比 y_0 值

n	K \ j	0.1	0.2	0.3	0.4	0.5	0.6	0.7	0.8	0.9	1.0	2.0	3.0	4.0	5.0
1	1	0.80	0.75	0.70	0.65	0.65	0.60	0.60	0.60	0.60	0.55	0.55	0.55	0.55	0.55
2	2	0.50	0.45	0.40	0.40	0.40	0.40	0.40	0.40	0.40	0.45	0.45	0.45	0.45	0.50
	1	1.00	0.85	0.75	0.70	0.70	0.65	0.65	0.65	0.60	0.60	0.55	0.55	0.55	0.55

（续）

n	K / j	0.1	0.2	0.3	0.4	0.5	0.6	0.7	0.8	0.9	1.0	2.0	3.0	4.0	5.0
3	3	0.25	0.25	0.25	0.30	0.30	0.35	0.35	0.35	0.40	0.40	0.45	0.45	0.45	0.50
	2	0.60	0.50	0.50	0.50	0.50	0.45	0.45	0.45	045	0.45	0.50	0.50	0.50	0.50
	1	1.15	0.90	0.80	0.75	0.75	0.70	0.70	0.65	0.65	0.65	0.60	0.55	0.55	0.55
4	4	0.10	0.15	0.20	0.25	0.30	0.30	0.35	0.35	0.35	0.40	0.45	0.45	0.45	0.45
	3	0.35	0.35	0.35	0.40	0.40	0.40	0.40	0.45	0.45	0.45	0.45	0.50	0.50	0.50
	2	0.70	0.60	0.55	0.50	0.50	0.50	0.50	0.50	0.50	0.50	0.50	0.50	0.50	0.50
	1	1.20	0.95	0.85	0.80	0.75	0.70	0.70	0.70	0.65	0.65	0.55	0.55	0.55	0.55
5	5	−0.05	0.10	0.20	0.25	0.30	0.30	0.35	0.35	0.35	0.35	0.40	0.45	0.45	0.45
	4	0.20	0.25	0.35	0.35	0.40	0.40	0.40	0.40	0.40	0.45	0.45	0.50	0.50	0.50
	3	0.45	0.40	0.45	0.45	0.45	0.45	0.45	0.45	0.45	0.45	0.50	0.50	0.50	0.50
	2	0.75	0.60	0.55	0.55	0.50	0.50	0.50	0.50	0.50	0.50	0.50	0.50	0.50	0.50
	1	1.30	1.00	0.85	0.80	0.75	0.70	0.70	0.65	0.65	0.65	0.65	0.55	0.55	0.55
6	6	−0.15	0.05	0.15	0.20	0.25	0.30	0.30	0.35	0.35	0.35	0.40	0.45	0.45	0.45
	5	0.10	0.25	0.30	0.35	0.35	0.40	0.40	0.40	0.45	0.45	0.45	0.50	0.50	0.50
	4	0.30	0.35	0.40	0.40	0.45	0.45	0.45	0.45	0.45	0.45	0.50	0.50	0.50	0.50
	3	0.50	0.45	0.45	0.45	0.45	0.45	0.45	0.45	0.45	0.50	0.50	0.50	0.50	0.50
	2	0.80	0.65	0.55	0.55	0.55	0.55	0.50	0.50	0.50	0.50	0.50	0.50	0.50	0.50
	1	1.30	1.00	0.85	0.80	0.75	0.70	0.70	0.65	0.65	0.65	0.60	0.55	0.55	0.55
7	7	−0.20	0.05	0.15	0.20	0.25	0.30	0.30	0.35	0.35	0.35	0.45	0.45	0.45	0.45
	6	0.05	0.20	0.30	0.35	0.35	0.40	0.40	0.40	0.40	0.45	0.45	0.50	0.50	0.50
	5	0.20	0.30	0.35	0.40	0.40	0.45	0.45	0.45	0.45	0.45	0.50	0.50	0.50	0.50
	4	0.35	0.40	0.40	0.45	0.45	0.45	0.45	0.45	0.45	0.45	0.50	0.50	0.50	0.50
	3	0.55	0.50	0.50	0.50	0.50	0.50	0.50	0.50	0.50	0.50	0.50	0.50	0.50	0.50
	2	0.80	0.65	0.60	0.55	0.55	0.55	0.50	0.50	0.50	0.50	0.50	0.50	0.50	0.50
	1	1.30	1.00	0.90	0.80	0.70	0.70	0.70	0.70	0.65	0.65	0.60	0.55	0.55	0.55
8	8	−0.20	0.05	0.15	0.20	0.25	0.30	0.30	0.35	0.35	0.35	0.45	0.45	0.45	0.45
	7	0.00	0.20	0.30	0.35	0.35	0.40	0.40	0.40	0.40	0.45	0.45	0.50	0.50	0.50
	6	0.15	0.30	0.35	0.40	0.40	0.45	0.45	0.45	0.45	0.45	0.50	0.50	0.50	0.50
	5	0.30	0.45	0.40	0.45	0.45	0.45	0.45	0.45	0.45	0.45	0.50	0.50	0.50	0.50
	4	0.40	0.45	0.45	0.45	0.45	0.45	0.45	0.50	0.50	0.50	0.50	0.50	0.50	0.50
	3	0.60	0.50	0.50	0.50	0.50	0.50	0.50	0.50	0.50	0.50	0.50	0.50	0.50	0.50
	2	0.85	0.65	0.60	0.55	0.55	0.55	0.50	0.50	0.50	0.50	0.50	0.50	0.50	0.50
	1	1.30	1.00	0.90	0.80	0.75	0.70	0.70	0.70	0.65	0.65	0.60	0.55	0.55	0.55
9	9	−0.25	0.00	0.15	0.20	0.25	0.30	0.30	0.35	0.35	0.40	0.45	0.45	0.45	0.45
	8	0.00	0.20	0.30	0.35	0.35	0.40	0.40	0.40	0.40	0.45	0.45	0.50	0.50	0.50
	7	0.15	0.30	0.35	0.40	0.40	0.45	0.45	0.45	0.45	0.45	0.50	0.50	0.50	0.50
	6	0.25	0.35	0.40	0.40	0.45	0.45	0.45	0.45	0.45	0.50	0.50	0.50	0.50	0.50
	5	0.35	0.40	0.45	0.45	0.45	0.45	0.45	0.45	0.50	0.50	0.50	0.50	0.50	0.50
	4	0.45	0.45	0.45	0.45	0.45	0.50	0.50	0.50	0.50	0.50	0.50	0.50	0.50	0.50
	3	0.60	0.50	0.50	0.50	0.50	0.50	0.50	0.50	0.50	0.50	0.50	0.50	0.50	0.50
	2	0.85	0.65	0.60	0.55	0.55	0.55	0.55	0.50	0.50	0.50	0.50	0.50	0.50	0.50
	1	1.35	1.00	0.90	0.80	0.75	0.75	0.70	0.70	0.65	0.65	0.60	0.55	0.55	0.55

（续）

n	K / j	0.1	0.2	0.3	0.4	0.5	0.6	0.7	0.8	0.9	1.0	2.0	3.0	4.0	5.0
10	10	-0.25	0.00	0.15	0.20	0.25	0.30	0.30	0.35	0.35	0.40	0.45	0.45	0.45	0.45
	9	-0.05	0.20	0.30	0.35	0.35	0.40	0.40	0.40	0.40	0.45	0.45	0.50	0.50	0.50
	8	0.10	0.30	0.35	0.40	0.40	0.40	0.45	0.45	0.45	0.45	0.50	0.50	0.50	0.50
	7	0.20	0.35	0.40	0.40	0.45	0.45	0.45	0.45	0.45	0.50	0.50	0.50	0.50	0.50
	6	0.30	0.40	0.40	0.45	0.45	0.45	0.45	0.45	0.45	0.50	0.50	0.50	0.50	0.50
	5	0.40	0.45	0.45	0.45	0.45	0.45	0.45	0.50	0.50	0.50	0.50	0.50	0.50	0.50
	4	0.50	0.45	0.45	0.45	0.50	0.50	0.50	0.50	0.50	0.50	0.50	0.50	0.50	0.50
	3	0.60	0.55	0.50	0.50	0.50	0.50	0.50	0.50	0.50	0.50	0.50	0.50	0.50	0.50
	2	0.85	0.65	0.60	0.55	0.55	0.55	0.55	0.50	0.50	0.50	0.50	0.50	0.50	0.50
	1	1.35	1.00	0.90	0.80	0.75	0.75	0.70	0.70	0.65	0.65	0.60	0.55	0.55	0.55
11	11	-0.25	0.00	0.15	0.20	0.25	0.30	0.30	0.30	0.35	0.35	0.45	0.45	0.45	0.45
	10	-0.05	0.20	0.25	0.30	0.35	0.40	0.40	0.40	0.40	0.45	0.45	0.50	0.50	0.50
	9	0.10	0.30	0.35	0.40	0.40	0.40	0.45	0.45	0.45	0.45	0.50	0.50	0.50	0.50
	8	0.20	0.35	0.40	0.40	0.45	0.45	0.45	0.45	0.45	0.45	0.50	0.50	0.50	0.50
	7	0.25	0.40	0.40	0.45	0.45	0.45	0.45	0.45	0.45	0.50	0.50	0.50	0.50	0.50
	6	0.35	0.40	0.45	0.45	0.45	0.45	0.45	0.50	0.50	0.50	0.50	0.50	0.50	0.50
	5	0.40	0.45	0.45	0.45	0.45	0.50	0.50	0.50	0.50	0.50	0.50	0.50	0.50	0.50
	4	0.50	0.50	0.50	0.50	0.50	0.50	0.50	0.50	0.50	0.50	0.50	0.50	0.50	0.50
	3	0.65	0.55	0.50	0.50	0.50	0.50	0.50	0.50	0.50	0.50	0.50	0.50	0.50	0.50
	2	0.85	0.65	0.60	0.55	0.55	0.55	0.55	0.50	0.50	0.50	0.50	0.50	0.50	0.50
	1	1.35	1.05	0.90	0.80	0.75	0.75	0.70	0.70	0.65	0.65	0.60	0.55	0.55	0.55
12以上	↓1	-0.30	0.00	0.15	0.20	0.25	0.30	0.30	0.30	0.35	0.35	0.40	0.45	0.45	0.45
	2	-0.10	0.20	0.25	0.30	0.35	0.40	0.40	0.40	0.40	0.40	0.45	0.45	0.45	0.50
	3	0.05	0.25	0.35	0.40	0.40	0.40	0.45	0.45	0.45	0.45	0.45	0.50	0.50	0.50
	4	0.15	0.30	0.40	0.40	0.45	0.45	0.45	0.45	0.45	0.45	0.50	0.50	0.50	0.50
	5	0.25	0.35	0.50	0.45	0.45	0.45	0.45	0.45	0.45	0.45	0.50	0.50	0.50	0.50
	6	0.30	0.40	0.50	0.45	0.45	0.45	0.45	0.50	0.50	0.50	0.50	0.50	0.50	0.50
	7	0.35	0.40	0.55	0.45	0.45	0.45	0.50	0.50	0.50	0.50	0.50	0.50	0.50	0.50
	8	0.35	0.45	0.55	0.45	0.50	0.50	0.50	0.50	0.50	0.50	0.50	0.50	0.50	0.50
	中间	0.45	0.45	0.55	0.45	0.50	0.50	0.50	0.50	0.50	0.50	0.50	0.50	0.50	0.50
	4	0.55	0.50	0.50	0.50	0.50	0.50	0.50	0.50	0.50	0.50	0.50	0.50	0.50	0.50
	3	0.65	0.55	0.50	0.50	0.50	0.50	0.50	0.50	0.50	0.50	0.50	0.50	0.50	0.50
	2	0.70	0.70	0.60	0.55	0.55	0.55	0.55	0.50	0.50	0.50	0.50	0.50	0.50	0.50
	↑1	1.35	1.05	0.90	0.80	0.75	0.70	0.70	0.70	0.65	0.65	0.60	0.55	0.55	0.55

表 E-3　上下层横梁先刚度比对 y_0 的修正值 y_1

$I=\dfrac{i_1+i_2}{i_3+i_4}$，但当 $i_1+i_2>i_3+i_4$ 时，取 $I=\dfrac{i_3+i_4}{i_1+i_2}$，同时在查得的 y_1 值前加负号 "–"。

$$K=\dfrac{i_1+i_2+i_3+i_4}{2i_c}$$

I \ K	0.1	0.2	0.3	0.4	0.5	0.6	0.7	0.8	0.9	1.0	2.0	3.0	4.0	5.0
0.4	0.55	0.40	0.30	0.25	0.20	0.20	0.20	0.15	0.15	0.15	0.05	0.05	0.05	0.05
0.5	0.45	0.30	0.20	0.20	0.15	0.15	0.15	0.10	0.10	0.10	0.05	0.05	0.05	0.05
0.6	0.30	0.20	0.15	0.15	0.10	0.10	0.10	0.10	0.05	0.05	0.05	0.05	0	0
0.7	0.20	0.15	0.10	0.10	0.10	0.10	0.05	0.05	0.05	0.05	0.05	0	0	0
0.8	0.15	0.10	0.05	0.05	0.05	0.05	0.05	0.05	0.05	0	0	0	0	0
0.9	0.05	0.05	0.05	0.05	0	0	0	0	0	0	0	0	0	0

表 E-4　上下层高变化对 y_0 的修正值 y_2 和 y_3

y_2：按照 K 及 α_2 求得，上层较高时为正值

y_3：按照 K 及 α_3 求得。

α_2	α_3 \ K	0.1	0.2	0.3	0.4	0.5	0.6	0.7	0.8	0.9	1.0	2.0	3.0	4.0	5.0
2.0	—	0.25	0.15	0.15	0.10	0.10	0.10	0.10	0.10	0.05	0.05	0.05	0.05	0.0	0.0
1.8	—	0.20	0.15	0.10	0.10	0.10	0.05	0.05	0.05	0.05	0.05	0.05	0.0	0.0	0.0
1.6	0.4	0.15	0.10	0.10	0.05	0.05	0.05	0.05	0.05	0.05	0.05	0.0	0.0	0.0	0.0
1.4	0.6	0.10	0.05	0.05	0.05	0.05	0.05	0.05	0.05	0.05	0.0	0.0	0.0	0.0	0.0
1.2	0.8	0.05	0.05	0.05	0.05	0.0	0.0	0.0	0.0	0.0	0.0	0.0	0.0	0.0	0.0
1.0	1.0	0.0	0.0	0.0	0.0	0.0	0.0	0.0	0.0	0.0	0.0	0.0	0.0	0.0	0.0
0.8	1.2	−0.05	−0.05	−0.05	0.0	0.0	0.0	0.0	0.0	0.0	0.0	0.0	0.0	0.0	0.0
0.6	1.4	−0.10	−0.05	−0.05	−0.05	−0.05	−0.05	−0.05	−0.05	0.05	0.0	0.0	0.0	0.0	0.0
0.4	1.6	−0.15	−0.10	−0.10	−0.05	−0.05	−0.05	−0.05	−0.05	−0.05	−0.05	0.0	0.0	0.0	0.0
—	1.8	−0.20	−0.15	−0.10	−0.10	−0.10	−0.05	−0.05	−0.05	−0.05	−0.05	−0.05	0.0	0.0	0.0
—	2.0	−0.25	−0.20	−0.15	−0.10	−0.10	−0.10	−0.10	−0.10	−0.05	−0.05	−0.05	−0.05	0.0	0.0

附录 F 某三层工业厂房建筑施工图

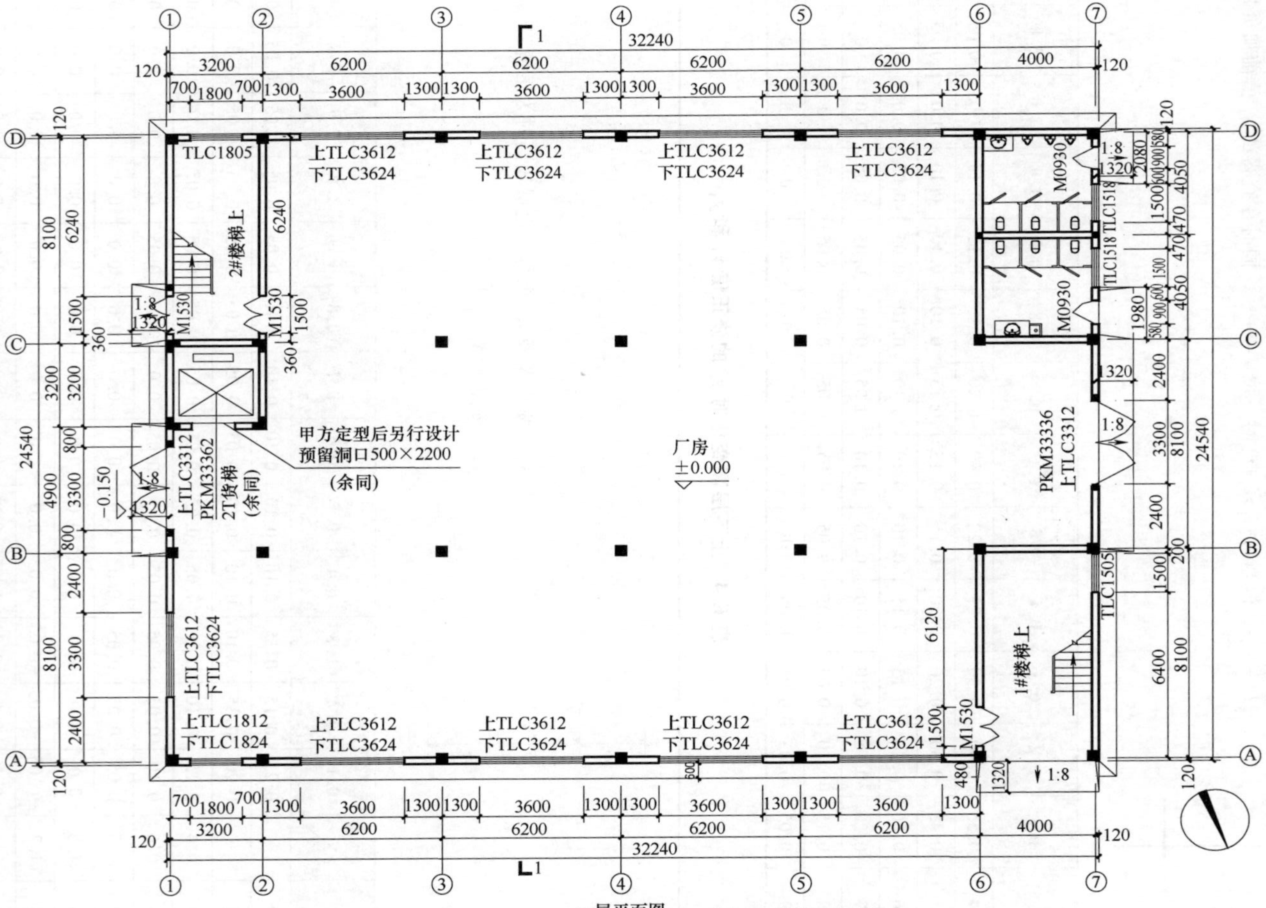

图 F-1 一层平面图

一层平面图 （卫生间底于楼地面0.020）

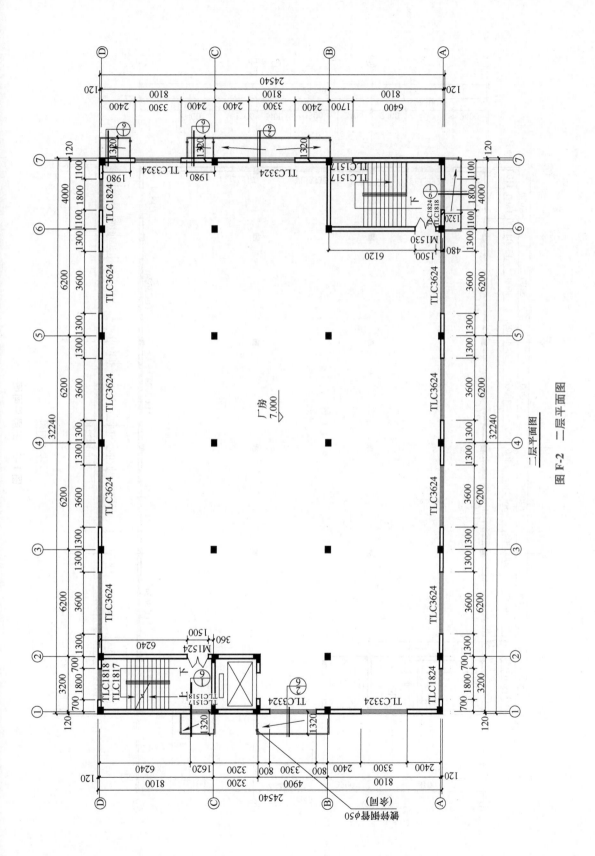

图 F-2　二层平面图

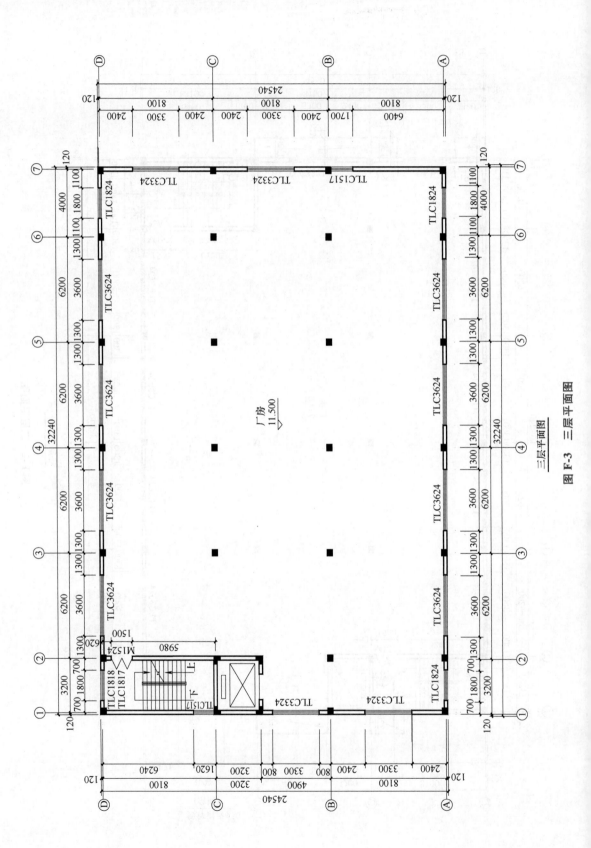

三层平面图

图 F-3　三层平面图

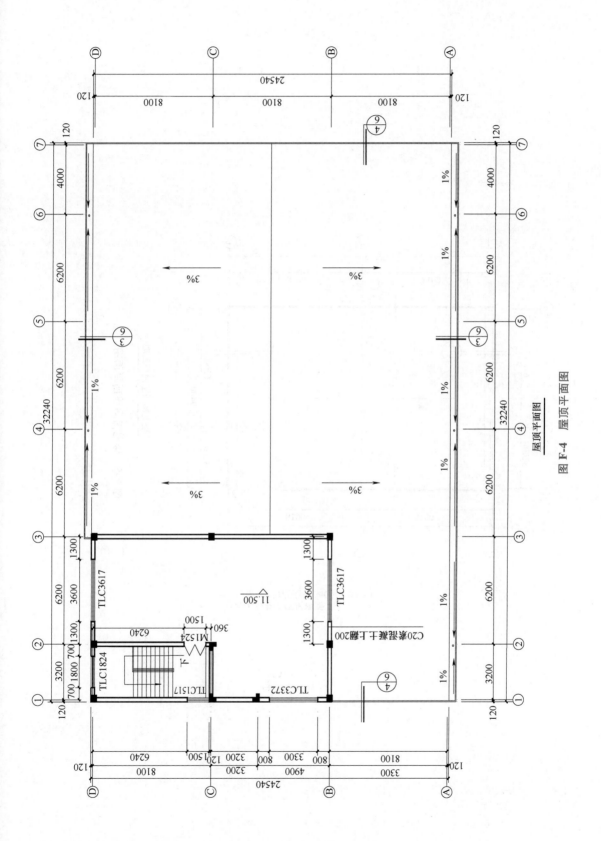

图 F-4 屋顶平面图

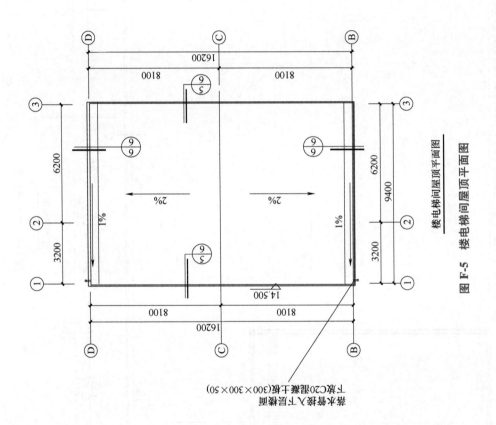

楼电梯间屋顶平面图

图 F-5 楼电梯间屋顶平面图

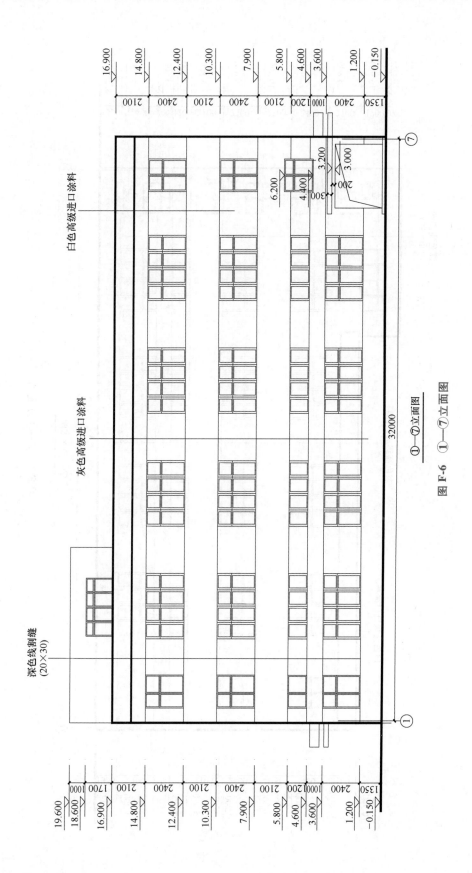

图 F-6 ①—⑦立面图

①—⑦立面图

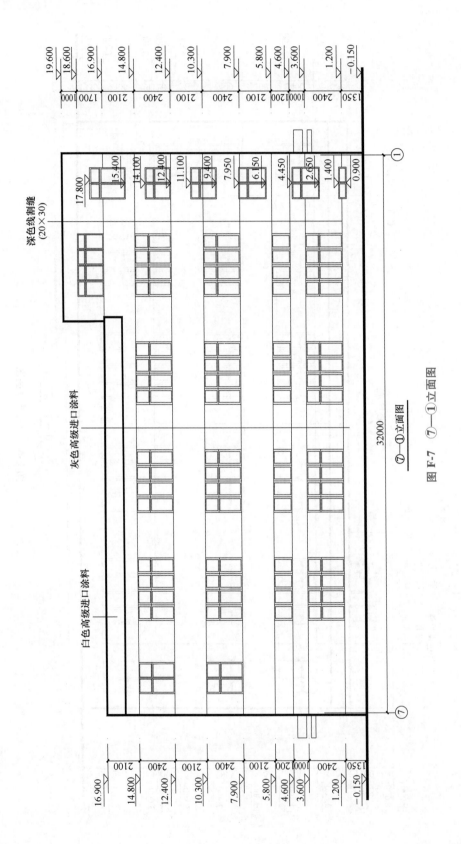

⑦—①立面图

图 F-7 ⑦—①立面图

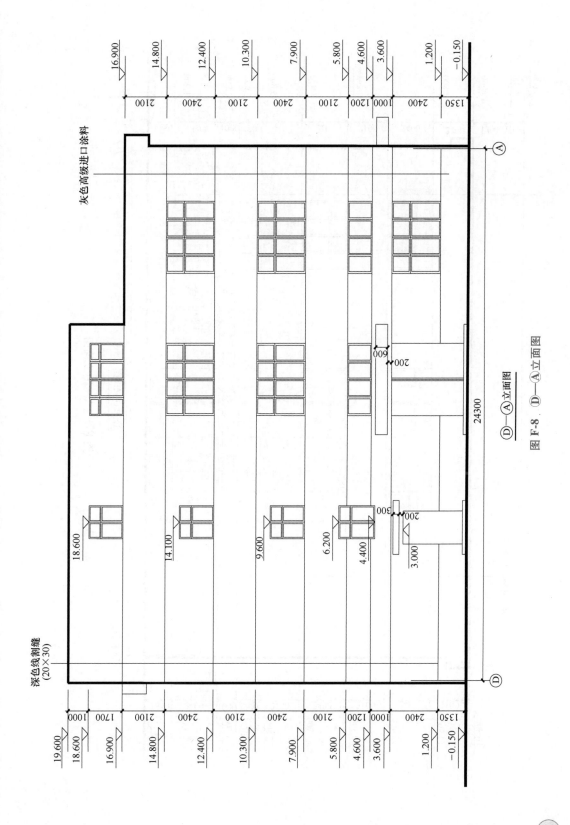

图 F-8 ⑩—Ⓐ立面图

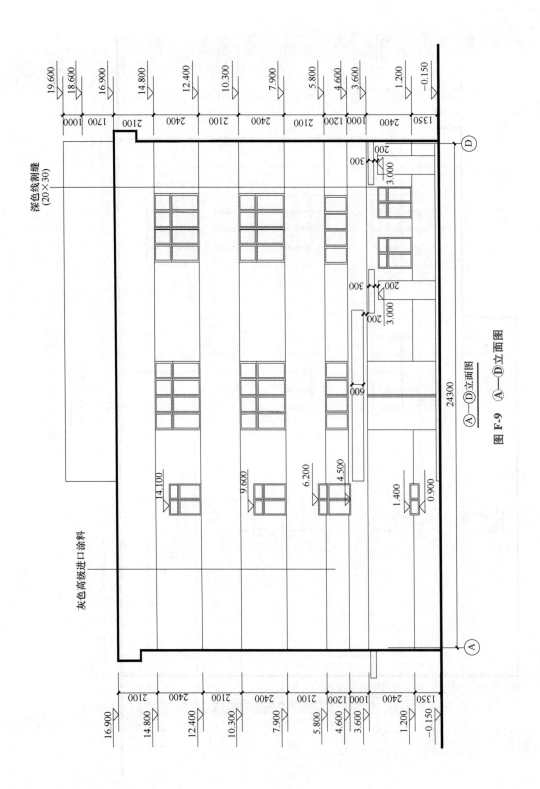

图 F-9　Ⓐ—Ⓓ立面图

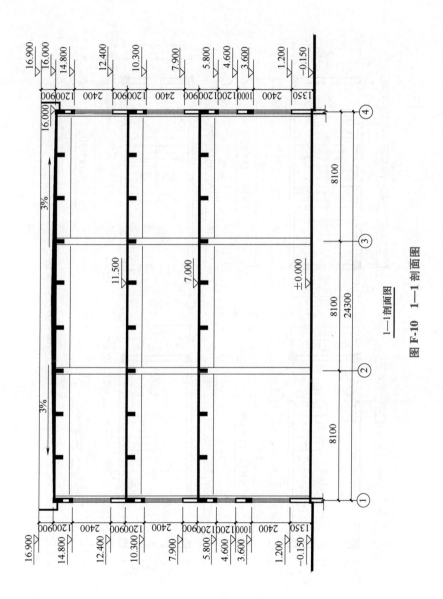

图 F-10　1—1 剖面图

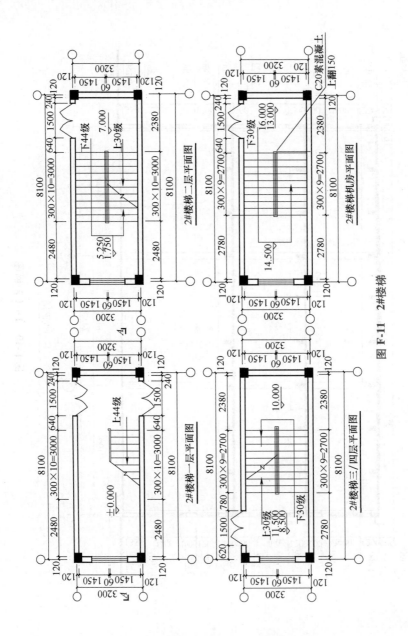

图 F-11 2#楼梯

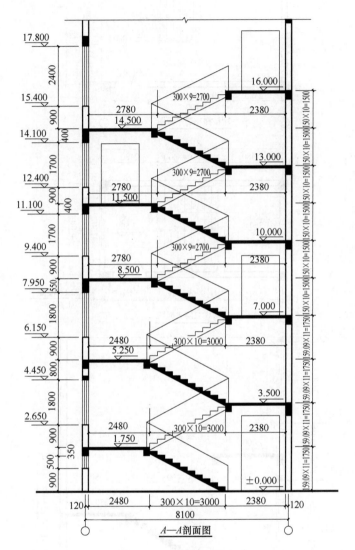

图 F-11　2#楼梯（续）

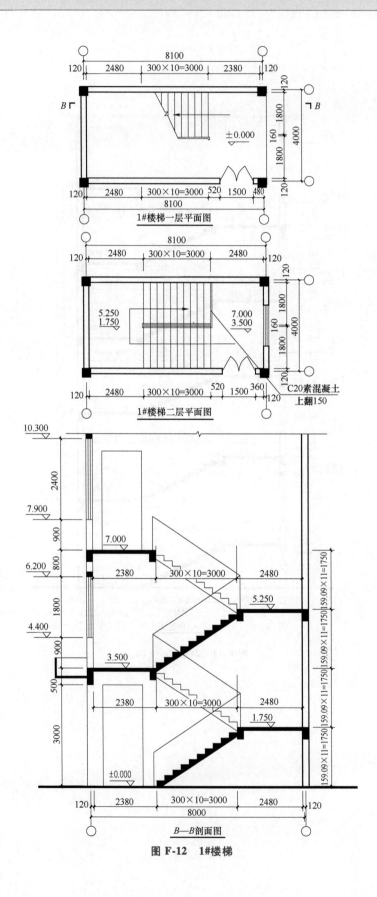

图 F-12 1#楼梯

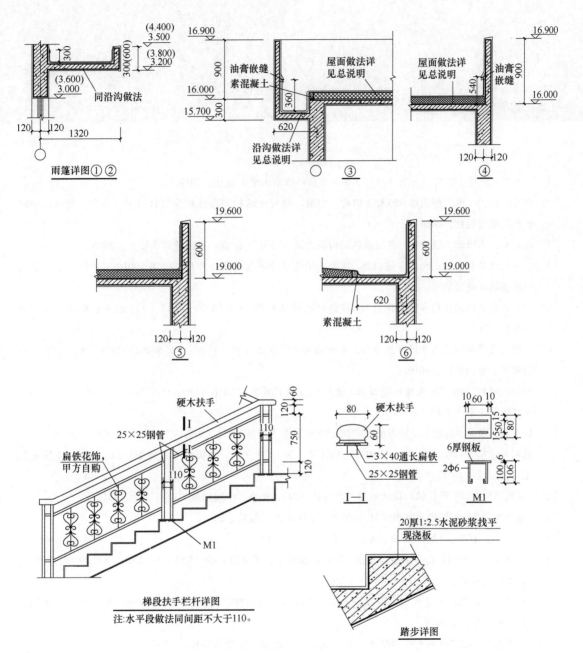

图 F-13　节点详图

参考文献

[1] 叶列平. 混凝土结构：下册 [M]. 2 版. 北京：清华大学出版社，2013.

[2] 李爱群，程文瀼，颜德姮. 混凝土结构：中册 混凝土结构与砌体结构设计 [M]. 6 版. 北京：中国建筑工业出版社，2016.

[3] 高立人，方鄂华，钱稼茹. 高层建筑结构概念设计 [M]. 北京：中国计划出版社，2005.

[4] 中华人民共和国住房和城乡建设部. 混凝土结构设计规范（2015 年版）：GB 50010—2010 [S]. 北京：中国建筑工业出版社，2015.

[5] 中华人民共和国住房和城乡建设部. 建筑结构荷载规范：GB 50009—2012 [S]. 北京：中国建筑工业出版社，2012.

[6] 中华人民共和国住房和城乡建设部. 建筑结构可靠性设计统一标准：GB 50068—2018 [S]. 北京：中国建筑工业出版社，2019.

[7] 中华人民共和国住房和城乡建设部. 建筑抗震设计规范（2016 年版）：GB 50011—2010 [S]. 北京：中国建筑工业出版社，2016.

[8] 阎奇武，黄远. 混凝土结构习题集与硕士生入学考题指导 [M]. 北京：高等教育出版社，2019.

[9] 林同炎，斯多台斯伯利 S D. 结构概念和体系 [M]. 高立人，方鄂华，钱稼茹，译. 北京：中国建筑工业出版社，2007：14-90.

[10] 黄真，林少培. 现代结构设计的概念与方法 [M]. 北京：中国建筑工业出版社，2010.

[11] 蓝宗建. 混凝土结构：下册 [M]. 北京：中国电力出版社，2012.

[12] 张会. 建筑结构 [M]. 南京：东南大学出版社，2018.

[13] 中华人民共和国住房和城乡建设部. 装配式混凝土技术标准：GB/T 51231—2016 [S]. 北京：中国建筑工业出版社，2017.

[14] 中华人民共和国住房和城乡建设部. 装配式混凝土结构技术规程：JGJ 1—2014 [S]. 北京：中国建筑工业出版社，2014.

[15] 徐其功. 装配式混凝土结构设计 [M]. 北京：中国建筑工业出版社，2018.

[16] 中国建筑标准设计研究院. 桁架钢筋混凝土叠合板（60mm 厚底板）：15 G366—1 [S]. 北京：中国计划出版社，2015.

[17] 中华人民共和国住房和城乡建设部. 砌体结构设计规范：GB 50003—2011 [S]. 北京：中国建筑工业出版社，2011.

[18] 宋占海，宋东，贾建东. 建筑结构设计 [M]. 2 版. 北京：中国建筑工业出版社，2007.

[19] 清华大学，西南交通大学，重庆大学，等. 汶川地震建筑震害分析及设计对策 [M]. 北京：中国建筑工业出版社，2009.

[20] 清华大学土木工程结构专家组、西南交通大学土木工程结构专家组、北京交通大学土木工程结构专

家组，叶列平，陆新征. 汶川地震建筑震害分析 [J]. 建筑结构学报，2008，29（4）：1-9.

[21] 李宏男，肖诗云，霍林生. 汶川地震震害调查与启示 [J]. 建筑结构学报，2008，29（4）：10-19.

[22] 同济大学土木工程防灾国家重点实验室. 汶川地震震害研究 [M]. 上海：同济大学出版社，2011.

[23] 中华人民共和国住房和城乡建设部. 高层建筑混凝土结构技术规程：JGJ 3—2010 [S]. 北京：中国建筑工业出版社，2011.

[24] 中华人民共和国住房和城乡建设部. 工程结构通用规范：GB 55001—2021 [S]. 北京：中国建筑工业出版社，2021.

[25] 中华人民共和国住房和城乡建设部. 建筑与市政工程抗震通用规范：GB 55002—2021 [S]. 北京：中国建筑工业出版社，2022.

[26] 中华人民共和国住房和城乡建设部. 混凝土结构通用规范：GB 55008—2021 [S]. 北京：中国建筑工业出版社，2022.